博士后文库
中国博士后科学基金资助出版

阻尼发展系统的适定性及稳定性

靳鲲鹏 著

科学出版社
北京

内 容 简 介

阻尼发展方程是描述和分析系统在阻尼作用下的动态行为的动力学模型，是偏微分方程中一类特别重要的发展系统模型，它和其他数学分支均有深刻的联系，在物理学、工程技术、自动控制等领域有着广泛的应用. 本书主要讲述了来自黏弹性科学中的一些典型的具体模型及其抽象形式的相关最新进展，以及作者近年来在此领域的一些成果，并介绍了研究这类模型的一些新的技巧与方法，为科研爱好者进一步学习与研究这些领域提供一些专业支持.

本书可作为高等院校数学专业与相关理工专业的研究生教材，也可作为数学、力学、控制理论、工程技术等领域的青年教师和科研人员的参考书.

图书在版编目(CIP)数据

阻尼发展系统的适定性及稳定性 / 靳鲲鹏著. — 北京 : 科学出版社, 2025. 8. — (博士后文库). — ISBN 978-7-03-080540-9

I. O328

中国国家版本馆 CIP 数据核字第 2024DC9414 号

责任编辑：胡庆家 / 责任校对：高辰雷
责任印制：赵 博 / 封面设计：陈 敬

科学出版社 出版
北京东黄城根北街 16 号
邮政编码：100717
http://www.sciencep.com
保定市中画美凯印刷有限公司印刷
科学出版社发行 各地新华书店经销
*
2025 年 8 月第 一 版 开本：720×1000 1/16
2026 年 1 月第二次印刷 印张：16 1/2
字数：330 000

定价：138.00 元

(如有印装质量问题，我社负责调换)

“博士后文库”编委会

主　任　李静海

副主任　侯建国　李培林　夏文峰

秘书长　夏文峰

编　委（按姓氏笔画排序）

王明政　王复明　王恩东　王　霄

池　建　吴　军　何基报　何雅玲

沈大立　沈建忠　张　学　张建云

邵　峰　罗文光　房建成　袁亚湘

聂建国　高会军　高原宁　谢建新

魏后凯

“博士后文库”序言

1985 年，在李政道先生的倡议和邓小平同志的亲自关怀下，我国建立了博士后制度，同时设立了博士后科学基金. 40 年来，在党和国家的高度重视下，在社会各方面的关心和支持下，博士后制度为我国培养了一大批青年高层次创新人才. 在这一过程中，博士后科学基金发挥了不可替代的独特作用.

博士后科学基金是中国特色博士后制度的重要组成部分，专门用于资助博士后研究人员开展创新探索. 博士后科学基金的资助，对正处于独立科研生涯起步阶段的博士后研究人员来说，适逢其时，有利于培养他们独立的科研人格、在选题方面的竞争意识以及负责的精神，是他们独立从事科研工作的“第一桶金”. 尽管博士后科学基金资助金额不大，但对博士后青年创新人才的培养和激励作用不可估量. 四两拨千斤，博士后科学基金有效地推动了博士后研究人员迅速成长为高水平的研究人才，“小基金发挥了大作用”.

在博士后科学基金的资助下，博士后研究人员的优秀学术成果不断涌现. 2013 年，为提高博士后科学基金的资助效益，中国博士后科学基金会联合科学出版社开展了博士后优秀学术专著出版资助工作，通过专家评审遴选出优秀的博士后学术著作，收入“博士后文库”，由博士后科学基金资助、科学出版社出版. 我们希望，借此打造专属于博士后学术创新的旗舰图书品牌，激励博士后研究人员潜心科研，扎实治学，提升博士后优秀学术成果的社会影响力.

2015 年，国务院办公厅印发了《关于改革完善博士后制度的意见》（国办发〔2015〕87 号），将“实施自然科学、人文社会科学优秀博士后论著出版支持计划”作为“十三五”期间博士后工作的重要内容和提升博士后研究人员培养质量的重要手段，这更加凸显了出版资助工作的意义. 我相信，我们提供的这个出版资助平台将对博士后研究人员激发创新智慧、凝聚创新力量发挥独特的作用，促使博士后研究人员的创新成果更好地服务于创新驱动发展战略和创新型国家的建设.

祝愿广大博士后研究人员在博士后科学基金的资助下早日成长为栋梁之才，为实现中华民族伟大复兴的中国梦做出更大的贡献.

中国博士后科学基金会理事长

前言

本书研究了具有记忆阻尼项的几类阻尼发展系统, 这些阻尼发展系统主要起源于黏弹性科学、工程科学、材料力学等科学领域. 通过建立新的理论工具、发展新的技术方法、改进原有的一些经典方法以及灵活巧妙结合相关领域的知识, 我们在非常弱 (几乎最弱、最基本) 的条件下建立了这几类发展系统的一系列适定性及稳定性定理, 从本质上深化了该领域的研究结果, 大幅度改进了已有的相关结论.

首先, 在第一部分 (第 2 章至第 4 章) 中, 我们考察了间接阻尼耦合抽象发展系统.

在第 2 章中, 我们研究了 Hilbert 空间中具有间接记忆阻尼的二阶抽象发展方程系统的适定性与稳定性, 此系统起源于黏弹性理论, 著名的 Timoshenko 模型是此抽象系统的一个具体例子. 我们所考虑的是如何最有效地控制记忆核函数去获得整个耦合系统所期望达到的稳定性. 通过充分挖掘系统中记忆项的影响以及耦合项的作用, 我们建立了整个系统能量的最优 (一致) 稳定性结论. 尤其是, 对于特殊的指数衰减记忆核, 我们获得了系统能量的一致指数稳定性. 特别值得指出的是, 在我们获得的稳定性结论中, 仅仅假设记忆核函数的原函数是强正定的 (此时记忆核函数可以是振荡和变号的), 对于记忆核函数没有必须要求非负不增等限制条件 (该条件是先前文献中经常使用并且是先前获得衰减估计所必需的特别重要的基本假设条件), 因此, 我们不但从本质上改进了此领域中的相关稳定性结论, 而且使之应用范围更广. 本章最后给出了我们抽象理论的一个具体应用, 即 Timoshenko 系统当波速不等时, 对于记忆核函数在最基本 (最少) 的假设条件下, 我们建立了最优的衰减率估计; 在同波速情形时, 我们建立了最好的指数稳定性理论. 在整个过程中可以看到, 为克服建立理论时的困难, 我们研发了一系列创新性方法与技术, 并将其成功应用于证明过程中.

在第 3 章中, 我们研究的对象仍然是 Hilbert 空间中具有间接记忆阻尼的耦合二阶发展方程系统, 其也是源于黏弹性理论与材料科学. 为了研究此系统能量的衰减性质, 首先, 我们引入了 (强) $\varphi(t)$-正定核的新概念, 它是 (强) 正定核概念的推广. 继而对其性质展开系统的研究, 获得了一些重要的积分不等式, 提出了正定性判别准则, 且建立了$\varphi(t)$-正定和正定之间的关系. 基于这些工作, 我们介绍了一些 (强) $\varphi(t)$-正定核多项式 (指数) 情形的例子. 通过应用此新概念及其性质, 在

记忆核具有强 $\varphi(t)$-正定原函数的条件下 (没有非负、单调不增等以往常用的条件限制), 我们获得了耦合二阶发展系统能量的多项式稳定性. 研究表明, 该新概念在分析具有记忆阻尼的发展系统能量衰减时极为有效. 本研究结果显著推广并改进了文献中的相关结论, 同时该方法更显简洁高效.

在第 4 章中, 我们考虑的模型为二阶抽象耦合发展方程系统, 且系统中仅在其中一个方程中具有无穷记忆阻尼项, 此系统描绘了许多具有记忆行为的黏弹性材料的动态发展行为, 例如众所周知的 wave 系统、Petrovsky 系统和 plate 系统. 本章中, 我们在非常弱的条件下给出了一个最优的能量衰减估计. 更具体地说, 我们证明只在相关核函数单调不增和可积的条件下, 系统能量至少以 t^{-1} 的速率衰减到零. 此外, 我们将抽象结果应用于黏弹性材料研究中三类典型的具有无穷记忆阻尼的二阶耦合发展方程系统.

在第二部分 (第 5 章至第 7 章) 中, 我们考察了三类具体阻尼发展系统.

在第 5 章中, 我们考察半线性耦合 Timoshenko 系统的稳定性, 其仅仅被一个局部记忆阻尼项控制, 即记忆阻尼只在局部起作用并且没有任何其他的阻尼项辅助. 通过对此问题深入细致的分析, 我们建立了一系列新颖、巧妙的方法和技巧以及进行了具有针对性的繁难验证过程, 在对其中记忆核函数仅仅限制在最基本的假设条件下, 我们对系统的解成功建立了一个非常理想的稳定性理论和精确的一致衰减率估计, 并且在某种意义下, 此衰减估计是最优的一致衰减率估计. 而且对于一些特殊的具体核函数我们给出了更加详细的结果, 即当系统中记忆核函数以多项式 (指数) 衰减时, 获得了其能量也以多项式 (指数) 衰减, 也即, 解能量与记忆核具有同样的衰减率. 正如本章中所陈述的, 我们获得的所有结果仅仅基于一个局部记忆阻尼影响而没有任何其他阻尼的弥补与辅助, 也即本章中我们所得结论揭示与表明了此半线性 Timoshenko 系统的一个重要未知现象：一个局部记忆阻尼项已足够产生一个整体耗散机制, 并且可以得到与整体记忆阻尼情形时相同的衰减率形式. 最后需要指出的是, 我们的理论是在记忆核函数更弱 (相比先前单个方程等文献) 的假设条件下获得的, 并且相比于先前文献 (包括局部与整体阻尼文献) 我们所得结论更强.

在第 6 章中, 我们研究了具有互补摩擦阻尼和记忆阻尼的半线性波动方程的混合初边值问题. 在对记忆阻尼核函数以及其所在的几何区域假设条件非常弱的情况下, 我们成功为该初边值问题的解建立了一致指数和多项式形式的衰减率. 更具体地讲, 在移除记忆阻尼影响区域必须包含系统边界的一部分这一基本几何控制条件后, 我们获得了指数和多项式衰减率, 而此几何控制条件在先前所有研究系统稳定性的文献中是必需的. 此外, 对于所获得的多项式衰减率, 我们仅假设记忆核函数 g 非负递减这一基本条件, 即记忆核函数仅需满足此问题适定性成立这一基本条件, 而没有假设核函数的导数 g' 被核函数本身 g 所控制这一条件了

(而此条件在以往文献中为了获得系统能量的衰减率也是必不可少的). 并且可以看出, 本章所得的稳定性结论不仅覆盖了已有研究结论, 并且从本质上拓展了该问题的应用范围, 在几何控制条件和记忆核条件更弱的情形下, 本研究建立了更一般 (更强) 的稳定性理论, 大幅改进了此领域的原有结果.

在第 7 章中, 考虑一类拟线性黏弹性发展方程初边值问题的稳定性, 我们给出了松弛函数 (记忆核函数) 在一些较弱条件下的一般多项式衰减性结果, 它推广并改进了先前文献中相关的衰减性结论. 可以看出, 我们在更弱的松弛函数条件下, 获得了目前最好及最优的衰减性估计.

最后, 我们在两个附录中给出了有关抽象黏弹性阻尼系统的两个小结论. 首先对于单个半线性方程系统, 在记忆核函数振荡变号时, 我们建立了系统解的全局存在性定理. 其次, 对于一类具有无穷记忆阻尼项的间接阻尼耦合系统, 我们验证了其在异波速时不可能具有指数形式的衰减. 最终我们用一个 "总结与说明" 部分结束了本书的内容.

本书的写作得到中国博士后科学基金优秀学术专著出版资助项目的资助和科学出版社的大力支持, 作者对此表示衷心的感谢. 在本书的写作过程中, 作者得到了复旦大学肖体俊教授和上海交通大学梁进教授的悉心指导与帮助, 获得了诸多宝贵的建议与修改意见; 编辑胡庆家老师为本书的出版也做了大量辛勤的工作, 作者在此一并致以衷心的感谢. 由于作者水平有限, 且第一次撰写科研专著, 书中还会有许多疏漏与不足之处, 恳请读者批评指正.

靳鲲鹏
2024 年 10 月

目　　录

第 1 章 绪 论

1.1 背景介绍

在自然科学、经济管理等学科中, 含有时间变量的系统模型称为发展系统模型. 发展方程 (组) 系统模型是描述客观世界运动演化的一类非常普遍和重要的发展系统模型, 它广泛地存在于微观、宏观、宇宙星系、各种生命体等现实世界各种不同的领域之中; 同时发展方程系统模型也是数学、力学、物理学、材料科学、工程科学、经济管理科学等各种学科中最为广泛的基本研究模型. 因此发展系统模型在各个自然学科研究中不仅具有重要的理论研究价值, 而且具有显著的实际应用意义.

1.1.1 发展系统简介

在数学中, 发展系统的研究几乎伴随着整个现代数学科学的萌芽与成长历程, 对其中数学学科的多个领域分支的进展起到了举足轻重的推动作用, 也是数学多个领域中长期以来的热门研究课题. 在长期的研究过程中, 研究者对众多的发展系统做了细致的分类与研究, 并总结出了许多经典的数学科学理论以及研究方法和技巧, 例如一阶发展系统、二阶发展系统等, 一维发展系统、高维发展系统, 抛物型发展方程 (组)、双曲型发展方程 (组) 等, 抽象发展系统、具体发展系统, 阻尼发展系统等. 由于在现实世界中影响整个模型的因素有很多, 许多因素对于整个系统起到一些阻尼的性质, 因此, 这类阻尼发展系统模型的理论是发展系统理论中的核心内容. 当前, 相关研究主要聚焦于系统的适定性、稳定性等问题, 尤其是系统稳定性研究, 在理论分析与工程实践中均具有重要意义. 本书主要研究起源于黏弹性科学的具有记忆阻尼的耦合发展方程系统模型.

1.1.2 黏弹性

连续介质力学是数学以及物理学科的一门非常重要的基础性学科, 它主要用来研究和描绘变形体的运动和平衡状态. 其中的方程 (组) 主要通过两种方式 (守恒律以及本构关系) 来导出 [54,67,104]. 守恒律主要是物理学中一些基本的动量守恒定律、质量守恒定律等. 而本构关系则依赖于所研究的物体的具体构成材料. 以往的许多研究主要集中在弹性材料以及黏性流体上. 我们知道, 弹性固体具有确定的形状, 在外力的作用下即时产生变形, 并具有新的平衡状态以及形状, 外力一

旦除去, 形变立即恢复, 并且力学中理想弹性材料的弹性力与弹性形变服从众所周知的 Hook 定律:

$$\sigma(t) = E\varepsilon(t).$$

而黏性液体则没有具体的形状, 在外力作用下产生不可逆的变化, 且对于理想的 Newton 流体的应力与应变满足 Newton 定律:

$$\sigma(t) = \eta\frac{\mathrm{d}}{\mathrm{d}t}\varepsilon(t).$$

所谓的黏弹性即是介于弹性和黏性之间的状态, 即: 力学性质兼具有不可恢复的永久形变和可恢复的弹性形变. 黏弹性材料即是材料在外力作用下, 弹性和黏性两种变形机制同时存在的材料. 在现实世界中许多所存在的材料就是兼具有弹性和黏性两种性质的黏弹性材料, 例如塑料、木材、高聚物等. 黏弹性在许多领域具有非常重要的技术地位, 目前正处在快速发展时期并有着巨大的发展空间. 许多黏弹性材料的本构关系, 例如聚合物、悬浮体、乳状物质等, 是不能用应力与应变 (或速度梯度) 的函数来描绘模拟的. 对于这一类物质, 其应力的变化是依赖于其运动历史的. 从弹性和黏性的特点看到, 黏弹性材料的性质对时间有强烈的依赖性. 黏弹性体的形变不仅与当时作用的外力大小有关, 而且和力的作用时间以及加载历史都有关系. 大量实验和例子表明, 黏弹性材料具有记忆特性: 应力不仅依赖于当前的应变和 (或) 速度梯度, 并且还依赖于整个运动历史; 记忆随着时间的影响变淡, 即更久远的历史对应力的影响小于比较近的历史记忆. 鉴于黏弹性材料的这种记忆特性, 大量的实验数据表明, 用积分方程能更好地表示其本构关系 [21,55,151,170], 即

$$\int_0^t g(t-s)\varepsilon(s)\mathrm{d}s,$$

其中 $g(t)$ 一般称为记忆核函数, 在实际应用中, 它一般可以用一个可积函数来表出. 如果该过程中不具有记忆效应 [170], 上面的记忆核函数取为 Dirac 函数:

$$g(t) = \delta(t) = \begin{cases} 1, & t = 0, \\ 0, & t \neq 0, \end{cases}$$

则积累效应为 $\varepsilon(t)$, 如果该过程具有理想 (全) 记忆 [170], 记忆核函数为 Heveaside 函数:

$$g(t) = H(t) = \begin{cases} 1, & t \geqslant 0, \\ 0, & t < 0, \end{cases}$$

则积累效应为 $\int_0^t \varepsilon(s)\mathrm{d}s$.

1.2 研究历史

1.2.1 国内外研究现状综述

阻尼发展方程的研究已经有非常长的研究历史, 在微积分诞生的初期就受到了许多科学家的关注, 例如波方程、Bernoulli-Euler 梁和 Timoshenko-type 梁模型等已有 100 多年的研究. 研究的初期主要对具有摩擦阻尼的单个具体线性方程进行研究, 进而对于其相应的抽象模型进行研究, 关注点主要集中在系统解的适定性以及渐近行为. 随着相关研究的深入以及阻尼发展系统在现实场景中的广泛存在和应用, 人们对于不同形式的半线性以及非线性的阻尼发展模型的适定性、稳定性等问题展现出浓厚的兴趣, 在 20 世纪 80 年代左右, 针对具有局部摩擦阻尼的研究蓬勃发展, 在此过程中形成了一些经典的方法和技术, 并得到了一系列有价值的结果, 参见 [7,27-29,31,32,49,140,141,167,189,190] 等文献. 随着科技的发展, 黏弹性材料应用愈加广泛, 由此在过去的几十年里, 人们对于具有记忆效应的黏弹性材料给予了越来越多的关注, 并且对于黏弹性材料的研究亦有了许多进展. 起源于黏弹性材料构成的具有记忆阻尼的阻尼发展方程是在工程技术、黏弹性科学和流体运动等领域中的一种重要的、新颖的数学模型, 它对运动的描述更加精确, 与现实更加吻合, 在工程建筑、工业制造和黏弹性科学等许多领域都有重要应用. 近几十年来国际上许多学者对具有记忆阻尼的发展方程的适定性和稳定性等做了深入研究, 参见 [1,2,5,12,24,25,29,31,73,100,101,119,122,134,181] 等文献. F. Alabau-Boussouira, P. Cannarsa, J.E. Muñoz Rivera 等分别应用算子泛函理论、乘子方法、正定核理论等技术对于单个记忆阻尼方程证明了解的适定性以及一些稳定性定理, 见 [5, 24, 134]. 近年来, 人们更加关注耦合形式的阻尼发展方程系统, 以探索实际中更加复杂的一些自然现象, 开始时主要从每个方程中都具有摩擦阻尼的阻尼耦合系统进行研究, 接着扩展到仅仅从一个方程中具有摩擦阻尼的间接阻尼发展系统进行研究, 到近十多年研究者对于具有记忆阻尼的间接阻尼耦合系统进行研究, 如 T.J. Xiao, M.M. Cavalcanti, A. Guesmia 等利用泛函分析知识、乘子技术、Lyapunov 辅助函数方法、算子半群等理论对具有记忆阻尼的耦合发展系统进行了研究并获得了相应的适定性定理和稳定性定理, 见 [29, 73, 181] . 目前国际上也有其他许多优秀学者开始研究阻尼耦合发展系统及其应用, 并获得了一些系统的研究结果.

本书研究的间接阻尼耦合发展方程系统 [12, 29, 73, 119, 122, 181, 184] 是仅在其中一个方程里含有阻尼项, 而其余方程里没有阻尼项, 整个系统的衰减机制是通过耦合项的作用将阻尼由一个方程传递到其余的方程里, 整体衰减率不仅依赖于阻尼部分的性质, 而且也依赖于耦合项的性质甚至整个系统其他方面的结构. 由于黏弹性材料的广泛使用, 近年来对于具有记忆阻尼的间接阻尼耦合方程的适定性与稳定性等问题已被国际上许多学者广泛研究. 由于记忆项产生的衰减机制不仅与当前的状态有关, 而且依赖于整个运动历史, 研究者最为关注的是其适定性及稳定性等性质与其中相关的重要函数 (记忆核函数) 的关系. 但目前的研究成果对于记忆核函数的限制要求还较强 (几乎必须满足非负单调递减且其导数必须被核函数控制等条件). 另外, 本书中所研究的具体 Timoshenko-type 梁模型是 20 世纪 20 年代由著名数学力学家 S.P. Timoshenko 提出的. 他将材料的剪切变形考虑进去, 同时考虑了梁的弯曲变形引起的转动惯量和梁的剪切变形, 大大改善了以往的梁动力学理论, 是一种更精确的梁模型, 更准确地描述了梁的运动状态, 具有更好的物理背景, 在梁理论等领域具有非常重要的地位, 许多年以来为众多学者所研究, 见 [12, 17, 73, 119, 122, 181, 184] 等文献. 近年来随着黏弹性材料的广泛使用, 具有记忆阻尼的黏弹性材料梁模型的研究尤为热门, 但是这些研究主要集中在材料整体是单一材质的黏弹性材料的基础上, 而对于多种材料形成的系统的研究比较少, 而由非匀质材料或不同材料形成的系统更符合实际, 应用更加广泛. 目前虽然对于整体记忆阻尼的研究结果相对较多, 但对于局部记忆阻尼的系统的稳定性等相关研究几乎空白.

从现有文献来看, 目前这些研究现状主要体现在下述几个方面:

(1) 对于仅含有记忆阻尼项的单个发展方程, 在记忆核函数非负单调可积, 核函数的导数可以被核函数本身控制的条件下, 得到了相应的适定性、稳定性以及衰减率估计 [5].

(2) 对于仅含有记忆阻尼项的耦合发展方程系统 [181], 在记忆核函数非负单调可积, 核函数的导数可以被核函数本身控制的条件下, 在系统同波速时, 得到了几类系统的适定性以及相应的稳定性结论. 目前结果主要是记忆核函数为指数衰减形式, 但是对于多项式衰减的这类特殊记忆核函数构成的系统研究地比较少, 并且所得稳定性、衰减性等结论较差.

(3) 对于含有记忆阻尼项和摩擦阻尼项的单个系统, 记忆核函数导数也需要被核函数本身控制, 并且与摩擦阻尼项互相弥补的情形下, 获得了系统的适定性、稳定性等相关结论 [31].

(4) 对于同时含有记忆阻尼项和摩擦阻尼项的耦合系统 [29], 记忆核函数同样满足上述限制条件, 并且与摩擦阻尼项互相弥补的情形下, 证明了系统的适定性以及稳定性, 同样结果主要是在记忆核函数指数衰减形式条件下, 其他衰减形式的记忆核函数的情形研究比较少且稳定性结论及衰减估计较差.

(5) 对于更弱的记忆核函数, 对具有记忆项的单个方程在记忆核函数满足正定性且无穷远处近似指数衰减的情形下 [24], 获得了系统的适定性、稳定性及衰减估计, 但对于耦合系统这类核函数仍然没有相应的结论.

(6) 对于局部阻尼的发展系统, 研究成果主要在具有局部摩擦阻尼的单个方程, 对于局部摩擦耦合发展方程系统仅有极少量的研究成果, 对于局部记忆阻尼的单个发展方程研究文献也仅有 1 篇 [134], 对于耦合的局部记忆阻尼的发展方程系统的研究更是空白; 另外对于局部阻尼和局部耦合共存的阻尼发展系统 [7] 的研究也非常少, 而当阻尼为局部记忆形式时, 相关研究仍处于空白状态.

(7) 对于具体模型的相关结果比较多, 例如 Moore-Gibson-Thompson 方程 [100,101]、Timoshenko-type 模型等, 但是对于抽象系统的结果相对较少.

综上, 目前研究现状主要为: 一方面, 对于具有记忆阻尼项 (或同时有摩擦阻尼项) 的发展方程系统, 在记忆核函数非负单调可积且核函数的导数满足一定的限制条件时 (参见 [5,12,29,31,73,100,101,119,122,181] 等文献), 获得了相应的适定性、稳定性等结论, 并且单个方程的成果比耦合系统的更好更多, 但是对于由其他类型的记忆核函数构成的发展方程系统研究比较少, 耦合发展系统的结论相对于单个方程结果较少; 另一方面, 对于整体阻尼发展系统研究的比较多, 对于局部阻尼发展系统的研究比较少 (并且主要针对局部摩擦阻尼的单个方程), 而对于局部阻尼耦合系统的研究几乎空白.

1.2.2 记忆阻尼发展系统研究历程回顾

由于黏弹性材料在实际中的重要应用, 以及记忆效应在实际中的重要影响, 人们开始更多地关注具有记忆效应的黏弹性材料. 在过去的几十年里, 对于黏弹性材料的研究已经有了许多的进展, 人们最关注的问题集中在经典解的存在性以及其能量的衰减性, 许多相关的研究参见 [21,104,151] .

利用动量守恒定律以及记忆材料的本构关系, 人们建立了一维黏弹性动力学运动方程 [135,151]:

$$u''(x,t) - u_{xx}(x,t) + \int_0^t g(t-s)u_{xx}(x,s)\mathrm{d}s = 0, \tag{1-1}$$

其中项 $\int_0^t g(t-s)u_{xx}(x,s)\mathrm{d}s$ 称为记忆阻尼项, 是由其本构关系得到的, 可参见 [135,151]. 上述模型可以抽象为 Hilbert 空间 H 中如下模型形式 [5,24,104]:

$$u''(t) + Au(t) - \int_0^t g_1(t-s)Au(s)\mathrm{d}s = f(u(t)), \tag{1-2}$$

其中 A 是 H 上的算子. 对于上述具体模型和抽象模型, 已经有许多工作, 参见文献 [5,24,104].

在工程技术和材料学科中, 有一个非常重要的耦合 Timoshenko 梁模型 [81,115,165,185], 如果梁材料是黏弹性的且具有记忆效应, 则此时的 Timoshenko

模型 [11,71,122,133,136,151] 为

$$\rho_1\varphi_{tt} - b_1(\varphi_x + \psi)_x = 0, \quad (x,t) \in (0,l) \times (0,\infty), \tag{1-3}$$

$$\rho_2\psi_{tt} - b_2\psi_{xx} + g_1 * \psi_{xx} + b_1(\varphi_x + \psi) = 0, \quad (x,t) \in (0,l) \times (0,\infty). \tag{1-4}$$

其导出过程以及关于 Timoshenko 系统的更多内容见 [83] 及其参考文献等, 其中 ρ_1, ρ_2, b_1, b_2 是四个正常数, φ, ψ 分别表示横向位移和转动角度. Timoshenko 系统在工程以及材料力学中具有非常重要的作用, 早期的工作主要集中在当材料为一般弹性材料的情形下的研究和计算, 此时本构关系为 Hook 定律形式, 系统为简化的模型, 里面没有记忆阻尼项. 后来随着研究的深入, 对于上述带有记忆阻尼项的 Timoshenko 系统开始被研究, 参见文献 [11, 71, 122, 133, 136, 151, 181] 等.

进一步观察可以得到, 对于上述 Timoshenko 梁模型 (1-3)-(1-4) 也可以抽象为 Hilbert 空间 H 中如下抽象模型 [169,181]:

$$u''(t) + bAu(t) - \int_0^t g(t-s)Au(s)\mathrm{d}s + \alpha u(t) + \beta Bv(t) = f(u(t)), \tag{1-5}$$

$$v''(t) + Av(t) + \beta Bu(t) = 0, \tag{1-6}$$

$$u(0) = u_0, \quad u'(0) = u_1, \tag{1-7}$$

$$v(0) = v_0, \quad v'(0) = v_1. \tag{1-8}$$

对此抽象系统, 文献 [169, 181] 中已有一些结果. 此抽象系统还可以对应各向同性多孔和中心对称且具有多孔散热的黏弹性固体的运动方程, 详细情况可以参见 [37, 47, 144, 183].

从实际应用出发, 我们知道, 不管对于单个方程的形式还是耦合方程的形式, 不管对于具体模型还是抽象模型, 人们感兴趣的是整个系统解的能量的衰减性. 通过对单个方程系统 (1-1) 和 (1-2) 的研究, 大家已经了解到系统能量的衰减是由其中的记忆阻尼项 $\int_0^t g(t-s)Au(s)\mathrm{d}s$ 产生的, 其衰减率主要由其中的记忆核函数 $g(t)$ 决定, 关于这方面的一些结果可参见文献 [5, 24]. 由于 Timoshenko 系统在实际中的重要应用, 以及黏弹性材料在工程材料中的广泛使用, 近期人们开始关注具有记忆阻尼项的 Timoshenko 系统能量的衰减性 [11,122,133,136,151,181], 以及这种相应的抽象系统 (1-5)-(1-8).

另外, 我们注意到, 在上述耦合系统中, 仅仅只有一个方程中具有记忆阻尼项, 因此, 该系统属于间接衰减类 [6,93,154]. 事实上, 这种间接衰减现象是自然界的普遍情形, 在此情形下, 系统中的一个方程可作为另一方程的稳定机制, 该现象

由 Russel 首次在文献 [154] 中提出并研究. 对于这种间接衰减的情形, 人们最关心的是具有记忆阻尼项的部分需要达到什么强度时才能影响到没有阻尼项的另一部分, 从而整个系统达到稳定的状态. 人们已经知道上述耦合系统能量的衰减是由记忆阻尼项所带来的, 因此人们的研究兴趣主要是各种不同形式的记忆核函数能给系统带来什么样的衰减形式. 在前期研究的过程中, 对于核函数的假设条件遵循这样的一个发展过程:

(1) 首先是指数衰减形式, 即

$$g(t) = c_1 e^{-c_2 t},$$

此时代入系统中, 并且关于时间 t 微分, 可以将上述系统转化为一个三阶微分方程 (组) [65];

(2) 核函数假设进一步放宽, 对其导数做些限制:

$$g'(t) \leqslant -kg(t),$$

这也是指数衰减的形式, 在实际中也有许多材料近似满足这种状况, 早期文献 [5, 122, 130, 169, 181] 中做了这种假设;

(3) 考虑多项式衰减形式, 核函数假设为

$$g'(t) \leqslant -kg^p(t),$$

这种多项式衰减记忆核的研究经历了两个阶段, 首先是当参数 $1 \leqslant p \leqslant \frac{3}{2}$ 时, 参见文献 [5, 40, 122, 123, 130, 181] ; 另外, 直到 2013 年, 参数 p 满足 $\frac{3}{2} < p < 2$ 时, 这种核函数的情形才被研究, 参见文献 [181];

(4) 其他形式的一些核函数假设, 例如

$$g'(t) \leqslant -\xi(t) g^p(t), \quad g'(t) \leqslant -K(g(t)),$$

其中 $\xi(t)$, $K(\cdot)$ 满足一定的条件, 具体可参见 [4, 73, 181]; 另外, 在文献 [24] 中, 还考虑了记忆核函数满足相关的 (强) 正定性的情形.

换一个角度观察可以发现, 在以往关于耦合系统的研究中, 不管是具体系统还是抽象系统, 按两个方程的波速是否相同进行分类, 经历了如下发展过程:

(1) 同波速情形, 在具体 Timoshenko 系统 (1-3)-(1-4) 中表现为参数 $b_1\rho_1^{-1} = b_2\rho_2^{-1}$, 抽象系统 (1-5)-(1-8) 中表现为参数 $b = 1$, 针对此种同波速情形, 文献 [122, 133, 136, 151, 169, 181] 中进行了研究;

(2) 不同波速情形, 具体 Timoshenko 系统 (1-3)-(1-4) 中表现为参数 $b_1\rho_1^{-1} \neq b_2\rho_2^{-1}$, 抽象系统 (1-5)-(1-8) 中表现为参数 $b \neq 1$, 此种情形, 对于具体 Timoshenko 系统, 文献 [73,122,136] 中涉及了这种情形, 而在抽象系统中, 不同波速情形还没有被研究过.

接下来我们简要陈述早期文献在上述关于核函数和波速是否相同 (对耦合系统) 的假设条件下的一些已有结果:

(1) 当 $g'(t) \leqslant -kg^p(t)$, $1 \leqslant p \leqslant \dfrac{3}{2}$ 时, 对于单个方程情形 (1-1) 和 (1-2), 文献 [5] 中获得了系统的衰减与记忆核函数具有相同的形式, 但此时没有讨论 $\dfrac{3}{2} < p < 2$ 的情形; 对于耦合 Timoshenko 系统 (1-3)-(1-4) , 在同波速时, 即 $b_1\rho_1^{-1} = b_2\rho_2^{-1}$ 时, 文献 [122,136] 中也获得了系统能量的衰减与记忆核函数具有相同的形式, 并且 [122,136] 中对于不同波速的情形即 $b_1\rho_1^{-1} \neq b_2\rho_2^{-1}$ 时, 在同样的假设下得到了系统具有 $t^{-\frac{1}{2p-1}}$ 的衰减, 但对于 $\dfrac{3}{2} < p < 2$ 情形仍然没有讨论. 文献 [73] 中改进了 [122,136] 的结果, 在 $g'(t) \leqslant -\xi(t)g^p(t)$ (其中 $\xi(t)$ 为一个单调不增可微函数以及 $p \geqslant 1$) 的限制条件下, 对于不同波速得到了

$$\left(\frac{1 + \left(\displaystyle\int_0^t g^{\frac{1}{2}}(s)\mathrm{d}s\right)^{2(p-1)} + \displaystyle\int_0^t g^{2-p}(s)\mathrm{d}s}{\displaystyle\int_0^t \xi(s)\mathrm{d}s}\right)^{\frac{1}{2p-1}}$$

的衰减率.

(2) 对于抽象耦合系统 (1-5)-(1-8), 在文献 [181] 中, 对记忆核函数做了如下假设: $g'(t) \leqslant -K(g(t))$, 其中 $K(\cdot)$ 是一个非负严格凸函数且 $K(0) = K'(0) = 0$, 另外存在一自然数 j 满足 $\displaystyle\int_0^\infty g^{1-\frac{1}{j}}(t)\mathrm{d}t < \infty$. 在此条件下文献 [181] 中获得了系统在同波速情形下 ($b = 1$) 能量具有一定的衰减性, 并且导出了 $g'(t) = -K(g(t))$ 或 $g'(t) \leqslant -kg^p(t)$, $1 \leqslant p < 2$ 时, 对于同波速情形, 系统能量与记忆核函数具有同样的衰减率.

(3) 对于记忆核函数如果满足 $\displaystyle\int_t^\infty g(s)e^{\alpha t}\mathrm{d}s(\alpha > 0)$ 是强正定时, 文献 [24] 中对于单个方程的情形 (1-2) 得到了系统也具有指数衰减的形式, 此时对于记忆核函数没有假定是非负单调的.

从以上的分析可以看到, 对于记忆核函数的假设大多都要求非负单调可积并且其导函数可以控制核函数本身 (后面内容会说明这一条件的用途), 仅仅在文

献 [24] 中对这一限制去掉了, 但是从文献 [24] 中对于记忆核函数的限制可以看到, 核函数大致上具有指数衰减的形式. 另外, 从上述回顾可以发现对于耦合系统不同波速的研究还是非常少的, 仅仅在具体 Timoshenko 系统时有部分结论, 对于抽象系统还完全没有涉及这方面的研究.

1.2.3 研究方法总结

最后对具有阻尼项的发展系统所采用的主要研究方法做一个总结分类. 从现有文献亦可看到, 以往研究过程中所涉及的研究方法主要有:

(1) 利用算子半群理论论证系统的适定性以及强稳定性. 文献 [18, 35, 36, 64, 82, 99, 105-110, 112, 114, 173-180, 182, 183] 中使用了这种方法.

(2) 利用构造 Lyapunov 辅助函数方法验证系统的稳定性及估计各种形式的衰减率. 构造 Lyapunov 函数方法 (或者结合高阶能量方法), 由于此种方法易于理解, 以往使用的非常广泛, 然而, 辅助函数的构造过程往往面临较大挑战, 文献 [8,10,52,71,72,74,88,89,111,121,122,130,136,138,151,155-157,162,163,181,186] 中使用了此种方法.

(3) 利用乘子技术, 构造合适的乘子获得系统能量的控制, 并结合一些实分析等积分或微分不等式得到系统的稳定性及能量的衰减率估计. 在文献 [5, 24, 99, 169, 171, 181] 中使用了此方法.

(4) 频域分析方法等, 文献 [143, 148] 中使用了此方法.

1.3 本书所研究内容、目标、方法技术、意义

1.3.1 研究内容与研究目标

第一, 研究 Hilbert 空间中具有记忆阻尼的抽象二阶耦合发展方程系统

$$u''(t) + A_1u(t) - \int_0^t g(t-s)A_1u(s)\mathrm{d}s + \alpha u(t) + B_2v(t) = f(u), \tag{1-9}$$

$$v''(t) + A_2v(t) + B_1u(t) = 0 \tag{1-10}$$

的适定性与稳定性等相关问题, 其中 A_1, A_2 是 H 中正定自伴线性算子, B_1, B_2 是 H 中线性算子, $g(t)$ 表示记忆核函数, f 为外力项. 此系统是来源于黏弹性材料科学中一些具体模型 (例如 Timoshenko-type 梁模型、耦合 Petrovsky-type 系统等) 的抽象形式. 众所周知, 系统中卷积项 $\displaystyle\int_0^t g(t-s)A_1u(s)\mathrm{d}s$ 是由黏弹性材料的记忆特性所带来的并产生衰减机制, 一般称为记忆阻尼项. 在上述耦合系统 (1-9)-(1-10) 中仅在第一个方程中具有记忆阻尼项, 而在其余方程中没有任何

其他的阻尼项, 整个系统的衰减机制是由第一个方程通过耦合项 $(B_2v(t), B_1u(t))$ 向另一个方程传递, 因此系统 (1-9)-(1-10) 为间接阻尼耦合发展系统. 对于此系统目前大家最为关注的问题是记忆核函数 $g(t)$ 对于整个系统适定性、稳定性和能量衰减率的影响.

关于单个方程系统 (方程 (1-9) 中 $B_2 = 0$) 的适定性与稳定性等问题已被许多学者所研究, 其中 F. Alabau-Boussouira 等 [5] 运用算子半群理论和乘子技术在一些积分不等式的辅助下, 在记忆核函数 $g(s)$ 非负单调递减并且核函数的导数 $g'(s)$ 可以被 $g(s)$ 控制的条件下, 证明了系统的适定性和稳定性并获得了相应的衰减率. 特别地, P. Cannarsa 等 [24] 运用乘子技术和正定核理论, 在记忆核函数的原函数 $\displaystyle\int_t^{+\infty} e^{\alpha s}g(s)\mathrm{d}s(\alpha > 0)$ (强) 正定的条件下, 验证了系统的适定性与稳定性并获得了相应的指数形式衰减率, 值得关注的是此时核函数 $g(s)$ 可以变号 (去掉了非负递减的假设). 对于耦合发展方程系统 (1-9)-(1-10), 在记忆核函数 $g(s)$ 非负单调递减和一些其他基本条件下, T.J. Xiao 等 [181] 运用算子泛函、乘子技术等理论证明了系统的适定性, 并在系统同波速时 (即 $\|\sqrt{A_1}u\| = \|\sqrt{A_2}u\|$) 建立了相应的稳定性定理及衰减率估计. 但是, 如果记忆核函数 $g(s)$ 变号振荡而没有单调性的假设, 此时耦合系统 (1-9)-(1-10) 相应的适定性与稳定性仍没有被研究过. 因此, 本书首先将证明当记忆核函数在更弱的条件下 (去除非负单调的假设, 仅保留可积性) 系统 (1-9)-(1-10) 的适定性, 其次建立系统同波速时的稳定性并估计相应衰减率, 然后再进一步分析研究不同波速时 $(\|\sqrt{A_1}u\| \neq \|\sqrt{A_2}u\|)$ 系统 (1-9)-(1-10) 的稳定性并估计相应衰减率, 最后对比分析系统中两方程的波速的异同对整个系统稳定性及能量衰减率的影响.

第二, 我们考察下述具有一个无穷记忆项的二阶抽象耦合发展方程系统的 Cauchy 问题:

$$u''(t) + A_1u(t) - \int_0^{+\infty} g(s)Au(t-s)\mathrm{d}s + Bv(t) = f(u), \tag{1-11}$$

$$v''(t) + A_2v(t) + Bu(t) = 0, \tag{1-12}$$

$$u(-t) = u_0(t), \quad \forall t \geqslant 0, \qquad u'(0) = u_1, \tag{1-13}$$

$$v(0) = v_0, \qquad v'(0) = v_1, \tag{1-14}$$

其中 A, A_1, A_2 是 Hilbert 空间 H 中的正定自伴线性算子, B 是空间 H 中正定自伴线性有界算子, $g(t)$ 是 $[0, +\infty)$ 上非负、局部绝对连续、单调不增函数.

目前, 对于单个方程 ((1-11) 中 $B = 0$) 以及上述系统 (1-11)-(1-13) 的稳定性问题已有一些工作, 但与第一部分类似, 其中关于系统中重要的相关函数无穷记

忆核函数 g 的限制比较强. 而根据现有文献显示, 当系统 (1-11)-(1-13) 为线性时, M.M. Cavalcanti 等利用构造辅助函数方法以及高阶能量方法获得了相应的衰减率估计 (非最优、非一致), 但是, 这些研究结果都是针对非负单调递减记忆核, 并且 $g'(s)$ 必须满足一定的控制条件 (被 $g(s)$ 控制), 所得结论的条件相对较强、衰减率结论较弱. 同样地, 当去除这个控制条件时, 仍然没有相应的研究结果. 另外当记忆核函数去除非负单调而考虑变号振荡记忆核时, 研究更是完全空白. 本书第 4 章对此模型进行研究, 利用算子半群理论等证明系统 (1-11)-(1-13) 的适定性, 在仅仅无穷记忆核函数单调可积的条件下 (去除核函数导数的控制条件) 利用算子演算、泛函理论、乘子技术、高阶能量方法以及其他的估计方法研究系统解的渐近行为并获得相应的 (最优) 衰减率估计.

第三, 研究局部记忆阻尼问题, 研究对象为工程及材料科学中著名的 Timoshenko-type 梁模型, 对 $(x,t)\in(0,l)\times(0,+\infty)$,

$$\rho_2\psi_{tt}-b\psi_{xx}+\int_0^t g(t-s)(a(x)\psi_x(s))_x\mathrm{d}s+k(\varphi_x+\psi)=h(\psi), \tag{1-15}$$

$$\rho_1\varphi_{tt}-k(\varphi_x+\psi)_x=0, \tag{1-16}$$

其中 ρ_1,ρ_2,b,k 为正常数, $g(t)$ 代表记忆核, h 为非线性项. $a(x)\geqslant 0$ 仅仅依赖空间变量, 并且仅仅在部分区间上严格大于 0, 即 $a(x)>0, 0<l_1<x<l_2<l$. 因此系统 (1-15)-(1-16) 是仅仅具有任意局部记忆阻尼的间接阻尼耦合发展系统. 此部分的研究目标是: 探究仅含局部记忆阻尼时, 耦合间接阻尼系统 (1-15)-(1-16) 是否存在整体衰减机制; 构建该系统的稳定性理论, 并评估其能量的 (最优或一致) 衰减率; 将所得衰减率与整体阻尼下的衰减率进行对比分析.

目前, 对于整体记忆阻尼的研究结果已比较丰富, F. Ammar-Khodja, A. Guesmia, S.A. Messaoudi, T.J. Xiao 等 [12, 73, 119, 122, 181] 在一定的假设条件下建立了一系列相应的稳定性定理和衰减率估计. 但是对于局部记忆阻尼的发展系统的研究非常少, 根据现有文献显示, 仅仅只有 J.E. Muñoz Rivera [134] 在 2001 年的一篇文献讨论单个系统的局部记忆阻尼问题. 关于耦合局部阻尼发展系统的稳定性研究, 根据现有文献显示, 仅仅对于具有局部摩擦阻尼的耦合系统的稳定性问题有极少量的研究成果 [7], 而对于仅仅具有局部记忆阻尼的耦合发展系统的间接阻尼稳定性问题的研究十多年来仍然空白, 没有任何结果. 该领域的主要困难之一在于: 将分析局部记忆阻尼对系统整体的影响机制与探究间接阻尼在方程间的传递规律这两者的作用机制进行协同考量, 这是一个相当大的研究挑战. 困难之二, 对于记忆阻尼的研究相对摩擦阻尼的研究来说起步相对稍晚, 处理也相对困难一些. 此部分首先应用乘子技术、算子理论、实分析与泛函分析中一些方法与技巧建立局部能量与整体能量之间的控制关系来克服困难之一; 另外对于记忆阻尼的处理, 利用前面两部分中提及的正定核理论以及我们前期工作中创建形成的一些解决记忆阻尼的研究方法来克服困难之二; 最后应用能量估计方法以及积分微分不等式建立相应的稳定性定理并获得相应的 (最优和一致) 衰减率.

综上, 本书的研究对象: 其一为 Hilbert 空间中的由两个一般二阶发展方程耦合而成的抽象间接阻尼发展系统; 基二为工程与材料科学中典型的间接局部阻尼与 (局部) 耦合 Timoshenko 型梁模型. 研究内容为当这些间接阻尼耦合发展系统模型中具有 (局部) 记忆阻尼项或同时具有 (局部) 摩擦阻尼项时系统的适定性与稳定性等相关问题. 研究目标之一是削弱目前结果中对于记忆核函数的限制条件, 建立比以往结果更为广泛和深刻的适定性及稳定性并估计相应衰减率 (第一与第二部分), 填补目前此领域中的一些理论研究空白, 拓宽在实际中的应用范围; 研究目标之二是对于具体的 Timoshenko-type 模型, 当阻尼为局部阻尼 (或同时具有局部耦合) 时, 研究此时间接局部阻尼对系统整体能量的影响, 以获得系统相应的适定性、稳定性以及系统整体能量相应于记忆核函数的 (一致或最优) 衰减率.

1.3.2 研究基础

第一, 关于单个方程的阻尼发展方程的适定性与稳定性等相关问题的研究成果已比较丰富 [1,2,5,24,31,100,101,174,178], 另一方面对于整体摩擦阻尼的耦合发展方程的适定性与稳定性的研究结果也相对成熟 [17,29,184], 并且对于特殊形式下的单调递减记忆核函数形成的具有整体记忆阻尼的抽象耦合发展方程系统 [181] 以及具体的 Timoshenko-type 模型 [12,73,119,122,181] 的研究也有一些相应成果, 对于单个系统的变号振荡核也有零星的结果 [24]. 因此, 本书关于抽象阻尼耦合发展系统的研究, 通过借鉴已有的研究结果, 充分挖掘和分析抽象耦合阻尼发展系统的特征, 进而在变号振荡核的假设下获得系统的适定性与稳定性定理及相应的衰减率估计, 这在理论上具有可行性.

第二, 对于单个方程的局部摩擦阻尼发展系统的稳定性的研究已有相当长的时间并且形成了一些典型的方法 [7,27-29,31,32,49,140,141,167,189,190], 对于局部记忆阻尼与局部摩擦阻尼互补情形的阻尼 (耦合) 发展系统也有一定的研究结果 [29,31], 同时对于局部摩擦阻尼的耦合系统在一些较强条件下也有少量的研究成果 [7]. 之前耦合系统的研究过程中也成功地借鉴了一些单个方程的研究经验与方法, 对于记忆阻尼系统的研究也从摩擦阻尼系统中发掘与改进了一些研究技巧. 因此, 本研究亦可借鉴单个方程系统的相关技术及摩擦阻尼系统的研究方法与成果. 充分挖掘和分析局部记忆阻尼部分与 (局部) 耦合部分之间的相互关系, 充分利用系统的结构和特征, 进而在局部记忆阻尼的条件下研究 Timoshenko-type 系统的衰减性, 从理论上看, 本书关于仅具有局部记忆阻尼 (或伴随局部耦合与局部摩擦阻尼) Timoshenko-type 系统的研究是可行的.

1.3.3 研究方法与技术

第一, 关于抽象发展方程系统 (1-9)-(1-10) 的适定性与稳定性的研究. 由于耦合系统相对单个系统更为复杂, 系统为间接阻尼且对于记忆核函数的假设更弱 (可变号振荡核, 无非负单调假设), 因此处理时需要特别注意系统本身结构所蕴含的各个能量项部分之间的相互耦合关系. 首先利用正定核理论、算子半群方法证明系统 (1-9)-(1-10) 的温和解的全局存在唯一性; 其次在系统 (1-9)-(1-10) 为线性时 (即此时 $f=0$), 充分利用系统线性的特征, 对系统做一系列的积分与微分变换, 并借助正定核理论中的一些性质 (尤其是其中的一些积分不等式) 获得系统能量中的势能项 $\int_0^t \|\sqrt{A_1}u(s)\|^2\mathrm{d}s$ 的估计. 接着, 利用泛函分析理论、乘子技术、高阶能量方法以及其他一些能量估计方法构造合适的辅助函数获得系统剩余的能量项 $\int_0^t \|\sqrt{A_1}v(s)\|^2\mathrm{d}s$, $\int_0^t \|u'(s)\|^2\mathrm{d}s$, $\int_0^t \|v'(s)\|^2\mathrm{d}s$ 的控制 (被 $\int_0^t \|\sqrt{A_1}u(s)\|^2\mathrm{d}s$ 控制), 最后合并这些估计并应用实分析与算子泛函理论中一些积分、微分不等式获得整体能量的衰减率估计, 建立相应的稳定性; 另外, 对于非线性情形时系统 (1-9)-(1-10) 的稳定性的研究更加复杂 (尤其是不同波速时), 由于此时系统非线性, 相应的高阶能量方法等不能使用, 因此需要充分发掘系统的结构形式, 构造合适的乘子, 再对算子 A_1, B_1, B_2 附加一定的限制条件, 同时利用算子泛函理论、正定核理论、乘子技术、 Lyapunov 辅助函数方法建立系统的稳定性并估计此时系统能量相应的衰减率.

第二, 关于系统 (1-11)-(1-13) 的稳定性等问题的研究. 由于此时系统阻尼为无穷记忆阻尼形式, 因此在第一点里的 (加权) 正定理论不再适用, 而正定核理论在第一点里已经明确说明对于更弱的记忆核条件的处理非常有效, 这无疑增加了研究的复杂性. 为此我们利用乘子技术, 以及 [85] 中提出的技术手段去构造合适的辅助函数以及确定相应的参数, 利用高阶能量方法和积分、微分不等式等实分析以及泛函分析知识获得此时系统整体能量的控制不等式, 从而建立相应的稳定性结论并获得相应的 (最优) 衰减率估计.

第三, 关于 Timoshenko-type 系统 (1-15)-(1-16), 由于系统仅仅具有局部记忆阻尼, 记忆核只在 $a(x)>0$ 的部分起作用, 因此首先要发掘局部阻尼直接作用部分的能量如何传递到整体, 又由于系统是间接阻尼, 因此还要分析局部阻尼作用部分是如何再通过耦合项作用传递到另一个方程. 另外不同的边值条件对于系统相关问题的研究也会有一些区别, 进而增加问题的难度, 因此对于不同边值形式的灵活处理也成为该研究中的关键工作之一. 在此部分研究中首先采用乘子技术建立局部能量和整体能量之间的控制关系, 不仅使用先前文献中一些常用的未知解变量函数乘子 (如 $\psi,\psi_x,\varphi,\varphi_x$ 等系统本身解函数乘子), 而且根据局部阻尼覆盖的位置以及不同的边值条件新构造一系列相应于上述变量函数乘子的权重乘子 (指数型权重乘子 $e^{\pm px}$ 等), 尤其是指数型权重乘子结合变量函数乘子是首次使用在此类问题中, 灵活利用这些乘子并结合算子和泛函理论将在处理系统能量估计时直接消去低阶项 (如 φ,ψ) 与函数在非边界点取值 (如 $\psi(l_1),\psi_x(l_1)$ 等) 所带来的麻烦. 在以往阻尼发展系统的相关问题的研究中, 出现的低阶项主要使用紧性唯一性方法所估计, 并且为了不出现非边界点处取值的麻烦, 一般是假定阻尼部分必须包含部分边界 (一维时至少包含一个端点). 此部分研究中由于使用了新构造的指数型权重乘子直接消去了低阶项与内部点取值, 因此对于能量的估计更加灵活以及对于阻尼区间的限制更加弱 (可以是任意子区间). 其次利用前期工作中介绍的参数估计方法以及正定核理论在对记忆核函数限制更弱的条件下处理记忆能量项部分, 尤其在线性系统时, 灵活对系统进行相应的微分以及积分变换 (由于线性变换后新系统与原有系统结构类似), 充分挖掘系统各项之间的相互关系, 从而在更弱的假设条件下获得更好或最优的稳定性和 (一致) 衰减率. 当系统半线性时, 通过对一些特殊半线性项 h 的处理, 在对初值适当限制的条件下获得相应的稳定性定理和衰减率估计.

综上, 由于本书中所研究的阻尼耦合发展方程系统比较复杂, 并且系统中记忆核函数的限制条件更弱, 因此许多针对特殊记忆核函数处理的方法不能直接使用. 在研究过程中不仅需要借鉴一些传统的技术, 而且还需要改进这些方法, 另外必须注意到不同研究方向之间的渗透和结合, 使用一些新的分析工具 (例如正定核的相关理论、构造新的指数型权重乘子等) 以及对于系统形式提出一些新的变换技巧 (例如对原系统采用积分形式变换并结合之前常用的微分原系统的方案), 并且对于抽象系统与具体系统处理时也有一些区别. 具体表现在以下几点:

(1) 对于第一部分与第二部分抽象系统的适定性研究思路: 采用算子半群理论结合正定核的性质, 或结合传统的乘子方法.

(2) 对于第一部分与第二部分抽象系统的稳定性等研究思路: 利用改进的 Lyapunov 辅助函数方法, 构造新的辅助函数并利用实分析、泛函分析等的一些技巧和结论, 以及结合高阶能量方法等. 当核函数限制条件更弱时, 处理稳定性与估计衰减率等问题时单个系统和耦合系统的区别比较大, 耦合发展系统不仅形式复杂, 而且在研究中需要综合运用各种方法和技巧, 并引入新的变换方式. 特别当处理同时具有局部记忆阻尼和局部摩擦阻尼发展系统的稳定性等相关问题时, 需要借助更多的不同于单个系统的辅助函数形式, 并且局部记忆阻尼所处的区域对整体稳定性以及衰减率的影响非常关键, 需要借助更多的实分析、泛函分析中的一些不等式.

(3) 对于第三部分具体 Timoshenko-type 系统的稳定性等研究思路: 主要使用乘子技术、算子泛函理论等, 注意此时不仅使用一些传统函数乘子, 并且还构造了一些新的指数型权重乘子. 另外, 结合 Lyapunov 辅助函数方法、正定核理论中的积分不等式、实分析以及算子演算的一些技巧最终获得系统的稳定性和相应记忆核 (或摩擦项) 的更好或最优的衰减率.

1.3.4 研究意义

本书所研究的系统为 Hilbert 空间中的阻尼发展系统, 其来源于黏弹性科学中的一些具体模型及其抽象形式 (见第三部分研究内容描述). 在现实世界中存在的许多材料是兼具有弹性和黏性两种性质的黏弹性材料. 黏弹性在许多领域具有非常重要的技术地位, 目前正处在快速的发展时期并具有巨大的发展空间. 大量实验和例子表明, 黏弹性材料特有的本构关系使其具有记忆特性. 由于黏弹性材料在实际中的重要应用, 以及记忆效应在实际中的重要影响, 人们开始更多地关注具有记忆效应的黏弹性材料, 对黏弹性材料运动和平衡状态建立了各种形式的具有记忆项的发展方程模型, 并且这些模型已被国际上众多学者所研究. 研究者发现其中的记忆项产生衰减机制, 并且记忆核函数的性质对于系统的适定性与稳定性具有紧密的联系.

本书的研究对象不仅包含具体的 Timoshenko-type 模型, 而且也包含其相应的抽象形式等, 理论研究与应用研究并重. 本书致力于这类阻尼发展系统的适定性、稳定性及相关问题的研究, 目前, 这些问题既是泛函分析与发展方程系统领域的重要前沿课题, 也是该领域的基础性核心问题. 它们已引起国际数学界的广泛关注, 成为极其活跃的研究热点, 是进一步研究最优控制和最优估计等的基础. 另外, 本书研究内容处在此领域中前沿位置, 具有前瞻性, 且实际应用广泛, 理论价值丰富.

1.4 全书结构

全书结构如下: 第 2 章至第 4 章为第一部分, 主要考察含有一个阻尼项的抽象耦合发展方程系统. 第 2 章研究了具有记忆阻尼的抽象耦合发展系统的适定性及稳定性, 证明了解的整体存在性、能量的可积性、指数稳定性; 第 3 章研究了具有记忆阻尼的抽象耦合发展系统的稳定性, 提出了一个新的概念并对其性质等进行了分析研究, 获得了能量的多项式衰减估计; 第 4 章研究了具有无穷记忆阻尼的耦合发展系统的适定性与稳定性. 第 5 章至第 7 章为第二部分, 主要研究三类具体阻尼发展系统的稳定性, 即仅具有局部记忆阻尼的半线性 Timoshenko 系统 (第 5 章)、具有互补摩擦阻尼和记忆阻尼的半线性波动方程 (第 6 章)、一类拟线性黏弹性方程初边值问题 (第 7 章) 的稳定性. 最终我们用两个附录和一个“总结与说明”部分结束了本书的内容.

第一部分

一些抽象阻尼耦合发展方程系统的适定性及稳定性研究

第 2 章 具有间接记忆阻尼的二阶发展系统的稳定性分析 I

本章中我们研究 Hilbert 空间中具有间接记忆阻尼的二阶抽象发展方程系统的稳定性, 此系统起源于黏弹性理论, 著名的 Timoshenko 模型是此抽象系统的一个具体例子. 我们所考虑的是如何最有效地控制记忆核函数去获得整个耦合系统所期望达到的稳定性. 充分开发系统中记忆项的影响以及耦合项的作用, 我们建立了整个系统能量的最优稳定性结论. 尤其是, 对于特殊的指数衰减记忆核, 我们获得了系统能量的一致指数稳定性. 特别值得指出的是, 在我们获得的理论中, 对于记忆核函数没有要求非负不增的限制条件 (这是先前文献中经常使用的并且是特别重要的基本假设), 仅仅假设其原函数是强正定的. 对于我们抽象理论的一个具体应用, 当 Timoshenko 系统不等波速时, 关于记忆核函数在最基本 (最少) 的假设条件下, 我们建立了最优的衰减率估计; 在同波速情形时, 我们建立了最好的指数稳定性理论. 在整个过程中可以看到, 为了克服建立这些理论过程中所遭遇到的困难, 我们发展了一系列新颖的方法和技术, 并且成功应用在证明过程中.

2.1 模型介绍及问题描述

发展系统的稳定性研究一直是非常活跃的研究课题. 一方面, 截至目前研究者在这个领域已经做出了许多重要的工作 (例如, 可参见 [1,2,4,9,12,24,38,39,50,56,73,79,85,97,98,126-129,161,172,181,184]); 另一方面, 从现有的研究文献 (例如 [12,23,24,50,56,58,59,63,66,73,85,97,98,129,161,172,174,178,181,184]) 可以看出, 对于二阶发展系统的研究不仅具有重要的理论价值, 而且在实际应用中亦具有深远的研究意义. 在这些研究工作的启发推动下, 本章我们关注如下具有间接记忆阻尼的二阶发展系统的抽象 Cauchy 问题的稳定性:

$$\begin{cases} u''(t) + A_1u(t) - \displaystyle\int_0^t g(t-s)A_1u(s)\mathrm{d}s + \alpha u(t) + B_2v(t) = 0, \\ v''(t) + bA_2v(t) + B_1u(t) = 0, \\ u(0) = u_0, \quad u'(0) = u_1, \\ v(0) = v_0, \quad v'(0) = v_1, \end{cases} \tag{2-1}$$

其中 A_1, A_2 是 Hilbert 空间 H 中两个正定自伴线性算子, $b>0$, $\alpha\geqslant 0$ 为常数, $g(t)\in L^1(0,+\infty)$ 代表记忆核, B_1, B_2 是 H 中的两个线性算子. 此问题起源于黏弹性理论, 下面描述的长度为 l 的梁的横向振动的 Timoshenko 梁模型是上面抽象系统的一个具体例子:

$$\begin{aligned}
&\rho_1\varphi_{tt}-b_1(\varphi_x+\psi)_x=0, \qquad (x,t)\in(0,l)\times(0,\infty),\\
&\rho_2\psi_{tt}-b_2\psi_{xx}+\int_0^t g_1(t-s)\psi_{xx}\mathrm{d}s+b_1(\varphi_x+\psi)=0, \quad (x,t)\in(0,l)\times(0,\infty),\\
&\varphi(\cdot,0)=\varphi_0, \quad \varphi_t(\cdot,0)=\varphi_1, \quad \psi(\cdot,0)=\psi_0, \quad \psi_1(\cdot,0)=\psi_1, \quad x\in(0,l),\\
&\varphi(0,t)=\varphi(l,t)=\psi(0,t)=\psi(l,t)=0, \qquad t\geqslant 0,
\end{aligned}$$

其中, 未知函数 φ 和 ψ 分别表示梁的横向位移和沿横截面的转角, ρ_1, ρ_2, b_1 和 b_2 是正常数, g_1 为记忆核.

可以看出, (2-1) 中的系数起这样一个作用, 如果在上述 Timoshenko 系统中选取算子

$$A_1=A_2=-\frac{b_2}{\rho_2}\frac{\mathrm{d}^2}{\mathrm{d}x^2},$$

及定义域

$$\mathcal{D}(A_1)=\mathcal{D}(A_2):=H^2(0,l)\cap H_0^1(0,l),$$

更多细节见 2.5 节如果用 A_2 代替 bA_2, 由于假设 (I_4) 不再成立, 因此 2.4 节中的抽象理论不能应用在异波速的 Timoshenko 系统.

众所周知, 记忆项 (例如系统 (2-1) 中的卷积项) 将产生阻尼机制, 一般称为记忆阻尼项. 例如, 读者可以查阅文献 [4,31,50,56,68,79,98,128] 以及其关于研究具有记忆阻尼的单个方程稳定性的参考文献. 这些工作涉及如何控制记忆核以实现发展系统的可期望的稳定性这一重要性问题 (见 [31]). 关于涉及其他类型控制的各种方程或系统的稳定性的结果, 可以参考 [1,2] (动态控制), [9] (系统参数控制), [31,95,113] (带摩擦的反馈控制), [126,127] (状态导数反馈控制) 以及它们的参考文献.

在系统 (2-1) 中, 阻尼仅仅出现在其中一个方程中, 第二个方程通过与第一个方程之间的耦合项间接衰减, 这是间接阻尼系统. 间接阻尼系统首先被 Russell 在文献 [154] 所研究. 我们的主要目的是研究如何在系统 (2-1) 中的第一个方程中控制记忆核以实现整个耦合系统 (2-1) 的稳定性, 为更加重要和更具挑战性的记忆反馈控制问题提供更好的解决方案.

最近, 文献 [85, 181] 研究了一些具有间接记忆阻尼的抽象二阶方程组的稳定性, 并给出了与核函数 g 的不同行为相对应的解能量的各种衰减率, 也参见 [12, 73, 129, 161, 184] 及其中关于 Timoshenko 系统稳定性的参考文献.

可以看到, 在先前关于阻尼方程系统的工作中, 相关的核函数 g 通常假设是非负的且不增加的. 实际上, 有一个更通用的核函数类——即函数 g 的原函数 $G(t)=\int_t^{+\infty} g(s)\mathrm{d}s$ 是 (强) 正定的 (因此核函数 g 可能是振荡的, 甚至它们的符号可以变化), 已证明这类函数在 (半线性) 单个发展方程的稳定性研究中非常有用 (例如, 参见 [24, 63]). 于是, 当前迫切需要解决的问题就是: 如何将这一类更广泛的核函数应用在具有间接记忆阻尼的耦合发展方程系统的适定性与稳定性等研究课题中?

在本章中, 在 $G(t)$ 正定的假设下, 我们首先建立系统 (2-1) 的解的有界性、正则性和近似性. 然后, 我们区分两种情况, $b=1$ 和 $b\neq 1$, 讨论系统的渐近行为. 第一种 (第二种) 情形意味着在具体问题中波的传播的速度是相同的 (不同的), 并且在第一种情形下 (同波速时) 系统解的能量具有更好的衰减特性. 另外, 在 $G(t)$ 强正定的条件下, 系统能量在 $(0,+\infty)$ 的可积性被得到, 这意味着能量在无穷大处趋于零. 作为一个重要的结论, 我们表明, 对于光滑的初值, 当 g 仅仅非负且不增加时 (对其衰减率没有任何其他要求时), 系统能量至少以 t^{-1} 的速率衰减至零, 这完善了 [85] 中的相关定理 (对于 $b=1$ 和线性方程). 更深一步, 对于记忆核 g, 如果它以指数方式衰减并具有强正定的 $G(t)$, 我们在 $b=1$ 的情况下 (同波速时) 获得能量的一致指数稳定性. 明显看出, 这些结果大大推广和改进了先前文献中的二阶发展方程系统 (抽象或具体) 的相关结论, 更多细节请参阅注 2.4-注 2.6 .

在研究过程中, 我们首次将正定函数理论应用于耦合发展系统中 (据我们所知). 并且由于是耦合系统以及记忆阻尼对于系统 (2-1) 中的第二个方程是间接影响的, 所以耗散需要通过耦合效应从第一个方程传递给它, 因此我们在估算能量方面将比在单个方程的情形时 (参见 [24, 63]) 面对更多的技术困难和挑战. 通过深入观察和分析系统 (2-1) 的结构, 我们意识到建立势能项 $\|\sqrt{A_1}u\|^2$ 能量部分的有效积分不等式估计是关键 (而在先前文献中动能项能量部分估计通常被视为起决定性作用的核心部分). 在建立势能项积分不等式的基础上 (参见引理 2.4 和 (2-62)), 我们可以顺利地利用三个辅助函数 J_1, J_2, J_3 的微分不等式 (见引理 2.5-引理 2.7) 去估计其他能量项的积分. 并且在文中可以发现我们的新方法不仅简洁而且非常有效. 它避免了利用更多技巧构建一些更复杂的辅助函数并估计其导数的麻烦, 也使我们能够在很大程度上放松记忆核 g 的限制条件. 可以预见的是将来此种思路方法也可以应用于其他发展系统相关的问题中.

值得注意的是, 在建立 $\|\sqrt{A_1}u\|^2$ 的积分不等式时, 为了便于应用正定理论不等式, 我们提出了对原系统做积分变形的想法 (而先前对原系统做微分变形是处理此类问题的常用方法). 虽然这个新想法似乎很简单, 但其效果超出预期, 得到了非常令人满意的结果.

为了在处理其他一些重要的数学模型时巧妙地利用耦合效应, 我们非常乐意推荐给读者一些有意义的工作, 见 [127, 158, 159] . 此外, 我们想在此指出, 许多未解决的线性问题, 如本章和许多其他文献中的主要问题, 都是非常重要且难以探索的, 关于这些问题的任何重要研究发展以及研究问题所产生的方法都具有重要的理论参考价值.

本章的结构组织如下: 在 2.2 节中, 我们陈述了 (强) 正定核的定义和一些基本性质. 2.3 节是关于解的有界性、正则性和逼近. 2.4 节致力于推导能量的渐近衰减性质和可积性. 在 2.5 节中, 我们证明了在 $b = 1$ 时 (同波速时) 系统解的能量的一致指数稳定性. 最后, 在 2.6 节中, 我们将抽象结论应用在著名的 Timoshenko 梁模型系统中.

2.2 正定核理论

本章中, H 表示实的 Hilbert 空间, $\langle\cdot,\cdot\rangle$ 表示其标量内积. 对于空间 H 中的线性算子 $A, \mathcal{D}(A)$ 和 $[\mathcal{D}(A)]$ 分别代表它的定义域和图像. 对于赋范线性空间 H_0 和整数 $i \in \{0,1,2\}$, $C^i([0,\infty);H_0)$ 表示 $[0,\infty)$ 上所有 i 次连续可微的 H_0 值函数全体的集合, 另外记 $C([0,\infty);H_0) := C^0([0,\infty);H_0)$.

首先, 我们回顾 (强) 正定核的概念.

定义 2.1 假设 $h \in L^1_{loc}(0,+\infty)$, 如果对任意 $u \in L^2_{loc}(0,+\infty;H)$

$$\int_0^t \langle h * u(s), u(s)\rangle \,\mathrm{d}s \geqslant 0, \qquad \forall\, t \geqslant 0,$$

则函数 h 称为正定核. 另外, 如果存在常数 $\delta > 0$ 使得 $h(t) - \delta e^{-t}$ 是正定的, 则称 h 是强正定核.

接下来介绍 (强) 正定核的一些性质, 这些性质 (以及其他一些性质) 可以在文献 [24] 中找到.

命题 2.1 假设 $h \in L^\infty(0,+\infty)$, 则 h 是正定核当且仅当对任意 $z \in \mathbb{C}$ 和 $\mathrm{Re}z > 0$ 成立

$$\mathrm{Re}\int_0^{+\infty} e^{-zt}h(t)\mathrm{d}t \geqslant 0.$$

命题 2.2 假设 $h(t)$ 二次可微和 $h' \not\equiv 0$, 并且满足

$$(-1)^n h^{(n)}(t) \geqslant 0, \qquad \forall\, t > 0, \quad n = 0, 1, 2,$$

则 $h(t)$ 是强正定的.

命题 2.3 假设 h 是一个强正定核, 则对任意 $t \geqslant 0$ 和 $u \in W_{loc}^{1,2}(0, +\infty; H)$ 成立

$$\int_0^t \|u(s)\|^2 \mathrm{d}s \leqslant \|u(0)\|^2 + \frac{2}{\delta}\left(\int_0^t \langle h * u(s), u(s)\rangle \,\mathrm{d}s + \int_0^t \langle h * u'(s), u'(s)\rangle \,\mathrm{d}s\right),$$

其中 δ 是定义 2.1 中的常数.

最后, 我们列出一些记号:

$$G_1 = \int_0^{+\infty} |g(t)|\mathrm{d}t, \qquad G_2 = \int_0^{+\infty} |g'(t)|\mathrm{d}t,$$

$$G(t) = \int_t^{+\infty} g(s)\mathrm{d}s, \quad t \geqslant 0.$$

引理 2.1 对 $t \geqslant 0$ 成立

$$g * u(t) = G(0)u(t) - G(t)u(0) - G * u'(t).$$

此引理是明显的, 此处略去证明过程.

2.3 解的存在性、有界性、正则性和逼近

首先, 我们陈述一些假设:

(I_1) $b > 0$, $\alpha \geqslant 0$ 为两个常数, A_1, A_2 是空间 H 中的两个正定自伴线性算子, 并且满足

$$a_1\langle A_1 u, u\rangle \geqslant \|u\|^2, \quad u \in \mathcal{D}(A_1); \quad a_2\langle A_2 v, v\rangle \geqslant \|v\|^2, \quad v \in \mathcal{D}(A_2),$$

其中 $a_1 > 0$, $a_2 > 0$ 为两个常数.

(I_2) B_1, B_2 是空间 H 中两个线性算子, 其定义域满足 $\mathcal{D}(B_1) \supset \mathcal{D}(\sqrt{A_1})$, $\mathcal{D}(B_2) \supset \mathcal{D}(\sqrt{A_2})$, 并且成立

$$\langle B_1 u, v\rangle = \langle u, B_2 v\rangle, \qquad u \in \mathcal{D}(A_1), \quad v \in \mathcal{D}(A_2), \tag{2-2}$$

另外, 存在两个正常数 $\beta, \beta_1 > 0$ 使得

$$\beta\|\sqrt{A_1}u\| \leqslant \|B_1 u\| \leqslant \beta_1\|\sqrt{A_1}u\|, \quad u \in \mathcal{D}(\sqrt{A_1}),$$

$$\beta\|\sqrt{A_2}v\| \leqslant \|B_2v\| \leqslant \beta_1\|\sqrt{A_2}v\|, \quad v \in \mathcal{D}(\sqrt{A_2}).$$

(I_3) 记忆核 $g \in L^1(0,+\infty)$ 满足

$$\int_0^{+\infty} g(t)\mathrm{d}t < 1, \quad 1 - \int_0^{+\infty} g(t)\mathrm{d}t + a_1\left(\alpha - \frac{\beta_1^2}{b}\right) > 0,$$

并且

$$t \mapsto \int_t^{+\infty} g(s)\mathrm{d}s \text{ 是正定的}.$$

假设

$$u \in C^2([0,+\infty);H) \cap C^1\left([0,+\infty);[\mathcal{D}(\sqrt{A_1})]\right) \cap C([0,+\infty);[\mathcal{D}(A_1)]),$$

$$v \in C^2([0,+\infty);H) \cap C^1\left([0,+\infty);[\mathcal{D}(\sqrt{A_2})]\right) \cap C([0,+\infty);[\mathcal{D}(A_2)]),$$

对任意 $t \in [0,+\infty)$ 满足 (2-1), 则称函数对 (u,v) 为问题 (2-1) 的 (经典) 解.

定义问题 (2-1) 解 (u, v) 的能量如下:

$$\begin{aligned} E(t) =& E_{u,v}(t) \\ =& \frac{1}{2}\|u'(t)\|^2 + \frac{1 - \int_0^{+\infty} g(s)\mathrm{d}s}{2}\|\sqrt{A_1}u(t)\|^2 \\ &+ \frac{1}{2}\|v'(t)\|^2 + \frac{b}{2}\|\sqrt{A_2}v(t)\|^2 + \frac{\alpha}{2}\|u(t)\|^2 \\ &+ \langle B_1u(t), v(t)\rangle. \end{aligned}$$

接下来我们给出问题 (2-1) 解的全局有界性定理, 与单调递减记忆核 g 情形时的全局有界性定理对照, 此有界性定理的证明是非常重要的.

定理 2.1 假设 (I_1)-(I_3) 成立, 则对任意 $u_0 \in \mathcal{D}(A_1)$, $v_0 \in \mathcal{D}(A_2)$, $u_1 \in \mathcal{D}(\sqrt{A_1})$, $v_1 \in \mathcal{D}(\sqrt{A_2})$, 问题 (2-1) 在 $[0,+\infty)$ 上存在唯一解 $(u(t),v(t))$, 并且其能量 $E(t)$ 满足

$$c_0\left(\|u'(t)\|^2 + \|v'(t)\|^2 + \|\sqrt{A_1}u(t)\|^2 + \|\sqrt{A_2}v(t)\|^2\right) \leqslant E(t) \leqslant CE(0), \quad (2\text{-}3)$$

其中 $c_0 > 0$ 和 $C > 0$ 是两个常数.

证明 参照 [23, 181] 有, 对任意 $u_0 \in \mathcal{D}(A_1)$, $v_0 \in \mathcal{D}(A_2)$, $u_1 \in \mathcal{D}(\sqrt{A_1})$ 和 $v_1 \in \mathcal{D}(\sqrt{A_2})$, 问题 (2-1) 在 $[0, +\infty)$ 上存在唯一解 $(u(t), v(t))$ (由于系统是线性的, 局部解可以被延拓至 $[0, +\infty)$).

接下来我们来证明 (2-3), 它表明了 $\|u'(t)\|$, $\|v'(t)\|$, $\|\sqrt{A_1}u'(t)\|$ 和 $\|\sqrt{A_2}v'(t)\|$ 的有界性.

以 $u'(t)$ 乘以系统 (2-1) 的第一个方程, 可以得到

$$\begin{aligned}&\frac{1}{2}\frac{\mathrm{d}}{\mathrm{d}t}\|u'(t)\|^2 + \frac{1}{2}\frac{\mathrm{d}}{\mathrm{d}t}\|\sqrt{A_1}u(t)\|^2 + \frac{\alpha}{2}\frac{\mathrm{d}}{\mathrm{d}t}\|u(t)\|^2 + \langle B_2 v(t), u'(t)\rangle \\ &= \left\langle \int_0^t g(t-s)\sqrt{A_1}u(s)\mathrm{d}s, \sqrt{A_1}u'(t)\right\rangle.\end{aligned} \tag{2-4}$$

类似地, 以 $v'(t)$ 乘以系统 (2-1) 的第二个方程得到

$$\frac{1}{2}\frac{\mathrm{d}}{\mathrm{d}t}\|v'(t)\|^2 + \frac{b}{2}\frac{\mathrm{d}}{\mathrm{d}t}\|\sqrt{A_2}v(t)\|^2 + \langle B_1 u(t), v'(t)\rangle = 0. \tag{2-5}$$

式子 (2-4) 和 (2-5) 在 $[0, t]$ 上积分然后合并, 并且利用 (2-2) 将得到

$$\begin{aligned}&\frac{1}{2}\|u'(t)\|^2 + \frac{1}{2}\|\sqrt{A_1}u(t)\|^2 + \frac{\alpha}{2}\|u(t)\|^2 + \frac{1}{2}\|v'(t)\|^2 + \frac{b}{2}\|\sqrt{A_2}v(t)\|^2 \\ &+ \langle B_1 u(t), v(t)\rangle \\ =& \frac{1}{2}\|u_1\|^2 + \frac{1}{2}\|\sqrt{A_1}u_0\|^2 + \frac{\alpha}{2}\|u_0\|^2 + \frac{1}{2}\|v_1\|^2 + \frac{b}{2}\|\sqrt{A_2}v_0\|^2 + \langle B_1 u_0, v_0\rangle \\ &+ \int_0^t \left\langle \int_0^s g(s-\tau)\sqrt{A_1}u(\tau)\mathrm{d}\tau, \sqrt{A_1}u'(s)\right\rangle \mathrm{d}s.\end{aligned} \tag{2-6}$$

利用引理 2.1, 上式最后一项变为

$$\begin{aligned}&\int_0^t \left\langle \int_0^s g(s-\tau)\sqrt{A_1}u(\tau)\mathrm{d}\tau, \sqrt{A_1}u'(s)\right\rangle \mathrm{d}s \\ &+ \int_0^t \left\langle \int_0^s G(s-\tau)\sqrt{A_1}u'(\tau)\mathrm{d}\tau, \sqrt{A_1}u'(s)\right\rangle \mathrm{d}s \\ =& \frac{G(0)}{2}(\|\sqrt{A_1}u(t)\|^2 + \|\sqrt{A_1}u_0\|^2) - G(t)\langle \sqrt{A_1}u_0, \sqrt{A_1}u(t)\rangle \\ &- \int_0^t g(s)\langle \sqrt{A_1}u(0), \sqrt{A_1}u(s)\rangle \mathrm{d}s,\end{aligned} \tag{2-7}$$

将 (2-7) 代入 (2-6) 导出

$$\begin{aligned}
&\frac{1}{2}\|u'(t)\|^2+\frac{1}{2}\|\sqrt{A_1}u(t)\|^2+\frac{\alpha}{2}\|u(t)\|^2+\frac{1}{2}\|v'(t)\|^2+\frac{b}{2}\|\sqrt{A_2}v(t)\|^2\\
&+\langle B_1u(t),v(t)\rangle+\int_0^t\left\langle\int_0^s G(s-\tau)\sqrt{A_1}u'(\tau)\mathrm{d}\tau,\sqrt{A_1}u'(s)\right\rangle\mathrm{d}s\\
=&\frac{1}{2}\|u_1\|^2+\frac{1}{2}\|\sqrt{A_1}u_0\|^2+\frac{\alpha}{2}\|u_0\|^2+\frac{1}{2}\|v_1\|^2+\frac{b}{2}\|\sqrt{A_2}v_0\|^2+\langle B_1u_0,v_0\rangle\\
&+\frac{G(0)}{2}(\|\sqrt{A_1}u(t)\|^2+\|\sqrt{A_1}u_0\|^2)-G(t)\langle\sqrt{A_1}u_0,\sqrt{A_1}u(t)\rangle\\
&-\int_0^t g(s)\left\langle\sqrt{A_1}u(0),\sqrt{A_1}u(s)\right\rangle\mathrm{d}s. \qquad (2\text{-}8)
\end{aligned}$$

根据假设 (I_3), $G(t)$ 是正定的. 因此, 对任意的 $\varepsilon>0$, 由 (2-8) 得到

$$\begin{aligned}
&\frac{1}{2}\|u'(t)\|^2+\frac{1-G(0)}{2}\|\sqrt{A_1}u(t)\|^2+\frac{\alpha}{2}\|u(t)\|^2\\
&+\frac{1}{2}\|v'(t)\|^2+\frac{b}{2}\|\sqrt{A_2}v(t)\|^2+\langle B_1u(t),v(t)\rangle\\
\leqslant&\frac{1}{2}\|u_1\|^2+\frac{1}{2}\|\sqrt{A_1}u_0\|^2+\frac{\alpha}{2}\|u_0\|^2+\frac{1}{2}\|v_1\|^2\\
&+\frac{b}{2}\|\sqrt{A_2}v_0\|^2+\langle B_1u_0,v_0\rangle+\frac{G(0)}{2}\|\sqrt{A_1}u_0\|^2\\
&+\varepsilon\|\sqrt{A_1}u(t)\|^2+\frac{G_1^2}{4\varepsilon}\|\sqrt{A_1}u_0\|^2\\
&+\varepsilon\int_0^t|g(s)|\|\sqrt{A_1}u(s)\|^2\mathrm{d}s+\frac{G_1}{4\varepsilon}\|\sqrt{A_1}u_0\|^2.
\end{aligned}$$

即, 对 $t\in[0,+\infty)$,

$$\begin{aligned}
&\frac{1}{2}\|u'(t)\|^2+\left(\frac{1-G(0)}{2}-\varepsilon\right)\|\sqrt{A_1}u(t)\|^2+\frac{\alpha}{2}\|u(t)\|^2\\
&+\frac{1}{2}\|v'(t)\|^2+\frac{b}{2}\|\sqrt{A_2}v(t)\|^2+\langle B_1u(t),v(t)\rangle\\
\leqslant&C(u_0,v_0,u_1,v_1)+\int_0^t|g(s)|\left(\varepsilon\|\sqrt{A_1}u(s)\|^2\right)\mathrm{d}s, \qquad (2\text{-}9)
\end{aligned}$$

其中

$$C(u_0, v_0, u_1, v_1) := C\left(\|\sqrt{A_1}u_0\|^2 + \|u_1\|^2 + \|\sqrt{A_2}v_0\|^2 + \|v_1\|^2\right),$$

C 是一个正常数.

再次, 取 $\epsilon > 0$ 满足

$$1 - G(0) + a_1\left(\alpha - \frac{\beta_1^2}{b}(1+\epsilon)\right) = \frac{\mu}{2},$$

其中

$$\mu := 1 - G(0) + a_1\left(\alpha - \frac{\beta_1^2}{b}\right) > 0.$$

另外, 记

$$\mu_0 := \min\left\{\frac{\mu}{2}, \frac{b\epsilon}{2(1+\epsilon)}\right\}.$$

注意到假设 (I_1) 和 (I_2), 经过简单的计算可以获得

$$\begin{aligned}
&\frac{b}{2}\|\sqrt{A_2}v(t)\|^2 + \frac{\alpha}{2}\|u(t)\|^2 + \frac{1 - \displaystyle\int_0^{+\infty} g(s)\mathrm{d}s}{2}\|\sqrt{A_1}u(t)\|^2 + \langle B_1 u(t), v(t)\rangle \\
\geqslant\ & \frac{1 - G(0)}{2}\|\sqrt{A_1}u(t)\|^2 + \frac{b}{2}\|\sqrt{A_2}v(t)\|^2 + \frac{1}{2}\left(\alpha - \frac{\beta_1^2}{b}(1+\epsilon)\right)\|u(t)\|^2 \\
&- \frac{b}{2(1+\epsilon)}\|\sqrt{A_2}v(t)\|^2 \\
\geqslant\ & \mu_0\left(\|\sqrt{A_1}u(t)\|^2 + \|\sqrt{A_2}v(t)\|^2\right), \quad t \in [0, +\infty).
\end{aligned} \tag{2-10}$$

这给出了 (2-3) 中左端的估计.

为了获得 (2-3) 中右端的估计式, 在 (2-9) 中选取 $\varepsilon = \dfrac{\mu_0}{4}$ 并且利用 (2-10) 可以得到

$$\begin{aligned}
&\frac{1}{2}\|u'(t)\|^2 + \frac{\mu_0}{2}\|\sqrt{A_1}u(t)\|^2 + \frac{1}{2}\|v'(t)\|^2 + \mu_0\|\sqrt{A_2}v(t)\|^2 \\
\leqslant\ & \frac{1}{2}\int_0^t |g(s)|\left(\frac{1}{2}\|u'(t)\|^2 + \frac{\mu_0}{2}\|\sqrt{A_1}u(t)\|^2 + \frac{1}{2}\|v'(t)\|^2\right.
\end{aligned}$$

$$+\mu_0\|\sqrt{A_2}v(t)\|^2\Big)\mathrm{d}s + C(u_0,v_0,u_1,v_1),\quad t\in[0,+\infty). \tag{2-11}$$

因此, 在 $t\in[0,+\infty)$ 上应用 Gronwall 不等式得到

$$\begin{aligned}&\frac{1}{2}\|u'(t)\|^2+\frac{\mu_0}{2}\|\sqrt{A_1}u(t)\|^2+\frac{1}{2}\|v'(t)\|^2+\mu_0\|\sqrt{A_2}v(t)\|^2\\ \leqslant\ & C(u_0,v_0,u_1,v_1)e^{\frac{G_1}{2}},\end{aligned}$$

于是

$$E(t)\leqslant CE(0),\quad t\in[0,+\infty).$$

这完成了证明. □

注 2.1 在假定记忆核函数更弱的条件下, 定理 2.1 改进了 [181, Theorem 2.1] 的结论 (对于线性情形).

下面给出这一节的第二个定理, 这个定理是关于系统解的正则性和逼近的性质, 并且将被应用在定理 2.3 和定理 2.4 的证明中.

定理 2.2 假设条件 (I_1)-(I_3) 成立, 并且假定

$$\begin{aligned}\mathcal{D}_0=\Big\{&(y_1,y_2)\in\mathcal{D}(A_1)\times\mathcal{D}(A_2);\\ &(A_1+\alpha)y_1+B_2y_2\in\mathcal{D}(\sqrt{A_1}),B_1y_1+bA_2y_2\in\mathcal{D}(\sqrt{A_2})\Big\}.\end{aligned} \tag{2-12}$$

则

(i) 当 $(u_0,v_0)\in\mathcal{D}_0$ 和 $(u_1,v_1)\in\mathcal{D}(A_1)\times\mathcal{D}(A_2)$ 时, 问题 (2-1) 的解 $(u(t),v(t))$ 满足

$$\begin{aligned}u\in\ & C^3([0,\infty);H)\cap C^2([0,\infty);[\mathcal{D}(\sqrt{A_1})])\cap C^1([0,\infty);[\mathcal{D}(A_1)]),\\ v\in\ & C^3([0,\infty);H)\cap C^2([0,\infty);[\mathcal{D}(\sqrt{A_2})])\cap C^1([0,\infty);[\mathcal{D}(A_2)]).\end{aligned}$$

(ii) 对问题 (2-1) 任意解 $(u(t),v(t))$ 以及初值

$$u_0\in\mathcal{D}(A_1),\quad v_0\in\mathcal{D}(A_2),\quad u_1\in\mathcal{D}(\sqrt{A_1}),\quad v_1\in\mathcal{D}(\sqrt{A_2}),$$

存在序列

$$\{(u_{0n},v_{0n})\}_{n=1}^{\infty}\subset\mathcal{D}_0,\quad \{(u_{1n},v_{1n})\}_{n=1}^{\infty}\subset\mathcal{D}(A_1)\times\mathcal{D}(A_2),$$

使得问题 (2-1) 的解 $(u_n(t),v_n(t))$ 和初值

$$u_n(0)=u_{0n},\ v_n(0)=v_{0n},\ u_n'(0)=u_{1n},\ v_n'(0)=v_{1n}$$

满足: 当 $n \to \infty$ 时, 在空间 H 中,

$$A_1 u_{0n} \to A_1 u_0, \quad A_2 v_{0n} \to A_2 v_0, \tag{2-13}$$

$$\sqrt{A_1} u_{1n} \to \sqrt{A_1} u_1, \quad \sqrt{A_2} v_{1n} \to \sqrt{A_2} v_1, \tag{2-14}$$

$$u_n''(t) \to u''(t), \quad \sqrt{A_1} u_n'(t) \to \sqrt{A_1} u'(t),$$

$$v_n''(t) \to v''(t), \quad \sqrt{A_2} v_n'(t) \to \sqrt{A_2} v'(t),$$

并且在 $t \geqslant 0$ 的有界子空间中收敛是一致的.

证明 记

$$\mathbf{A} = \begin{pmatrix} A_1 + \alpha & B_2 \\ B_1 & bA_2 \end{pmatrix}, \quad \mathbf{B} = \begin{pmatrix} -A_1 & 0 \\ 0 & 0 \end{pmatrix}.$$

在空间

$$\mathcal{H} := [\mathcal{D}(\sqrt{A_1})] \times [\mathcal{D}(\sqrt{A_2})] \times H \times H$$

中定义两个算子如下:

$$\mathcal{A} = \begin{pmatrix} 0 & -I \\ \mathbf{A} & 0 \end{pmatrix}, \quad \mathcal{B} = \begin{pmatrix} 0 & 0 \\ \mathbf{B} & 0 \end{pmatrix},$$

其定义域

$$\mathcal{D}(\mathcal{A}) := \mathcal{D}(A_1) \times \mathcal{D}(A_2) \times \mathcal{D}(\sqrt{A_1}) \times \mathcal{D}(\sqrt{A_2}), \quad \mathcal{D}(\mathcal{B}) := \mathcal{D}(\mathcal{A}).$$

则问题 (2-1) 变形为

$$\mathcal{U}'(t) + \mathcal{A}\mathcal{U}(t) + \int_0^t g(t-s)\mathcal{B}\mathcal{U}(s)\mathrm{d}s = 0, \quad \mathcal{U}(0) = \mathcal{U}_0, \tag{2-15}$$

其中

$$\mathcal{U}(t) := \begin{pmatrix} u(t) \\ v(t) \\ u'(t) \\ v'(t) \end{pmatrix}, \quad \mathcal{U}_0 := \begin{pmatrix} u_0 \\ v_0 \\ u_1 \\ v_1 \end{pmatrix}.$$

由假设条件可知, $-\mathcal{A}$ 是空间 $\mathcal{H}$ 上一个强连续半群的生成元. 假设

$$\mathbb{H} = \mathcal{H} \times L^1([0,\infty);\mathcal{H}),$$

$$\mathbb{A} = \begin{pmatrix} -\mathcal{A} & \delta_0 \\ -g(\cdot)\mathcal{B} & \dfrac{d}{ds} \end{pmatrix}, \quad \mathcal{D}(\mathbb{A}) = \mathcal{D}(\mathcal{A}) \times W^{1,1}([0,\infty);\mathcal{H}),$$

这里 δ_0 是“0”点的点估计. 与在 [66] 中类似的分析, 我们可以推出在空间 $\mathbb{H}$ 上 $\mathbb{A}$ 将生成强连续半群 $\mathbb{S}(\cdot)$, 并且 $\mathbb{S}(t)\begin{pmatrix} \mathcal{U}_0 \\ 0 \end{pmatrix}$ 的第一部分 $\mathcal{U}(t)$ 是 (2-15) 的唯一解.

假设 $\mathcal{U}_0 \in \mathcal{D}_0 \times \mathcal{D}(A_1) \times \mathcal{D}(A_2)$, 即在 $\mathcal{D}(\mathcal{A}^2)$ 中, 则 $\begin{pmatrix} \mathcal{U}_0 \\ 0 \end{pmatrix} \in \mathcal{D}(\mathbb{A}^2)$. 因此,

$$\mathbb{S}(\cdot)\begin{pmatrix} \mathcal{U}_0 \\ 0 \end{pmatrix} \in C^2([0,\infty);\mathbb{H}) \cap C^1([0,\infty);[\mathcal{D}(\mathbb{A})]).$$

这表明

$$\mathcal{U}(\cdot) \in C^2([0,\infty);\mathcal{H}) \cap C^1([0,\infty);[\mathcal{D}(\mathcal{A})]),$$

于是定理中论断 (i) 成立.

最后, 假设 $\mathcal{U}_0 \in \mathcal{D}(\mathcal{A})$. 则存在一个序列 $\{\mathcal{U}_{0n}\}_{n=1}^{\infty} \subset \mathcal{D}(\mathcal{A}^2)$ 使得, 当 $n \to \infty$,

$$\mathcal{U}_{0n} \to \mathcal{U}_0 \quad \text{在 } [\mathcal{D}(\mathcal{A})] \text{中}.$$

即 (2-13) 和 (2-14) 成立. 因此 $\begin{pmatrix} \mathcal{U}_{0n} \\ 0 \end{pmatrix} \in \mathcal{D}(\mathbb{A}^2)$, 以及当 $n \to \infty$ 时,

$$\begin{pmatrix} \mathcal{U}_{0n} \\ 0 \end{pmatrix} \to \begin{pmatrix} \mathcal{U}_0 \\ 0 \end{pmatrix} \quad \text{在 } [\mathcal{D}(\mathbb{A})] \text{中}.$$

于是

$$\lim_{n\to\infty} \mathbb{S}'(t)\begin{pmatrix} \mathcal{U}_{0n} \\ 0 \end{pmatrix} = \lim_{n\to\infty} \mathbb{S}(t)\mathbb{A}\begin{pmatrix} \mathcal{U}_{0n} \\ 0 \end{pmatrix} = \lim_{n\to\infty} \mathbb{S}(t)\mathbb{A}\begin{pmatrix} \mathcal{U}_0 \\ 0 \end{pmatrix}$$

$$= \lim_{n\to\infty} \mathbb{S}'(t)\begin{pmatrix} \mathcal{U}_0 \\ 0 \end{pmatrix},$$

并且此极限在 $t \geqslant 0$ 的有界子集中是一致的. 因此, 我们得到

$$\lim_{n\to\infty} \mathcal{U}_n'(t) = \lim_{n\to\infty} \mathcal{U}'(t),$$

此极限在 $t \geqslant 0$ 的有界子集中也是一致的. 其中 $\mathcal{U}_n(t)$ 是 $\mathbb{S}(t)\begin{pmatrix} \mathcal{U}_{0n} \\ 0 \end{pmatrix}$ 的第一部分. 这样我们验证了定理中论断 (ii). □

2.4 能量的可积性与渐近衰减性

这一节我们研究系统 (2-1) 解能量的衰减性与可积性. 首先, 我们加强 2.3 节中的假设 (I_3) 并且附加一个新的假设 (I_4).

(I_3') $g \in L^1(0,+\infty)$ 满足

$$\int_0^{+\infty} g(t)\mathrm{d}t < 1, \quad 1 - \int_0^{+\infty} g(t)\mathrm{d}t + a_1\left(\alpha - \frac{\beta_1^2}{b}\right) > 0,$$

另外,

$$t \mapsto \int_t^{+\infty} g(s)\mathrm{d}s \text{ 是强正定的.}$$

(I_4) 存在一个定义在 $B_1\mathcal{D}(A_1) \cup B_2\mathcal{D}(A_2)$ 上的非负函数 P, 以及两个定义在空间 H 上的有界线性算子 Λ_i $(i=1,2)$ 使得对 $u \in \mathcal{D}(A_1)$, $v \in \mathcal{D}(A_2)$ 成立

$$|\langle A_1 u, B_2 v\rangle - \langle B_1 u, A_2 v\rangle| \leqslant D_1 \left(\|B_1 u\| \, \|B_2 v\| + P(B_1 u)P(B_2 v)\right), \qquad (2\text{-}16)$$

并且对 $u \in \mathcal{D}(A_i)(i=1,2)$ 满足

$$P^2(B_i u) \leqslant \langle A_i u, \Lambda_i B_i u\rangle + D_2 \|B_i u\|^2, \qquad (2\text{-}17)$$

$$\langle u, \Lambda_i B_i u\rangle \leqslant D_2 \|u\|^2, \qquad (2\text{-}18)$$

其中 D_1 和 D_2 是两个正常数.

当 $A_1 = A_2$, $B_1 = B_2 = \sqrt{A_1}$ 时, 可以看到假设 (I_2) 和 (I_4) 自动成立, 此时只需选取 $P := 0$ 和 $\Lambda_i := 0$ $(i=1,2)$ 即可. 例如, 我们取 $B_1 = B_2$, Dirichlet

边界条件下定义的拉普拉斯算子, 并且设 $A_1 = A_2 = B_1^2$, 则系统 (2-1) 成为众所周知的耦合 Petrovsky-type 方程组. 由上可知, 对于此 Petrovsky-type 系统假设 (I_2) 和 (I_4) 自动成立. 另一方面, Timoshenko 梁模型不属于这种情形 (假设 (I_2) 和 (I_4) 自动成立), 需要选取更一般的 P 和 Λ_i. 对于 Timoshenko 梁模型, 我们在 2.6 节中将给出更加详细的分析.

在后面引理 2.7 的证明过程中, 我们将看到, 耗散由一个方程传递到另一个方程依赖内积由 $\langle B_1u, A_2v\rangle$ 转变为 $\langle A_1u, B_2v\rangle$. 两个内积差别的程度由假设 (2-16) 给出. 差异的估计由函数 P 和 B_i 来表达, 例如在 2.6 节的具体问题中, P 可以用一个非线性有界算子

$$P(u) := (\mathrm{const})\sqrt{|u(0)|^2 + |u(l)|^2}$$

来给出. 不等式 (2-17)-(2-18) 是 P 以及辅助算子 Λ_i 的补充.

在陈述这一节中主要结论之前, 我们首先给出几个引理, 其中 $(u(\cdot), v(\cdot))$ 是定理 2.1 中所给的解函数.

前两个引理是为了建立 $\|\sqrt{A_1}u(t)\|^2$ 的积分不等式 (见引理 2.4).

引理 2.2 假设 (I_3') 成立. 则对任意 $t \geqslant 0$, 成立

$$\int_0^t \left\langle G * \sqrt{A_1}u'(s), \sqrt{A_1}u'(s)\right\rangle \mathrm{d}s \leqslant C_1E(0), \tag{2-19}$$

其中 C_1 为正常数.

证明 由 (2-8) 可得

$$\begin{aligned}
&\frac{1}{2}\|u'(t)\|^2 + \frac{1-G(0)}{2}\|\sqrt{A_1}u(t)\|^2 + \frac{\alpha}{2}\|u(t)\|^2 + \frac{1}{2}\|v'(t)\|^2 + \frac{b}{2}\|\sqrt{A_2}v(t)\|^2 \\
&+ \langle B_1u(t), v(t)\rangle + \int_0^t \left\langle \int_0^s G(s-\tau)\sqrt{A_1}u'(\tau)\mathrm{d}\tau, \sqrt{A_1}u'(s)\right\rangle \mathrm{d}s \\
= &\frac{1}{2}\|u_1\|^2 + \frac{1+G(0)}{2}\|\sqrt{A_1}u_0\|^2 + \frac{\alpha}{2}\|u_0\|^2 + \frac{1}{2}\|v_1\|^2 + \frac{b}{2}\|\sqrt{A_2}v_0\|^2 \\
&+ \langle B_1u_0, v_0\rangle - G(t)\langle\sqrt{A_1}u_0, \sqrt{A_1}u(t)\rangle - \int_0^t g(s)\langle\sqrt{A_1}u(0), \sqrt{A_1}u(s)\rangle \mathrm{d}s.
\end{aligned}$$

因此, 由 (2-3) 、假设 (I_2) 以及 $E(t)$ 的定义导出

$$\int_0^t \left\langle \int_0^s G(s-\tau)\sqrt{A_1}u'(\tau)\mathrm{d}\tau, \sqrt{A_1}u'(s)\right\rangle \mathrm{d}s$$

$$\leqslant \frac{1}{2}\|u_1\|^2 + \frac{1+G(0)}{2}\|\sqrt{A_1}u_0\|^2 + \frac{\alpha}{2}\|u_0\|^2 + \frac{1}{2}\|v_1\|^2 + \frac{b}{2}\|\sqrt{A_2}v_0\|^2$$
$$+2(\beta_1^2 + 2G_1)c_0^{-1}CE(0).$$

于是, 再次应用 (2-3) 将完成此引理的证明. □

引理 2.3 假设 (I_3') 成立. 则对任意 $t \geqslant 0$, 成立

$$\int_0^t \left\langle G * \sqrt{A_1}u(s), \sqrt{A_1}u(s)\right\rangle \mathrm{d}s \leqslant C_1E(0), \tag{2-20}$$

这里 C_1 为某些正常数.

证明 设

$$U(t) = \int_0^t u(s)\mathrm{d}s, \quad V(t) = \int_0^t v(s)\mathrm{d}s.$$

因为

$$\frac{\mathrm{d}}{\mathrm{d}t}\left(\int_0^t g(t-s)A_1U(s)\mathrm{d}s\right) = \int_0^t g(t-s)A_1u(s)\mathrm{d}s,$$

所以

$$\int_0^t \int_0^s g(s-\tau)A_1u(\tau)\mathrm{d}\tau\mathrm{d}s = \int_0^t g(t-s)A_1U(s)\mathrm{d}s.$$

于是积分系统 (2-1) 获得

$$\begin{cases} U''(t) + A_1U(t) - \displaystyle\int_0^t g(t-s)A_1U(s)\mathrm{d}s + \alpha U(t) + B_2V(t) = u_1, \\ V''(t) + bA_2V(t) + B_1U(t) = v_1, \\ U(0) = 0, \quad U'(0) = u_0, \\ V(0) = 0, \quad V'(0) = v_0. \end{cases} \tag{2-21}$$

可以看出, 上述系统 (2-21) 相似于原系统 (2-1). 因此, 取 $u(t), v(t)$ 作为乘子并且使用引理 2.2 证明中相似的讨论, 我们可以推出

$$\frac{1}{2}\|U'(t)\|^2 + \frac{1-G(0)}{2}\|\sqrt{A_1}U(t)\|^2 + \frac{1}{2}\|V'(t)\|^2 + \frac{b}{2}\|\sqrt{A_2}V(t)\|^2$$
$$+ \langle B_1U(t), V(t)\rangle + \int_0^t \left\langle \int_0^s G(s-\tau)\sqrt{A_1}u(\tau)\mathrm{d}\tau, \sqrt{A_1}u(s)\right\rangle \mathrm{d}s$$

$$\leqslant \frac{1}{2}\|u_0\|^2 + \frac{1}{2}\|v_0\|^2 + \int_0^t \langle u_1, u(s)\rangle \mathrm{d}s + \int_0^t \langle v_1, v(s)\rangle \mathrm{d}s$$

$$\leqslant \frac{1}{2}\|u_0\|^2 + \frac{1}{2}\|v_0\|^2 + \langle u_1, U(t)\rangle + \langle v_1, V(t)\rangle. \tag{2-22}$$

在 (2-22) 中的最后两项应用 Young 不等式将得到 (2-20) . □

接下来的引理可以由引理 2.2、引理 2.3 和命题 2.3 立即得出.

引理 2.4 假设 (I_3') 成立. 则对任意 $t \geqslant 0$, 成立

$$\int_0^t \|\sqrt{A_1}u(s)\|^2 \mathrm{d}s \leqslant C_1 E(0),$$

其中 C_1 为正常数.

接下来, 为了估计下面三项

$$\|u'(t)\|^2, \ \|v'(t)\|^2, \ \|\sqrt{A_2}v(t)\|^2,$$

我们定义三个辅助函数 $J_1(t)$, $J_2(t)$, $J_3(t)$. 首先定义

$$J_1(t) = -\langle u'(t), u(t)\rangle, \quad J_2(t) = -\langle v'(t), v(t)\rangle, \quad t \geqslant 0,$$

这两个辅助函数将分别给出负项 $-\|u'(t)\|^2$ 和 $-\|v'(t)\|^2$.

引理 2.5 对任意 $\varepsilon_1 > 0$, 存在常数 $C_{\varepsilon_1} > 0$ 使得对任意 $t \geqslant 0$, 成立

$$\frac{\mathrm{d}}{\mathrm{d}t}J_1(t) \leqslant -\|u'(t)\|^2 + \frac{G_1}{2}\int_0^t |g(t-s)|\|\sqrt{A_1}u(s)\|^2 \mathrm{d}s + C_{\varepsilon_1}\|\sqrt{A_1}u(t)\|^2 + \varepsilon_1\|\sqrt{A_2}v(t)\|^2.$$

证明 由系统 (2-1) 的第一个方程可以得到

$$\begin{aligned}\frac{\mathrm{d}}{\mathrm{d}t}J_1(t) &= -\langle u''(t), u(t)\rangle - \langle u'(t), u'(t)\rangle \\ &= -\|u'(t)\|^2 + \langle A_1 u(t), u(t)\rangle - \left\langle \int_0^t g(t-s)A_1 u(s)\mathrm{d}s, u(t)\right\rangle \\ &\quad + \langle \alpha u(t) + B_2 v(t), u(t)\rangle \\ &= -\|u'(t)\|^2 + \|\sqrt{A_1}u(t)\|^2 - \left\langle \int_0^t g(t-s)\sqrt{A_1}u(s)\mathrm{d}s, \sqrt{A_1}u(t)\right\rangle \\ &\quad + \alpha\|u(t)\|^2 + \langle v(t), B_1 u(t)\rangle.\end{aligned}$$

于是应用 Young 不等式可得

$$\begin{aligned}\frac{\mathrm{d}}{\mathrm{d}t}J_1(t)\leqslant&-\|u'(t)\|^2+\|\sqrt{A_1}u(t)\|^2+\frac{G_1}{2}\int_0^t|g(t-s)|\|\sqrt{A_1}u(s)\|^2\mathrm{d}s\\&+\frac{1}{2}\|\sqrt{A_1}u(t)\|^2+\alpha a_1\|\sqrt{A_1}u(t)\|^2+\frac{a_2}{4\varepsilon_1}\|B_1u(t)\|^2+\frac{\varepsilon_1}{a_2}\|v(t)\|^2\\\leqslant&-\|u'(t)\|^2+\left(1+\frac{1}{2}+\alpha a_1+\frac{a_2}{4\varepsilon_1}\beta_1^2\right)\|\sqrt{A_1}u(t)\|^2\\&+\frac{G_1}{2}\int_0^t|g(t-s)|\|\sqrt{A_1}u(s)\|^2\mathrm{d}s+\varepsilon_1\|\sqrt{A_2}v(t)\|^2.\end{aligned}$$

这将完成引理的证明. □

引理 2.6 对任意 $t\geqslant 0$, 成立

$$\frac{\mathrm{d}}{\mathrm{d}t}J_2(t)\leqslant-\|v'(t)\|^2+\frac{5b}{4}\|\sqrt{A_2}v(t)\|^2+\frac{a_1\beta_1^2}{b}\|\sqrt{A_1}u(t)\|^2.$$

证明 由系统 (2-1) 的第二个方程, 直接计算得到

$$\begin{aligned}\frac{\mathrm{d}}{\mathrm{d}t}J_2(t)=&-\|v'(t)\|^2+\langle bA_2v(t),v(t)\rangle+\langle B_1u(t),v(t)\rangle\\\leqslant&-\|v'(t)\|^2+b\langle\sqrt{A_2}v(t),\sqrt{A_2}v(t)\rangle+\langle u(t),B_2v(t)\rangle\\\leqslant&-\|v'(t)\|^2+b\|\sqrt{A_2}v(t)\|^2+\frac{b}{4\beta_1^2}\|B_2v(t)\|^2+\frac{\beta_1^2}{b}\|u(t)\|^2\\\leqslant&-\|v'(t)\|^2+\frac{5b}{4}\|\sqrt{A_2}v(t)\|^2+\frac{a_1\beta_1^2}{b}\|\sqrt{A_1}u(t)\|^2,\end{aligned}$$

证明结束. □

接着定义

$$\begin{aligned}J_3(t)=&\,b\langle u'(t),\ B_2v(t)\rangle-\langle B_1u(t),\ v'(t)\rangle\\&+\left\langle\int_0^t g(t-s)B_1u(s)\mathrm{d}s,\ v'(t)\right\rangle+\frac{1}{32D_2\left(1+\dfrac{1}{\beta^2}\right)}\langle v'(t),\ \Lambda_2B_2v(t)\rangle\\&+8bD_1^2D_2\left(1+\frac{1}{\beta^2}\right)\left\langle u'(t),\ \Lambda_1\left[B_1u(t)-\int_0^t g(t-s)B_1u(s)\mathrm{d}s\right]\right\rangle,\end{aligned}$$

此辅助函数将给出负项 $-\|\sqrt{A_2}v(t)\|^2$ 的估计.

引理 2.7 假设 (I_4) 成立. 则有一个常数 $\bar{C}>0$ 使得对 $t \geqslant 0$, 当 $b=1$ 时

$$
\begin{aligned}
\frac{\mathrm{d}}{\mathrm{d}t} J_3(t) \leqslant & -\frac{\beta^2}{2}\|\sqrt{A_2} v(t)\|^2+\frac{\beta^2}{16}\|v'(t)\|^2+\bar{C}\|u'(t)\|^2+\bar{C}\|\sqrt{A_1} u(t)\|^2 \\
& +\bar{C}|g(t)|\left(\|u'(t)\|^2+\|v'(t)\|^2+\|\sqrt{A_1} u(t)\|^2\right) \\
& +\bar{C}(G_1+1) \int_0^t |g(t-s)|\|\sqrt{A_1} u(s)\|^2 \mathrm{d}s \\
& +\bar{C}(G_2+1) \int_0^t |g'(t-s)|\|\sqrt{A_1} u(t)-\sqrt{A_1} u(s)\|^2 \mathrm{d}s;
\end{aligned} \tag{2-23}
$$

当 $b \neq 1$ 时

$$
\begin{aligned}
\frac{\mathrm{d}}{\mathrm{d}t} J_3(t) \leqslant & -\frac{b\beta^2}{2}\left\|\sqrt{A_2} v(t)\right\|^2+\frac{\beta^2}{16}\|v'(t)\|^2 \\
& +\bar{C}\|u'(t)\|^2+\bar{C}\|\sqrt{A_1} u(t)\|^2+\bar{C}\|\sqrt{A_1} u'(t)\|^2 \\
& +\bar{C}|g(t)|\left(\|u'(t)\|^2+\|v'(t)\|^2+\|\sqrt{A_1} u(t)\|^2+\|\sqrt{A_1} u_0\|^2\right) \\
& +\bar{C}(G_1+1) \int_0^t |g(t-s)|\left(\|\sqrt{A_1} u(s)\|^2+\|\sqrt{A_1} u'(s)\|^2\right) \mathrm{d}s.
\end{aligned} \tag{2-24}
$$

可以看出 (2-23) 和 (2-24) 中负项 $-\|\sqrt{A_2} v(t)\|^2$ 的存在依赖条件中 $\beta>0$ 的假定.

证明 为了读者阅读的方便, 我们简明列出下面 (2-30) 估计式的过程 (更详细的过程请参阅 [85, Lemma 4.4] 的证明).

由系统 (2-1) 可得

$$
\begin{aligned}
\frac{\mathrm{d}}{\mathrm{d}t} J_3(t)= & -b\|B_2 v(t)\|^2-\alpha b\langle u(t),\ B_2 v(t)\rangle+\|B_1 u(t)\|^2 \\
& -\left\langle\int_0^t g(t-s) B_1 u(s) \mathrm{d}s,\ B_1 u(t)\right\rangle \\
& +g(t)\langle B_1 u(t),\ v'(t)\rangle-\left\langle\int_0^t g'(t-s)(B_1 u(t)-B_1 u(s)) \mathrm{d}s,\ v'(t)\right\rangle \\
& +(b-1)\langle B_1 u'(t),\ v'(t)\rangle+\Psi+\widetilde{J}_3(t),
\end{aligned} \tag{2-25}
$$

其中

$$\widetilde{J}_3(t) := \frac{1}{32D_2\left(1+\frac{1}{\beta^2}\right)}\frac{\mathrm{d}}{\mathrm{d}t}\langle v'(t),\ \Lambda_2 B_2 v(t)\rangle$$

$$+8bD_1^2D_2\left(1+\frac{1}{\beta^2}\right)\frac{\mathrm{d}}{\mathrm{d}t}\left\langle u'(t),\ \Lambda_1\left[B_1u(t)-\int_0^t g(t-s)B_1u(s)\mathrm{d}s\right]\right\rangle,$$

$$\Psi := b\Bigg(\left\langle\int_0^t g(t-s)A_1u(s)\mathrm{d}s,\ B_2v(t)\right\rangle - \left\langle\int_0^t g(t-s)B_1u(s)\mathrm{d}s,\ A_2v(t)\right\rangle$$

$$+\langle B_1u(t),\ A_2v(t)\rangle - \langle A_1u(t),\ B_2v(t)\rangle\Bigg).$$

接下来估计上述项 Ψ. 由 (2-16) 可以清晰地看出, 对任意 $\xi_9,\ \xi_{10}>0$,

$$|\Psi| \leqslant D_1\xi_{10}P^2\left(B_1u(t)-\int_0^t g(t-s)B_1u(s)\mathrm{d}s\right)+b^2D_1\frac{1}{4\xi_{10}}P^2(B_2v(t))$$

$$+b^2D_1\xi_9\left\|B_2v(t)\right\|^2+D_1\frac{1}{2\xi_9}\left\|B_1u(t)\right\|^2$$

$$+D_1G_1\frac{1}{2\xi_9}\int_0^t|g(t-s)|\left\|B_1u(s)\right\|^2\mathrm{d}s. \tag{2-26}$$

另外, 应用条件 (I_4) 获得

$$P^2\left(B_1u(t)-\int_0^t g(t-s)B_1u(s)\mathrm{d}s\right)$$

$$\leqslant D_2\left\|B_1u(t)-\int_0^t g(t-s)B_1u(s)\mathrm{d}s\right\|^2$$

$$+\left\langle A_1u(t)-\int_0^t g(t-s)A_1u(s)\mathrm{d}s,\ \Lambda_1\left(B_1u(t)-\int_0^t g(t-s)B_1u(s)\mathrm{d}s\right)\right\rangle.$$

又由系统 (2-1) 可以得到

$$\left\langle A_1u(t)-\int_0^t g(t-s)A_1u(s)\mathrm{d}s,\ \Lambda_1\left(B_1u(t)-\int_0^t g(t-s)B_1u(s)\mathrm{d}s\right)\right\rangle$$

$$=\left\langle u'(t),\ -g(t)\Lambda_1B_1u(t)+\int_0^t g'(t-s)\Lambda_1\left(B_1u(t)-B_1u(s)\right)\mathrm{d}s\right\rangle$$

$$+\langle u'(t),\ \Lambda_1 B_1 u'(t)\rangle - \frac{\mathrm{d}}{\mathrm{d}t}\left\langle u'(t),\ \Lambda_1\left(B_1u(t)-\int_0^t g(t-s)B_1u(s)\mathrm{d}s\right)\right\rangle$$
$$-\left\langle \alpha u(t)+B_2v(t),\ \Lambda_1\left(B_1u(t)-\int_0^t g(t-s)B_1u(s)\mathrm{d}s\right)\right\rangle.$$

除此之外, 从 (2-18) 可以导出

$$\langle u'(t),\ \Lambda_1 B_1 u'(t)\rangle \leqslant D_2\|u'(t)\|^2.$$

因此, 由 Young 不等式推出

$$\begin{aligned}
&P^2\left(B_1u(t)-\int_0^t g(t-s)B_1u(s)\mathrm{d}s\right)\\
\leqslant&\left(2D_2+\frac{1}{\xi_{12}}\|\Lambda_1\|^2\right)\|B_1u(t)\|^2\\
&+\left(2D_2G_1+\frac{\|\Lambda_1\|^2G_1}{\xi_{12}}\right)\int_0^t |g(t-s)|\,\|B_1u(s)\|^2\,\mathrm{d}s\\
&+(D_2+\xi_{11})\|u'(t)\|^2+\xi_{11}|g(t)|\|u'(t)\|^2+\frac{\|\Lambda_1\|^2}{4\xi_{11}}|g(t)|\,\|B_1u(t)\|^2\\
&+\frac{\|\Lambda_1\|^2G_2}{4\xi_{11}}\int_0^t |g'(t-s)|\,\|B_1u(t)-B_1u(s)\|^2\,\mathrm{d}s\\
&+\xi_{12}\|B_2v(t)\|^2+\xi_{12}\alpha^2\|u(t)\|^2\\
&-\frac{\mathrm{d}}{\mathrm{d}t}\left\langle u'(t),\ \Lambda_1\left(B_1u(t)-\int_0^t g(t-s)B_1u(s)\mathrm{d}s\right)\right\rangle.
\end{aligned}\tag{2-27}$$

类似地, 由 (2-17) 和 (2-18) 可以得到

$$\begin{aligned}
P^2(B_2v(t))\leqslant{}& D_2\|B_2v(t)\|^2-\frac{1}{b}\frac{\mathrm{d}}{\mathrm{d}t}\langle v'(t),\ \Lambda_2B_2v(t)\rangle\\
&+\frac{D_2}{b}\|v'(t)\|^2+\frac{\xi_{13}}{b}\|B_1u(t)\|^2\\
&+\frac{\|\Lambda_2\|^2}{4b\xi_{13}}\|B_2v(t)\|^2,
\end{aligned}\tag{2-28}$$

其中 ξ_{11}, ξ_{12}, ξ_{13} 是待定正常数.

合并 (2-26)-(2-28) 得到

$$|\Psi|\leqslant\left(b^2D_1\xi_9+D_1\xi_{10}\xi_{12}+b^2D_1D_2\frac{1}{4\xi_{10}}+bD_1\frac{1}{4\xi_{10}}\frac{\|\Lambda\|^2}{4\xi_{13}}\right)\|B_2v(t)\|^2$$

$$+C'\left(\|B_1u(t)\|^2+\|u'(t)\|^2\right)+C'|g(t)|\left(\|B_1u(t)\|^2+\|u'(t)\|^2\right)$$

$$+C'(G_1+1)\int_0^t|g(t-s|)\|B_1u(s)\|^2\mathrm{d}s+bD_1D_2\frac{1}{4\xi_{10}}\|v'(t)\|^2$$

$$+C'G_2\int_0^t|g'(t-s)|\|B_1u(t)-B_1u(s)\|^2\mathrm{d}s-\widetilde{J_{03}}(t), \tag{2-29}$$

其中正常数 C' 依赖于 $\xi_9, \xi_{10}, \xi_{11}, \xi_{12}, \xi_{13}$,

$$\widetilde{J}_{03}(t):=-D_1\xi_{10}\frac{\mathrm{d}}{\mathrm{d}t}\left\langle u'(t),\ \Lambda\left[B_1u(t)-\int_0^t g(t-s)B_1u(s)\mathrm{d}s\right]\right\rangle$$

$$-bD_1\frac{1}{4\xi_{10}}\frac{\mathrm{d}}{\mathrm{d}t}\langle v'(t),\ \Lambda B_2v(t)\rangle.$$

因此, 把 (2-29) 代入 (2-25) 导出, 对任意 $\xi_1>0, \xi_2>0, \xi_4>0$,

$$\frac{\mathrm{d}}{\mathrm{d}t}J_3(t)\leqslant\left(-b+b^2D_1\xi_9+\frac{1}{4\xi_1}+D_1\xi_{10}\xi_{12}+b^2\frac{D_1D_2}{4\xi_{10}}+b\frac{D_1}{4\xi_{10}}\frac{\|\Lambda_2\|^2}{4\xi_{13}}\right)\|B_2v(t)\|^2$$

$$+\left(\xi_2+b\frac{D_1}{4\xi_{10}}D_2\right)\|v'(t)\|^2+C'|g(t)|\|v'(t)\|^2$$

$$+C'\|\sqrt{A_1}u(t)\|^2+C'|g(t)|\|\sqrt{A_1}u(t)\|^2$$

$$+C'(G_1+1)\int_0^t|g(t-s)|\|B_1u(s)\|^2\mathrm{d}s$$

$$+C'\|u'(t)\|^2+C'|g(t)|\|u'(t)\|^2+C'\int_0^t|g'(t-s)|\left\|B_1u(t)-B_1u(s)\right\|^2\mathrm{d}s$$

$$+\widetilde{J}_3(t)-\widetilde{J}_{03}(t)$$

$$+|1-b|\xi_4\|v'(t)\|^2+|1-b|\frac{1}{4\xi_4}\left\|B_1u'(t)\right\|^2, \tag{2-30}$$

其中 $C'>0$ 依赖于 $\xi_1, \xi_2, \xi_9, \xi_{10}, \xi_{12}$ 和 ξ_{13}. 现在不妨选取

$$\xi_1=\frac{2}{b},\quad \xi_2=\frac{\beta^2}{32},\quad \xi_9=\frac{1}{4bD_1},$$

$$\xi_{10}=8bD_1D_2\left(1+\frac{1}{\beta^2}\right),\quad \xi_{12}=\frac{1}{256D_1^2D_2\left(1+\dfrac{1}{\beta^2}\right)},\quad \xi_{13}=\frac{1}{8bD_2}\|\Lambda_2\|^2,$$

则有 $\widetilde{J_3}(t)=\widetilde{J_{03}}(t)$. 于是当 $b=1$ 时, (2-23) 成立.

当 $b\neq 1$ 时, 像上述同样的分析过程并且利用

$$\frac{\mathrm{d}}{\mathrm{d}t}\int_0^t g(t-s)B_1u(s)\mathrm{d}s=g(t)B_1u_0+\int_0^t g(t-s)B_1u'(s)\mathrm{d}s$$

代替

$$\frac{\mathrm{d}}{\mathrm{d}t}\int_0^t g(t-s)B_1u(s)\mathrm{d}s=g(t)B_1u(t)-\int_0^t g'(t-s)\left(B_1u(t)-B_1u(s)\right)\mathrm{d}s,$$

以及调整参数 ξ_2 为 $\xi_2=\dfrac{\beta^2}{64}$, 再选取

$$\xi_4=\frac{\beta^2}{64|1-b|}.$$

这样估计式 (2-24) 将被获得. 证毕. □

注 2.2 实际上如果 $b=1$, 对常数 $C_1>0$, 我们也有

$$\begin{aligned}\frac{\mathrm{d}}{\mathrm{d}t}J_3(t)\leqslant&-\frac{\beta^2}{2}\|\sqrt{A_2}v(t)\|^2+\frac{\beta^2}{16}\left\|v'(t)\right\|^2+C_1\left\|u'(t)\right\|^2+C_1\|\sqrt{A_1}u(t)\|^2\\&+C_1|g(t)|\left(\left\|u'(t)\right\|^2+\left\|v'(t)\right\|^2+\|\sqrt{A_1}u(t)\|^2+\|\sqrt{A_1}u_0\|^2\right)\\&+C_1(G_1+1)\int_0^t|g(t-s)|(\|\sqrt{A_1}u(s)\|^2+\|\sqrt{A_1}u'(s)\|^2)\mathrm{d}s.\end{aligned}\tag{2-31}$$

现在, 我们阐述我们的渐近性定理. 第一个是关于同波速 $b=1$ 时的系统能量的稳定性结论.

定理 2.3 假设 (I_1), (I_2), (I_3'), (I_4) 成立, $b=1$, 以及 $g'(s)\in L^1(0,+\infty)$. 则对任意 $u_0\in\mathcal{D}(A_1)$, $v_0\in\mathcal{D}(A_2)$, $u_1\in\mathcal{D}(\sqrt{A_1})$, $v_1\in\mathcal{D}(\sqrt{A_2})$, 系统 (2-1) 的解能量满足

$$\int_0^{+\infty}E(s)\mathrm{d}s\leqslant CE(0)$$

和

$$E(t)\to 0,\quad \text{当 } t\to+\infty\text{时},$$

其中 $C>0$ 是一个常数.

证明 我们首先证明系统能量 $E(t)$ 的可积性. 由 $E(t)$ 的定义以及引理 2.4 可以看出, 我们仅仅需要证明下述项的可积性

$$\|u'(t)\|^2+\|v'(t)\|^2+\|\sqrt{A_2}v(t)\|^2.$$

为此, 我们构建一个辅助函数

$$J(t):=k_1J_1(t)+J_2(t)+k_2J_3(t),$$

这里 k_1, k_2 是待定正常数. 应用引理 2.4-引理 2.7 得到

$$\begin{aligned}\frac{\mathrm{d}}{\mathrm{d}t}J(t)\leqslant&\left(-k_1+\bar{C}k_2\right)\|u'(t)\|^2\\&+\left(-1+\frac{\beta^2}{16}k_2\right)\|v'(t)\|^2\\&+\left(-\frac{\beta^2}{2}k_2+\frac{5}{4}+\varepsilon_1k_1\right)\|\sqrt{A_2}v(t)\|^2\\&+C(k_1,k_2)|g(t)|\left(\|u'(t)\|^2+\|v'(t)\|^2+\|\sqrt{A_1}u(t)\|^2\right)\\&+C(k_1,k_2)\|\sqrt{A_1}u(t)\|^2\\&+C(k_1,k_2)\int_0^t|g(t-s)|\|\sqrt{A_1}u(s)\|^2\mathrm{d}s\\&+C(k_1,k_2)\int_0^t|g'(t-s)|\|\sqrt{A_1}u(t)-\sqrt{A_1}u(s)\|^2\mathrm{d}s,\end{aligned}$$

其中 $C(k_1,k_2)>0$ 是依赖于 k_1 和 k_2 的常数. 选取

$$k_2=\frac{8}{\beta^2},\quad k_1=\frac{\beta^2+16\bar{C}}{\beta^2},\quad \varepsilon_1=\frac{\beta^2}{16\bar{C}+\beta^2},$$

则有

$$\begin{aligned}\frac{\mathrm{d}}{\mathrm{d}t}J(t)\leqslant&-\frac{1}{2}\left(\|u'(t)\|^2+\|v'(t)\|^2+\|\sqrt{A_2}v(t)\|^2\right)\\&+C(k_1,k_2)|g(t)|\left(\|u'(t)\|^2+\|v'(t)\|^2+\|\sqrt{A_1}u(t)\|^2\right)\end{aligned}$$

$$
\begin{aligned}
&+C(k_1,k_2)\|\sqrt{A_1}u(t)\|^2 \\
&+C(k_1,k_2)\int_0^t |g(t-s)|\|\sqrt{A_1}u(s)\|^2\mathrm{d}s \\
&+C(k_1,k_2)\int_0^t |g'(t-s)|\|\sqrt{A_1}u(t)-\sqrt{A_1}u(s)\|^2\mathrm{d}s. \qquad (2\text{-}32)
\end{aligned}
$$

因此, 由 (2-3) 得到

$$
\int_0^t \left(\|u'(s)\|^2+\|v'(s)\|^2+\|\sqrt{A_2}v(s)\|^2\right)\mathrm{d}s \leqslant CE(0),
$$

这里以及后面过程中, C 表示一般的正常数 (可能不同). 上式和引理 2.4 告诉我们

$$
\int_0^{+\infty} E(s)\mathrm{d}s \leqslant CE(0). \tag{2-33}
$$

接下来我们来验证

$$
E(t)\to 0, \qquad \text{当 } t\to+\infty \text{时}. \tag{2-34}
$$

为此, 我们暂时假设

$$
(u_0,v_0)\in\mathcal{D}_0,\quad (u_1,v_1)\in\mathcal{D}(A_1)\times\mathcal{D}(A_2).
$$

因此系统 (2-1) 的解 $(u(t),v(t))$ 满足定理 2.2 (i) 中的正则性. 于是, 我们可以在系统 (2-1) 中关于时间变量 t 进行微分并且得到

$$
\tilde{u}''(t)+A_1\tilde{u}(t)-g(t)A_1u(0)-\int_0^t g(t-s)A_1\tilde{u}(s)\mathrm{d}s+\alpha\tilde{u}(t)+B_2\tilde{v}(t)=0, \tag{2-35}
$$

$$
\tilde{v}''(t)+bA_2\tilde{v}(t)+B_1\tilde{u}(t)=0, \tag{2-36}
$$

其中

$$
\tilde{u}:=u',\quad \tilde{v}:=v'.
$$

可以看出, 新的发展系统 (2-35)-(2-36) 与原系统 (2-1) 具有相似的结构. 因此应用定理 2.1 证明过程中同样的讨论, 可以得到

$$
\|u''(t)\|^2,\ \|v''(t)\|^2,\ \|\sqrt{A_1}u'(t)\|^2,\ \|\sqrt{A_2}v'(t)\|^2\leqslant C_2, \tag{2-37}
$$

这里以及下面过程中, C_2 表示一个正常数 (行与行之间可能不同), 并且仅仅依赖于 $\|A_1u_0\|^2+\|A_2v_0\|^2+\|\sqrt{A_1}u_1\|^2+\|\sqrt{A_2}v_1\|^2$. 由稠密性的讨论并且借助于定理 2.2 (ii) , 可以看出, 估计 (2-37) 在初值 $u_0 \in \mathcal{D}(A_1)$, $v_0 \in \mathcal{D}(A_2)$, $u_1 \in \mathcal{D}(\sqrt{A_1})$, $v_1 \in \mathcal{D}(\sqrt{A_2})$ 条件下也成立.

由系统 (2-1) 可得

$$\begin{aligned} E'(t) =& - G(t)\langle\sqrt{A_1}u(t), \sqrt{A_1}u'(t)\rangle \\ &+ \int_0^t g(t-s)\langle\sqrt{A_1}u(s) - \sqrt{A_1}u(t), \sqrt{A_1}u'(t)\rangle \mathrm{d}s. \end{aligned} \tag{2-38}$$

因此, 由 (2-37) 可得 $E'(t)$ 是有界的. 这表明了 $E(\cdot)$ 是一致连续的. 于是, 由(2-33) 我们可得 (2-34). 这样我们完成了证明. □

注 2.3 注意到 (2-3) 对温和解也是成立的, 于是由标准的稠密性的讨论, 我们可以将定理 2.3 的结论推广到温和解. 关于温和解的定义参见 [23, Definition 3.4]; 另在定理 2.2 的证明中, 对于

$$\mathcal{U}_0 := \begin{pmatrix} u_0 \\ v_0 \\ u_1 \\ v_1 \end{pmatrix} \in \mathcal{H} := [\mathcal{D}(\sqrt{A_1})] \times [\mathcal{D}(\sqrt{A_2})] \times H \times H,$$

系统 (2-1) 的温和解 $(u(t),\ v(t))$ 可以通过 $\mathbb{S}(t)\begin{pmatrix} \mathcal{U}_0 \\ 0 \end{pmatrix}$ 的第一部分分量 $\mathcal{U}(t)$ 给出.

接下来我们给出第二个稳定性定理.

定理 2.4 假设 (I_1), (I_2), (I_3'), (I_4) 成立, 则对任意 $u_0 \in \mathcal{D}(A_1)$, $v_0 \in \mathcal{D}(A_2)$, $u_1 \in \mathcal{D}(\sqrt{A_1})$, $v_1 \in \mathcal{D}(\sqrt{A_2})$, 系统 (2-1) 的解能量满足

$$\int_0^{+\infty} E(s)\mathrm{d}s \leqslant C\left(\|A_1u_0\|^2 + \|A_2v_0\|^2 + \|\sqrt{A_1}u_1\|^2 + \|\sqrt{A_2}v_1\|^2\right) \tag{2-39}$$

和

$$E(t) \to 0, \quad 当\ t \to +\infty\ 时, \tag{2-40}$$

其中 C 是一个正常数.

证明　首先, 假设

$$(u_0, v_0) \in \mathcal{D}_0, \quad (u_1, v_1) \in \mathcal{D}(A_1) \times \mathcal{D}(A_2).$$

于是我们也有 (2-35)-(2-37). 更进一步, 注意到 (2-35)-(2-36) 和 (2-1) 的相似性. 利用引理 2.2 证明中同样的分析可以得到

$$\int_0^t \langle G * \sqrt{A_1} u''(s), \sqrt{A_1} u''(s) \rangle \mathrm{d}s \leqslant C_2. \tag{2-41}$$

合并 (2-41) 和 (2-19), 由命题 2.3 导出

$$\int_0^t \|\sqrt{A_1} u'(s)\|^2 \mathrm{d}s \leqslant C_2, \tag{2-42}$$

因此

$$\int_0^t \|u'(s)\|^2 \,\mathrm{d}s \leqslant C_2. \tag{2-43}$$

假设

$$\widetilde{J}(t) = J_2(t) + \frac{3}{\beta^2} J_3(t). \tag{2-44}$$

应用引理 2.4、引理 2.6、引理 2.7、注 2.2 和 (2-42) 得到

$$\begin{aligned}
\frac{\mathrm{d}}{\mathrm{d}t} \widetilde{J}(t) \leqslant & -\frac{1}{4} \left(\|v'(t)\|^2 + b \|\sqrt{A_2} v(t)\|^2 \right) \\
& + C_2 |g(t)| \left(\|u'(t)\|^2 + \|v'(t)\|^2 + \|\sqrt{A_1} u(t)\|^2 + \|\sqrt{A_1} u_0\|^2 \right) \\
& + C_2 \left(\|\sqrt{A_1} u(t)\|^2 + \|\sqrt{A_1} u'(t)\|^2 \right) \\
& + C_2 \int_0^t |g(t-s)| \left(\|\sqrt{A_1} u(s)\|^2 + \|\sqrt{A_1} u'(t)\|^2 \right) \mathrm{d}s.
\end{aligned} \tag{2-45}$$

(2-45) 由 0 到 t 积分并且注意到 (2-45) 最后三项的可积性, 我们导出

$$\int_0^t \left(\|v'(s)\|^2 + b \|\sqrt{A_2} v(s)\|^2 \right) \mathrm{d}s \leqslant C_2.$$

上式和引理 2.4, (2-43) 一起将导出 (2-39) . 借助于定理 2.2 (ii) 并且利用稠密性理论, 可以得到此估计对初值 $u_0 \in \mathcal{D}(A_1)$, $v_0 \in \mathcal{D}(A_2)$, $u_1 \in \mathcal{D}(\sqrt{A_1})$, $v_1 \in \mathcal{D}(\sqrt{A_2})$ 也成立. 由此 (2-40) 成立. □

推论 2.1 假设 (I_1), (I_2), (I_4) 成立, 令 $g:(0,+\infty)\to[0,+\infty)$ 是一个局部绝对连续函数, $g\not\equiv 0$ 和 $g'(t)\leqslant 0$ 对 a.e. $t\geqslant 0$ 满足

$$\int_0^{+\infty} g(t)\mathrm{d}t<1,\quad 1-\int_0^{+\infty} g(t)\mathrm{d}t+a_1\left(\alpha-\frac{\beta_1^2}{b}\right)>0.$$

则存在一个常数 $C>0$ 使得对 $u_0\in\mathcal{D}(A_1)$, $v_0\in\mathcal{D}(A_2)$, $u_1\in\mathcal{D}(\sqrt{A_1})$, $v_1\in\mathcal{D}(\sqrt{A_2})$,

$$E(t)\leqslant C\left(\|A_1u_0\|^2+\|A_2v_0\|^2+\|\sqrt{A_1}u_1\|^2+\|\sqrt{A_2}v_1\|^2\right)(t+1)^{-1}\quad t\geqslant 0 \tag{2-46}$$

和

$$tE(t)\to 0,\quad 当\quad t\to+\infty 时. \tag{2-47}$$

另外, 如果 $b=1$, 上述估计可以改进为

$$E(t)\leqslant CE(0)(t+1)^{-1},\quad t\geqslant 0. \tag{2-48}$$

证明 利用命题 2.2 容易验证 $G(t)$ 是强正定的, 因此 (I_3') 成立.

对 $t\geqslant 0$, 记

$$\begin{aligned}\widetilde{E}(t)=&\frac{1}{2}\|u'(t)\|^2+\frac{1}{2}\|v'(t)\|^2+\frac{1-\displaystyle\int_0^t g(s)\mathrm{d}s}{2}\|\sqrt{A_1}u(t)\|^2\\&+\frac{b}{2}\|\sqrt{A_2}v(t)\|^2+\frac{\alpha}{2}\|u(t)\|^2+\langle B_1u(t),v(t)\rangle\\&+\frac{1}{2}\int_0^t g(t-s)\|\sqrt{A_1}u(t)-\sqrt{A_1}u(s)\|^2\mathrm{d}s.\end{aligned}$$

由系统 (2-1), 一个直接计算可得

$$\frac{\mathrm{d}}{\mathrm{d}t}\widetilde{E}(t)\leqslant 0,\quad t\geqslant 0. \tag{2-49}$$

另外, 从 (2-3) 可以看出

$$E(t)\leqslant\widetilde{E}(t)\leqslant C_1\left(E(t)+\int_0^t g(t-s)\|\sqrt{A_1}u(t)-\sqrt{A_1}u(s)\|^2\mathrm{d}s\right),\quad t\geqslant 0,$$

其中 $C_1 > 0$ 是一个常数. 因此, 利用定理 2.4, 对 $t \geqslant 0$, 有

$$\begin{aligned}\int_0^t \widetilde{E}(s)\mathrm{d}s &\leqslant C_1 \int_0^t E(s)\mathrm{d}s + C_1 \int_0^t \int_0^s g(s-\tau) \\ &\quad \|\sqrt{A_1}u(s) - \sqrt{A_1}u(\tau)\|^2 \mathrm{d}\tau\mathrm{d}s \\ &\leqslant C_1 \int_0^t E(s)\mathrm{d}s + C_1 \int_0^t \int_0^s g(s-\tau) \\ &\quad \left(2\left\|\sqrt{A_1}u(s)\right\|^2 + 2\left\|\sqrt{A_1}u(\tau)\right\|^2\right)\mathrm{d}\tau\mathrm{d}s \\ &\leqslant C_1 \int_0^t E(s)\mathrm{d}s \\ &\leqslant C_1 C\left(\|A_1u_0\|^2 + \|A_2v_0\|^2 + \|\sqrt{A_1}u_1\|^2 + \|\sqrt{A_2}v_1\|^2\right).\end{aligned}$$

由上式和 (2-49) 可得

$$t\widetilde{E}(t) \leqslant C_1 C\left(\|A_1u_0\|^2 + \|A_2v_0\|^2 + \|\sqrt{A_1}u_1\|^2 + \|\sqrt{A_2}v_1\|^2\right)$$

和

$$t\widetilde{E}(t) \to 0, \quad 当 \quad t \to +\infty 时.$$

因为 $E(t) \leqslant \widetilde{E}(t)$, 于是 (2-46) 和 (2-47) 成立.

如果 $b = 1$, 利用定理 2.3 有

$$\int_0^t \widetilde{E}(s)\mathrm{d}s \leqslant CE(0), \quad t \geqslant 0,$$

$C > 0$ 是一个常数. 这将导出 (2-48) . 证毕. □

注 2.4 当 $b = 1$ 时, 凭借一个不同的更简洁的方式, 通过将条件

$$g'(t) < 0, \quad 对于\ t \geqslant 0\ \text{a.e.}$$

代替为

$$g'(t) \leqslant 0, \quad 对于\ t \geqslant 0\ \text{a.e.}$$

在线性情形下, 推论 2.1 完善了 [85, Theorem 3.1] 的结论.

如 [85, Remark 3.3 (ii)] 所示, 推论 2.1 中衰减率 t^{-1} 从某种意义上说是最优的.

2.5 同波速时指数衰减性

本节中, 我们考虑同波速情形 $b=1$, 即

$$\begin{cases} u''(t)+A_1u(t)-\displaystyle\int_0^t g(t-s)A_1u(s)\mathrm{d}s+\alpha u(t)+B_2v(t)=0, \\ v''(t)+A_2v(t)+B_1u(t)=0, \\ u(0)=u_0,\quad u'(0)=u_1, \\ v(0)=v_0,\quad v'(0)=v_1. \end{cases} \tag{2-50}$$

通过加强假设条件 (I_3') 如下, 我们将证明能量的指数衰减性.

(I_3'') g 满足

$$\int_0^{+\infty} g(t)\mathrm{d}t<1,\quad 1-\int_0^{+\infty} g(t)\mathrm{d}t+a_1(\alpha-\beta_1^2)>0,$$

$$e^{\lambda_0 t}g(t),\ e^{\lambda_0 t}g'(t)\in L^1(0,+\infty)$$

和

$$t\mapsto \int_t^{+\infty} e^{\lambda_0 s}g(s)\mathrm{d}s\ \text{是强正定的}, \tag{2-51}$$

其中 λ_0 是一个正常数.

定理 2.5 假设 (I_1), (I_2), (I_3'') 和 (I_4) 成立, 则存在 $\lambda>0$ 使得对任意 $u_0\in\mathcal{D}(A_1)$, $v_0\in\mathcal{D}(A_2)$, $u_1\in\mathcal{D}(\sqrt{A_1})$, 和 $v_1\in\mathcal{D}(\sqrt{A_2})$, 系统 (2-50) 的解能量 $E(t)$ 满足

$$\int_0^{+\infty} e^{\lambda t}E(t)\mathrm{d}t\leqslant CE(0) \tag{2-52}$$

和

$$E(t)\leqslant CE(0)e^{-\lambda t},\quad t\geqslant 0, \tag{2-53}$$

其中 $C>0$ 是一个常数.

证明 记

$$\widetilde{G}_\lambda(t):=\int_t^{+\infty} g(s)e^{\frac{\lambda}{2}s}\mathrm{d}s,\quad \lambda\in(0,\lambda_0).$$

首先, 应用命题 2.3 可得

$$\begin{aligned}&\int_0^t e^{\lambda s}\|\sqrt{A_1}u(s)\|^2\mathrm{d}s\\ \leqslant&\|\sqrt{A_1}u(0)\|^2+\frac{2}{\delta}\int_0^t\left\langle\int_0^s\widetilde{G}_\lambda(s-\tau)\sqrt{A_1}\left(e^{\frac{\lambda}{2}\tau}u(\tau)\right)\mathrm{d}\tau,\sqrt{A_1}\left(e^{\frac{\lambda}{2}s}u(s)\right)\right\rangle\mathrm{d}s\\ &+\frac{2}{\delta}\int_0^t\left\langle\int_0^s\widetilde{G}_\lambda(s-\tau)\sqrt{A_1}\left(e^{\frac{\lambda}{2}\tau}u(\tau)\right)'\mathrm{d}\tau,\sqrt{A_1}\left(e^{\frac{\lambda}{2}s}u(s)\right)'\right\rangle\mathrm{d}s.\end{aligned}\tag{2-54}$$

接下来, 我们分两步估计上式中最后两项.

步骤 1. 估计 $\int_0^t\left\langle\int_0^s\widetilde{G}_\lambda(s-\tau)\sqrt{A_1}\left(e^{\frac{\lambda}{2}\tau}u(\tau)\right)'\mathrm{d}\tau,\sqrt{A_1}\left(e^{\frac{\lambda}{2}s}u(s)\right)'\right\rangle\mathrm{d}s$.

分别以 $e^{\lambda t}u'(t)$, $e^{\lambda t}v'(t)$ 乘以系统 (2-50) 的第一、第二个方程, 然后合并可得

$$\begin{aligned}&e^{\lambda t}\frac{1}{2}\frac{\mathrm{d}}{\mathrm{d}t}\|u'(t)\|^2+e^{\lambda t}\frac{1}{2}\frac{\mathrm{d}}{\mathrm{d}t}\|v'(t)\|^2+e^{\lambda t}\frac{1}{2}\frac{\mathrm{d}}{\mathrm{d}t}\|\sqrt{A_1}u(t)\|^2\\ &+e^{\lambda t}\frac{1}{2}\frac{\mathrm{d}}{\mathrm{d}t}\|\sqrt{A_2}v(t)\|^2+e^{\lambda t}\frac{\alpha}{2}\frac{\mathrm{d}}{\mathrm{d}t}\|u(t)\|^2+e^{\lambda t}\frac{\mathrm{d}}{\mathrm{d}t}\langle B_2v(t),u(t)\rangle\\ =&e^{\lambda t}\left\langle\int_0^t g(t-s)\sqrt{A_1}u(s)\mathrm{d}s,\sqrt{A_1}u'(t)\right\rangle\\ =&\left\langle\int_0^t g(t-s)e^{\frac{\lambda}{2}(t-s)}\sqrt{A_1}\left(e^{\frac{\lambda}{2}s}u(s)\right)\mathrm{d}s,\sqrt{A_1}\left(e^{\frac{\lambda}{2}t}u(t)\right)'\right\rangle\\ &-\frac{\lambda}{2}e^{\lambda t}\left\langle\int_0^t g(t-s)\sqrt{A_1}u(s)\mathrm{d}s,\sqrt{A_1}u(t)\right\rangle.\end{aligned}$$

从 0 到 t 积分上式, 并且利用 (2-3) 获得

$$\begin{aligned}&e^{\lambda t}\frac{1}{2}\|u'(t)\|^2+e^{\lambda t}\frac{1}{2}\|v'(t)\|^2+e^{\lambda t}\frac{1}{2}\|\sqrt{A_1}u(t)\|^2\\ &+e^{\lambda t}\frac{1}{2}\|\sqrt{A_2}v(t)\|^2+e^{\lambda t}\frac{\alpha}{2}\|u(t)\|^2+e^{\lambda t}\langle B_2v(t),u(t)\rangle\\ \leqslant&CE(0)+\int_0^t\left\langle\int_0^s g(s-\tau)e^{\frac{\lambda}{2}(s-\tau)}\sqrt{A_1}\left(e^{\frac{\lambda}{2}\tau}u(\tau)\right)\mathrm{d}\tau,\sqrt{A_1}\left(e^{\frac{\lambda}{2}s}u(s)\right)'\right\rangle\mathrm{d}s\\ &-\frac{\lambda}{2}\int_0^t e^{\lambda s}\left\langle\int_0^s g(s-\tau)\sqrt{A_1}u(\tau)\mathrm{d}s,\sqrt{A_1}u(s)\right\rangle\mathrm{d}s\\ &+\frac{\lambda}{2}\int_0^t e^{\lambda s}\Big(\|u'(s)\|^2+\|v'(s)\|^2+\|\sqrt{A_1}u(s)\|^2\end{aligned}$$

$$+\|\sqrt{A_2}v(s)\|^2+\alpha\|u(s)\|^2+2\langle B_2v(s),u(s)\rangle\Big)\mathrm{d}s, \tag{2-55}$$

这里以及接下来, C 代表一个一般正常数 (可能不同).

由引理 2.1 有

$$\begin{aligned}&\int_0^t\left\langle\int_0^s g(s-\tau)e^{\frac{\lambda}{2}(s-\tau)}\sqrt{A_1}\left(e^{\frac{\lambda}{2}\tau}u(\tau)\right)\mathrm{d}\tau,\sqrt{A_1}\left(e^{\frac{\lambda}{2}s}u(s)\right)'\right\rangle\mathrm{d}s\\&+\int_0^t\left\langle\int_0^s\widetilde{G}_\lambda(s-\tau)\sqrt{A_1}\left(e^{\frac{\lambda}{2}\tau}u(\tau)\right)'\mathrm{d}\tau,\sqrt{A_1}\left(e^{\frac{\lambda}{2}s}u(s)\right)'\right\rangle\mathrm{d}s\\=&\frac{\widetilde{G}_\lambda(0)}{2}e^{\lambda t}\|\sqrt{A_1}u(t)\|^2+\frac{\widetilde{G}_\lambda(0)}{2}\|\sqrt{A_1}u(0)\|^2-e^{\frac{\lambda}{2}t}\widetilde{G}_\lambda(t)\langle\sqrt{A_1}u(0),\sqrt{A_1}u(t)\rangle\\&-\int_0^t g(s)e^{\lambda s}\langle\sqrt{A_1}u(0),\sqrt{A_1}u(s)\rangle\mathrm{d}s.\end{aligned} \tag{2-56}$$

把 (2-56) 代入 (2-55) 并且应用 Young 不等式导出

$$\begin{aligned}&\frac{1}{2}e^{\lambda t}\Big(\|u'(t)\|^2+\|v'(t)\|^2+(1-\widetilde{G}_\lambda(0))\\&\|\sqrt{A_1}u(t)\|^2+\|\sqrt{A_2}v(t)\|^2+\alpha\|u(t)\|^2\\&+2\langle B_2v(t),u(t)\rangle\Big)\\&+\int_0^t\left\langle\int_0^s\widetilde{G}_\lambda(s-\tau)\sqrt{A_1}\left(e^{\frac{\lambda}{2}\tau}u(\tau)\right)'\mathrm{d}\tau,\sqrt{A_1}\left(e^{\frac{\lambda}{2}s}u(s)\right)'\right\rangle\mathrm{d}s\\\leqslant&\, CE(0)+\frac{\lambda}{2}\int_0^t e^{\lambda s}\Big(\|u'(s)\|^2+\|v'(s)\|^2+\|\sqrt{A_1}u(s)\|^2+\|\sqrt{A_2}v(s)\|^2\\&+\alpha\|u(s)\|^2+2\langle B_2v(s),u(s)\rangle\Big)\mathrm{d}s-e^{\frac{\lambda}{2}t}\widetilde{G}_\lambda(t)\left\langle\sqrt{A_1}u(0),\sqrt{A_1}u(t)\right\rangle\\&-\int_0^t g(s)e^{\lambda s}\langle\sqrt{A_1}u(0),\sqrt{A_1}u(s)\rangle\mathrm{d}s\\&-\frac{\lambda}{2}\int_0^t e^{\lambda s}\left\langle\int_0^s g(s-\tau)\sqrt{A_1}u(\tau)\mathrm{d}s,\sqrt{A_1}u(s)\right\rangle\mathrm{d}s\\\leqslant&\, CE(0)+\frac{\lambda}{2}\int_0^t e^{\lambda s}\left(\|u'(s)\|^2+\|v'(s)\|^2\right)\mathrm{d}s+\lambda\int_0^t e^{\lambda s}\|\sqrt{A_2}v(s)\|^2\mathrm{d}s\end{aligned}$$

$$+\lambda\left(\widetilde{G}_{1\lambda_0}+1\right)\int_0^t e^{\lambda s}\|\sqrt{A_1}u(s)\|^2\mathrm{d}s,$$

其中

$$\widetilde{G}_{1\lambda_0}:=\int_0^{+\infty}e^{\lambda_0 s}|g(s)|\mathrm{d}s,$$

以及上式估计中我们应用了 (I_3'') 和 $E(t)$ 的有界性.

另外, 由 [24] 和 (I_3'') 可知, 存在 $0<\lambda'\leqslant\lambda_0$ 使得

$$1-\widetilde{G}_{\lambda'}(0)+a_1(\alpha-\beta_1^2)>\frac{1-G(0)+a_1(\alpha-\beta_1^2)}{2}:=\mu_1>0. \tag{2-57}$$

所以, 对任意 $\lambda\leqslant\lambda'$ 成立

$$\begin{aligned}&\frac{1}{2}e^{\lambda t}\left(\|u'(t)\|^2+\|v'(t)\|^2\right)+\frac{\mu_1}{2}e^{\lambda t}\left(\|\sqrt{A_1}u(t)\|^2+\|\sqrt{A_2}v(t)\|^2\right)\\&+\int_0^t\left\langle\int_0^s\widetilde{G}_\lambda(s-\tau)\sqrt{A_1}\left(e^{\frac{\lambda}{2}\tau}u(\tau)\right)'\mathrm{d}\tau,\sqrt{A_1}\left(e^{\frac{\lambda}{2}s}u(s)\right)'\right\rangle\mathrm{d}s\\\leqslant{}&CE(0)+\frac{\lambda}{2}\int_0^t e^{\lambda s}\left(\|u'(s)\|^2+\|v'(s)\|^2\right)\mathrm{d}s+\lambda\int_0^t e^{\lambda s}\|\sqrt{A_2}v(s)\|^2\mathrm{d}s\\&+\lambda\left(\widetilde{G}_{1\lambda_0}+1\right)\int_0^t e^{\lambda s}\|\sqrt{A_1}u(s)\|^2\mathrm{d}s.\end{aligned} \tag{2-58}$$

另外, 从上看出

$$\begin{aligned}&\int_0^t\left\langle\int_0^s\widetilde{G}_\lambda(s-\tau)\sqrt{A_1}\left(e^{\frac{\lambda}{2}\tau}u(\tau)\right)'\mathrm{d}\tau,\sqrt{A_1}\left(e^{\frac{\lambda}{2}s}u(s)\right)'\right\rangle\mathrm{d}s\\\leqslant{}&CE(0)+\frac{\lambda}{2}\int_0^t e^{\lambda s}\left(\|u'(s)\|^2+\|v'(s)\|^2\right)\mathrm{d}s+\lambda\int_0^t e^{\lambda s}\|\sqrt{A_2}v(s)\|^2\mathrm{d}s\\&+\lambda\left(\widetilde{G}_{1\lambda_0}+1\right)\int_0^t e^{\lambda s}\|\sqrt{A_1}u(s)\|^2\mathrm{d}s.\end{aligned} \tag{2-59}$$

步骤 2. 估计 $\int_0^t\left\langle\int_0^s\widetilde{G}_\lambda(s-\tau)\sqrt{A_1}\left(e^{\frac{\lambda}{2}\tau}u(\tau)\right)\mathrm{d}\tau,\sqrt{A_1}\left(e^{\frac{\lambda}{2}s}u(s)\right)\right\rangle\mathrm{d}s$.

以 $e^{\frac{\lambda}{2}t}$ $(\lambda \leqslant \lambda')$ 乘以系统 (2-50) 中的两个方程并且积分导出

$$\begin{cases} \quad \widetilde{U}''(t)-\lambda\widetilde{U}'(t)+\dfrac{\lambda^2}{4}\widetilde{U}(t)+A_1\widetilde{U}(t)-\displaystyle\int_0^t \widetilde{g}(t-s)A_1\widetilde{U}(s)\mathrm{d}s+\alpha\widetilde{U}(t)+B_2\widetilde{V}(t) \\ = -\dfrac{\lambda}{2}u_0+u_1, \\ \widetilde{V}''(t)-\lambda\widetilde{V}'(t)+\dfrac{\lambda^2}{4}\widetilde{V}(t)+A_2\widetilde{V}(t)+B_1\widetilde{U}(t) = -\dfrac{\lambda}{2}v_0+v_1, \\ \widetilde{U}(0)=0, \quad \widetilde{U}'(0)=u_0, \\ \widetilde{V}(0)=0, \quad \widetilde{V}'(0)=v_0, \end{cases} \tag{2-60}$$

其中

$$\widetilde{U}(t) := \int_0^t e^{\frac{\lambda}{2}s}u(s)\mathrm{d}s, \quad \widetilde{V}(t) := \int_0^t e^{\frac{\lambda}{2}s}v(s)\mathrm{d}s, \quad \widetilde{g}(t) := e^{\frac{\lambda}{2}t}g(t).$$

分别以 $\widetilde{U}'(t), \widetilde{V}'(t)$ 作为乘子乘以 (2-60) 的两个方程, 然后积分、合并可得

$$\begin{aligned} &\frac{1}{2}\Bigg(\|\widetilde{U}'(t)\|^2+\|\widetilde{V}'(t)\|^2+\|\sqrt{A_1}\widetilde{U}(t)\|^2+\|\sqrt{A_2}\widetilde{V}(t)\|^2 \\ &+\frac{\lambda^2}{4}\|\widetilde{V}(t)\|^2+\left(\frac{\lambda^2}{4}+\alpha\right)\|\widetilde{U}(t)\|^2+2\langle B_2\widetilde{V}(t),\widetilde{U}(t)\rangle\Bigg)-\frac{\widetilde{G}_\lambda(0)}{2}\|\sqrt{A_1}\widetilde{U}(t)\|^2 \\ &+\int_0^t\left\langle\int_0^s \widetilde{G}_\lambda(s-\tau)\sqrt{A_1}\widetilde{U}'(\tau)\mathrm{d}\tau, \sqrt{A_1}\widetilde{U}'(s)\right\rangle\mathrm{d}s \\ \leqslant\, & CE(0)+\lambda\int_0^t\left(\|\widetilde{U}'(s)\|^2+\|\widetilde{V}'(s)\|^2\right)\mathrm{d}s \\ &+\left\langle-\frac{\lambda}{2}u_0+u_1,\widetilde{U}(t)\right\rangle+\left\langle-\frac{\lambda}{2}v_0+v_1,\widetilde{V}(t)\right\rangle. \end{aligned}$$

因此, 由 (2-57) 得

$$\begin{aligned} &\frac{\mu_1}{2}\left(\|\sqrt{A_1}\widetilde{U}(t)\|^2+\|\sqrt{A_2}\widetilde{V}(t)\|^2\right) \\ &+\int_0^t\left\langle\int_0^s \widetilde{G}_\lambda(s-\tau)\sqrt{A_1}\widetilde{U}'(\tau)\mathrm{d}\tau, \sqrt{A_1}\widetilde{U}'(s)\right\rangle\mathrm{d}s \end{aligned}$$

$$\leqslant CE(0) + \lambda \int_0^t \left(\|\widetilde{U}'(s)\|^2 + \|\widetilde{V}'(s)\|^2 \right) \mathrm{d}s$$

$$+ \left\langle -\frac{\lambda}{2} u_0 + u_1, \widetilde{U}(t) \right\rangle + \left\langle -\frac{\lambda}{2} v_0 + v_1, \widetilde{V}(t) \right\rangle$$

$$\leqslant CE(0) + a_1 \lambda \int_0^t e^{\lambda s} \|\sqrt{A_1} u(s)\|^2 \mathrm{d}s + a_2 \lambda \int_0^t e^{\lambda s} \|\sqrt{A_2} v(s)\|^2 \mathrm{d}s$$

$$+ \frac{\mu_1}{4} \left(\|\sqrt{A_1} \widetilde{U}(t)\|^2 + \|\sqrt{A_2} \widetilde{V}(t)\|^2 \right),$$

于是

$$\int_0^t \left\langle \int_0^s \widetilde{G}_\lambda(s-\tau) \sqrt{A_1} \left(e^{\frac{\lambda}{2}\tau} u(\tau) \right) \mathrm{d}\tau, \sqrt{A_1} \left(e^{\frac{\lambda}{2} s} u(s) \right) \right\rangle \mathrm{d}s$$

$$\leqslant CE(0) + a_1 \lambda \int_0^t e^{\lambda s} \|\sqrt{A_1} u(s)\|^2 \mathrm{d}s + a_2 \lambda \int_0^t e^{\lambda s} \|\sqrt{A_2} v(s)\|^2 \mathrm{d}s. \tag{2-61}$$

现在, 我们合并步骤 1 和步骤 2 中获得的估计 (2-59) 和 (2-61), 由 (2-54) 可得

$$\int_0^t e^{\lambda s} \|\sqrt{A_1} u(s)\|^2 \mathrm{d}s \leqslant CE(0) + C\lambda \int_0^t e^{\lambda s} \|\sqrt{A_1} u(s)\|^2 \mathrm{d}s$$

$$+ C\lambda \int_0^t e^{\lambda s} \left(\|u'(s)\|^2 + \|v'(s)\|^2 + \|\sqrt{A_2} v(s)\|^2 \right) \mathrm{d}s.$$

取 λ 足够小可得

$$\int_0^t e^{\lambda s} \|\sqrt{A_1} u(s)\|^2 \mathrm{d}s$$

$$\leqslant CE(0) + C\lambda \int_0^t e^{\lambda s} \left(\|u'(s)\|^2 + \|v'(s)\|^2 + \|\sqrt{A_2} v(s)\|^2 \right) \mathrm{d}s. \tag{2-62}$$

下面我们估计项 $\displaystyle\int_0^t e^{\lambda s} \left(\|u'(s)\|^2 + \|v'(s)\|^2 + \|\sqrt{A_2} v(s)\|^2 \right) \mathrm{d}s.$

由 (2-32) 得

$$e^{\lambda t} \frac{\mathrm{d}}{\mathrm{d}t} J(t) \leqslant -\frac{1}{2} e^{\lambda t} \left(\|u'(t)\|^2 + \|v'(t)\|^2 + \|\sqrt{A_2} v(t)\|^2 \right)$$

$$+ C e^{\lambda t} |g(t)| \left(\|u'(t)\|^2 + \|v'(t)\|^2 + \|\sqrt{A_1} u(t)\|^2 \right)$$

$$+Ce^{\lambda t}\|\sqrt{A_1}u(t)\|^2+Ce^{\lambda t}\int_0^t|g(t-s)|\|\sqrt{A_1}u(s)\|^2\mathrm{d}s$$
$$+Ce^{\lambda t}\int_0^t|g'(t-s)|\|\sqrt{A_1}u(t)-\sqrt{A_1}u(s)\|^2\mathrm{d}s. \tag{2-63}$$

注意到

$$|J(t)|\leqslant C\left(E(t)+\int_0^t|g(t-s)|\|\sqrt{A_1}u(s)\|^2\mathrm{d}s\right),$$

因此

$$-\int_0^t e^{\lambda s}\frac{\mathrm{d}}{\mathrm{d}s}J(s)\mathrm{d}s\leqslant J(0)-e^{\lambda t}J(t)+\lambda\int_0^t e^{\lambda s}J(s)\mathrm{d}s$$
$$\leqslant CE(0)+Ce^{\lambda t}E(t)+C\lambda\int_0^t e^{\lambda s}E(s)\mathrm{d}s$$
$$+C\int_0^t e^{\lambda(t-s)}|g(t-s)|e^{\lambda s}\left\|\sqrt{A_1}u(s)\right\|^2\mathrm{d}s.$$

从 0 到 t 积分 (2-63), 并且再次选取 $\lambda>0$ 充分小可得

$$\int_0^t e^{\lambda s}\left(\|u'(s)\|^2+\|v'(s)\|^2+\|\sqrt{A_2}v(s)\|^2\right)\mathrm{d}s$$
$$\leqslant CE(0)+Ce^{\lambda t}E(t)+C\int_0^t e^{\lambda s}\|\sqrt{A_1}u(s)\|^2\mathrm{d}s$$
$$+C\int_0^t e^{\lambda(t-s)}|g(t-s)|e^{\lambda s}\|\sqrt{A_1}u(s)\|^2\mathrm{d}s,$$

上式过程中我们使用了定理 2.3 以及假设 (I_3''). 将上式与 (2-62) 合并获得

$$\int_0^t e^{\lambda s}\left(\|u'(s)\|^2+\|v'(s)\|^2+\|\sqrt{A_2}v(s)\|^2\right)\mathrm{d}s$$
$$\leqslant CE(0)+Ce^{\lambda t}E(t)+C\int_0^t e^{\lambda(t-s)}|g(t-s)|e^{\lambda s}\|\sqrt{A_1}u(s)\|^2\mathrm{d}s$$
$$+C\lambda\int_0^t e^{\lambda s}\left(\|u'(s)\|^2+\|v'(s)\|^2+\|\sqrt{A_2}v(s)\|^2\right)\mathrm{d}s.$$

再选取 $\lambda > 0$ 足够小得到

$$\int_0^t e^{\lambda s}\left(\|u'(s)\|^2 + \|v'(s)\|^2 + \|\sqrt{A_2}v(s)\|^2\right)\mathrm{d}s$$
$$\leqslant CE(0) + Ce^{\lambda t}E(t) + C\int_0^t e^{\lambda(t-s)}|g(t-s)|e^{\lambda s}\|\sqrt{A_1}u(s)\|^2\mathrm{d}s. \quad (2\text{-}64)$$

最后, 由 (2-58) 和 (2-62) 可得, 对一些 $\epsilon > 0$, 有

$$\epsilon e^{\lambda t}E(t) \leqslant CE(0) + C\lambda\int_0^t e^{\lambda s}\left(\|u'(s)\|^2 + \|v'(s)\|^2 + \|\sqrt{A_2}v(s)\|^2\right)\mathrm{d}s,$$

上式和 (2-64) 导出

$$\epsilon e^{\lambda t}E(t) \leqslant CE(0) + C\lambda e^{\lambda t}E(t) + C\lambda\int_0^t e^{\lambda(t-s)}|g(t-s)|e^{\lambda s}\|\sqrt{A_1}u(s)\|^2\mathrm{d}s.$$

因此, 对任意 $t \geqslant 0$,

$$\epsilon e^{\lambda t}E(t) \leqslant CE(0) + C\lambda e^{\lambda t}E(t)$$
$$+C\lambda\left(\int_0^t e^{\lambda(t-s)}|g(t-s)|\mathrm{d}s\right)\sup_{0\leqslant s\leqslant t}\left\{e^{\lambda s}\|\sqrt{A_1}u(s)\|^2\right\}.$$

同样选取 $\lambda > 0$ 充分小得到

$$e^{\lambda t}E(t) \leqslant CE(0),$$

可知 (2-52)-(2-53) 立即可得 (指数略低). 证毕. □

推论 2.2　假设 (I_1), (I_2), (I_4) 成立, 令 $g:(0,+\infty)\to[0,+\infty)$ 是一个局部绝对连续函数, 且 $g \not\equiv 0$ 使得

$$\int_0^\infty g(t)\mathrm{d}t < 1, \quad 1 - \int_0^\infty g(t)\mathrm{d}t + a_1(\alpha - \beta_1^2) > 0,$$
$$g'(t) \leqslant 0, \quad 对于\ \text{a.e.}\ t \geqslant 0, \quad g(t)e^{\lambda_1 t} \in L^1(0,+\infty), \quad (2\text{-}65)$$

$\lambda_1 > 0$ 为常数. 则定理 2.5 的结论同样成立.

证明　由 [24, Proposition 5.2, Lemma 5.3] 可知, 对一些 $\lambda_0 \in (0,\lambda_1)$, (2-51) 成立. 因此, 定理 2.5 可以应用到此情形. □

注 2.5 (i) 可以看到, 在推论 2.2 中 (对于线性情形), 我们以更弱的条件 (2-65) 代替 [181, Theorem 3.4] 中条件:

$$g'(t) \leqslant -Cg(t), \quad \text{对于 a.e. } t \geqslant 0, \quad C \text{ 为正常数},$$

并且改进了 [181, Theorem 3.4] 中的结论.

(ii) 除了推论 2.2 给出的例子, 条件 (2-51) 也适合一些非单调核以及变号核. 例如, 假设

$$g(t) = (1 + 2\sin t)e^{-2t},$$

它是非单调和变号的. 记

$$h(t) := \int_t^{+\infty} e^s g(s)\mathrm{d}s - e^{-t} = (\sin t + \cos t)e^{-t}.$$

经过一个简单的计算可得, 对任意 $z \in \mathbb{C}$, $\mathrm{Re}z > 0$,

$$\int_0^{+\infty} e^{-zt} h(t)\mathrm{d}t = \frac{z+2}{(z+1)^2+1},$$

于是

$$\mathrm{Re}\int_0^{+\infty} e^{-zt} h(t)\mathrm{d}t > 0.$$

因此, 由命题 2.1 可知 g 满足条件 (2-51).

2.6 一些应用

假设 φ, ψ 分别描绘梁的横向位移以及沿中轴线的转角. 我们考虑下述长为 l 的 Timoshenko 梁模型, 其横向振动状态方程为

$$\rho_1\varphi_{tt} - b_1(\varphi_x + \psi)_x = 0, \quad (x,t) \in (0,l) \times (0,\infty), \tag{2-66}$$

$$\rho_2\psi_{tt} - b_2\psi_{xx} + \int_0^t g_1(t-s)\psi_{xx}\mathrm{d}s + b_1(\varphi_x + \psi) = 0, \quad (x,t) \in (0,l) \times (0,\infty), \tag{2-67}$$

初值条件:

$$\varphi(\cdot,0)=\varphi_0, \quad \varphi_t(\cdot,0)=\varphi_1, \quad \psi(\cdot,0)=\psi_0, \quad \psi_t(\cdot,0)=\psi_1, \quad x \in (0,l), \tag{2-68}$$

边界条件:

$$\varphi(0,t)=\varphi(l,t)=\psi(0,t)=\psi(l,t)=0,\quad t\geqslant 0,\tag{2-69}$$

其中 ρ_1, ρ_2, b_1, b_2 是正常数, g_1 满足

$$\int_0^{+\infty} g_1(s)\mathrm{d}s<b_2.\tag{2-70}$$

假设

$$u=\psi,\quad v=\sqrt{\frac{\rho_1}{\rho_2}}\varphi,\quad \alpha=\frac{b_1}{\rho_2},\quad b=\frac{\rho_2 b_1}{\rho_1 b_2},\quad g=\frac{g_1}{\rho_2}.$$

取 $H=L^2(0,l)$,

$$A_1=A_2=-\frac{b_2}{\rho_2}\frac{\mathrm{d}^2}{\mathrm{d}x^2},\quad B_2=-B_1=\frac{b_1}{\sqrt{\rho_1\rho_2}}\frac{\mathrm{d}}{\mathrm{d}x},$$

定义域为

$$\mathcal{D}(A_1)=\mathcal{D}(A_2)=H^2(0,l)\cap H_0^1(0,l),$$
$$\mathcal{D}(B_1)=\mathcal{D}(B_2)=H_0^1(0,l).$$

则系统 (2-66)-(2-69) 可以转变成抽像 Cauchy 问题 (2-1). 显然, 取

$$\beta=\beta_1=:\frac{b_1}{\sqrt{\rho_1 b_2}},$$

假设 (I_1) 和 (I_2) 成立且 $\alpha-\dfrac{\beta_1^2}{b}=0$, 因此

$$\int_0^{+\infty} g(t)\mathrm{d}t<1,\quad 1-\int_0^{+\infty} g(t)\mathrm{d}t+a_1\left(\alpha-\frac{\beta_1^2}{b}\right)>0.$$

更深一步, 如果取

$$\Lambda_1 u:=-\Lambda_2 u=\left(\frac{2}{l}x-1\right)u,\quad 对于\ u\in L^2(0,l),$$

则对任意 $u,v\in H^2(0,l)\cap H_0^1(0,l)$, $i=1,2$ 有

$$\langle A_1u,B_2v\rangle=-\frac{b_2b_1}{\rho_2\sqrt{\rho_1\rho_2}}\int_0^l u''v'\mathrm{d}x$$

$$= \langle B_1 u, A_2 v\rangle + \frac{b_2 b_1}{\rho_2\sqrt{\rho_1\rho_2}}[u'(0)v'(0) - u'(l)v'(l)],$$

$$\begin{aligned}\langle A_i u, \Lambda_i B_i u\rangle &= \frac{b_1 b_2}{\rho_2\sqrt{\rho_1\rho_2}}\int_0^l \left(\frac{2}{l}x - 1\right) u''u'\mathrm{d}x \\ &= \frac{b_1 b_2}{2\rho_2\sqrt{\rho_1\rho_2}}(|u'(0)|^2 + |u'(l)|^2) - \frac{b_1 b_2}{l\rho_2\sqrt{\rho_1\rho_2}}\int_0^l |u'|^2\mathrm{d}x\end{aligned}$$

和

$$\begin{aligned}\langle u, \Lambda_i B_i u\rangle &= -\frac{b_1}{\sqrt{\rho_1\rho_2}}\int_0^l \left(\frac{2}{l}x - 1\right) uu'\mathrm{d}x \\ &= -\frac{b_1}{2\sqrt{\rho_1\rho_2}}(|u(0)|^2 + |u(l)|^2) + \frac{b_1}{l\sqrt{\rho_1\rho_2}}\int_0^l |u|^2\mathrm{d}x.\end{aligned}$$

因此, 取

$$P(u) := \left(\frac{\rho_1 b_2^6}{4b_1^2\rho_2^5}\right)^{\frac{1}{4}}\sqrt{|u(0)|^2 + |u(l)|^2}, \quad u \in H^1(0,l),$$

可以得到假设 (I_4) 也成立.

假设 $\rho_1^{-1}b_1 = \rho_2^{-1}b_2$ (即同波速情形). 假设存在 $\gamma_0 > 0$ 满足

$$e^{\gamma_0 t}g_1(t), e^{\gamma_0 t}g_1'(t) \in L^1(0,+\infty), \tag{2-71}$$

$$t \mapsto \int_t^{+\infty} e^{\gamma_0 s}g_1(s)\mathrm{d}s \text{ 强正定}, \tag{2-72}$$

则借助 [24, Proposition 5.2], 我们可以应用定理 2.5 导出系统 (2-66)-(2-69) 的解能量满足, 对 $\psi_0, \varphi_0 \in H_0^1(0,l)$ 和 $\psi_1, \varphi_1 \in L^2(0,l)$

$$E(t) \leqslant C(\|\psi_0\|_{H^1}^2 + \|\psi_1\|_{L^2}^2 + \|\varphi_0\|_{H^1}^2 + \|\varphi_1\|_{L^2}^2)e^{-\gamma t}, \quad t \geqslant 0,$$

其中, C, γ 为正常数.

假设 $\rho_1^{-1}b_1 \neq \rho_2^{-1}b_2$. 如果

$$\begin{gathered} g_1 : (0,+\infty) \to [0,+\infty) \text{ 是一个局部绝对连续函数且} \\ g_1 \not\equiv 0 \text{ 和 } g_1'(t) \leqslant 0, \quad \text{对于 a.e. } t \geqslant 0, \end{gathered} \tag{2-73}$$

则对

$$\psi_0, \varphi_0 \in H^2(0,l) \cap H_0^1(0,l), \quad \psi_1, \varphi_1 \in H_0^1(0,l), \tag{2-74}$$

我们可以应用推论 2.1 导出系统 (2-66)-(2-69) 的解能量满足

$$E(t) \leqslant C(\|\psi_0\|_{H^2}^2 + \|\psi_1\|_{H^1}^2 + \|\varphi_0\|_{H^2}^2 + \|\varphi_1\|_{H^1}^2)(t+1)^{-1}, \quad t \geqslant 0, \tag{2-75}$$

C 是一个正常数.

注 2.6 (1) Dirichlet 边界条件 (2-69) 也可以被其他的边界条件所代替 (参见 [181, Example 4.1]). 当 φ 和 ψ 具有不同的边界条件时, A_1 和 A_2 将有不同的定义域 (虽然此时它们具有相同的形式 $-\dfrac{b_2}{\rho_2}\dfrac{d^2}{dx^2}$), 因此 $A_1 \neq A_2$.

(2) 对不同波速情形 $\rho_1^{-1}b_1 \neq \rho_2^{-1}b_2$, 在 [73] 中在附加条件 (除了基本条件 (2-73) 外):

$$g_1'(s) \leqslant -\xi(s)g_1^p(s), \quad s \geqslant 0$$

(这里 $p \geqslant 1$ 是一常数, $\xi : [0,\infty) \to (0,\infty)$ 是一递减可微函数) 和 (2-74) 的初值条件下, 作者证明了系统 (2-66)-(2-69) 的能量满足

$$E(t) \leqslant C\left(\frac{1+\left(\displaystyle\int_0^t g_1^{\frac{1}{2}}(s)\mathrm{d}s\right)^{2(p-1)} + \displaystyle\int_0^t g_1^{2-p}(s)\mathrm{d}s}{\displaystyle\int_0^t \xi(s)\mathrm{d}s}\right)^{\frac{1}{2p-1}}, \quad t > 0, \tag{2-76}$$

C 是一个正常数且连续依赖

$$\|\psi_0\|_{H^2}^2 + \|\psi_1\|_{H^1}^2 + \|\varphi_0\|_{H^2}^2 + \|\varphi_1\|_{H^1}^2.$$

正如 [73, p9426] 中指出的, (2-76) 所给出的最好的衰减率为 $E(t) \leqslant Ct^{-1}$, 且

(i) 当 $g_1(t) = ae^{-(1+t)^q}$ 对 $q > 0$ ($a > 0$ 足够小使得 (2-70) 成立), (2-76) 给出

$$E(t) \leqslant \begin{cases} Ct^{-1}, & \text{如果} \quad q \geqslant 1, \\ Ct^{-r}, & \text{如果} \quad q \in (0,1)\ (\text{对于任意 } r < 1); \end{cases}$$

(ii) 当 $g_1(t) = a(1+t)^{-q}$ 对 $q > 1$ ($a > 0$ 足够小使得 (2-70) 成立), (2-76) 给出

$$E(t) \leqslant \begin{cases} Ct^{-\frac{q(q-1)}{q+2}}, & \text{如果} \quad q \in (1,2), \\ Ct^{-\frac{q}{q+2}}, & \text{如果} \quad q \in (2,+\infty), \\ C(\ln(t+1))^{\frac{1}{2}}t^{-\frac{1}{2}}, & \text{如果} \quad q = 2; \end{cases}$$

(iii) 当 $g_1(t)=a(t+2)^{-1}(\ln(t+2))^{-q}$ 对 $q>1$ ($a>0$ 足够小使得 (2-70) 成立), (2-76) 给出

$$E(t)\leqslant\frac{C}{\ln(t+2)}.$$

因此, 可以明显看出, 我们的结果在极大程度改进了 [73] 中的结论, 并且 (2-75) 中所给出的衰减率在某种意义上是最优的, 因为能量 $E(t)$ 不可能以 $t^{-\alpha}$ 的速率衰减 (对任意 $\alpha>1$). (参见 [68, Theorem 4.1] 或 [85, Remark 3.3])

(3) 我们的抽象结果也可以应用在其他耦合方程组中, 例如耦合 Petrovsky 方程组.

第 3 章　具有间接记忆阻尼的二阶发展系统的稳定性分析 II

值得关注的是，具有间接记忆阻尼的 Hilbert 空间中的耦合二阶发展方程系统源于黏弹性理论. 为了研究系统能量的衰减性质，我们首先引入了一个新的概念——(强) $\varphi(t)$-正定核，它是 (强) 正定核的推广. 其次我们研究了它的性质并获得一些积分不等式. 再者我们给出了一些判别准则并建立了 $\varphi(t)$-正定和正定之间的关系，基于这些工作，我们给出一些多项式 (指数) 情况的例子. 通过应用此新概念及其性质，在记忆核具有强 $\varphi(t)$-正定原函数的条件下 (没有通常的非负或非增限制)，我们获得了耦合二阶发展系统能量的一致多项式稳定性. 可以看出，这一新概念在研究具有记忆效应的系统的能量衰减率方面效果显著，并且我们的结果从本质上推广和改进了文献中先前的相关结论，同时我们的方法更显简洁便捷.

3.1　问 题 描 述

在本章中，我们考虑如下具有记忆阻尼的耦合方程的抽象 Cauchy 问题:

$$u''(t)+A_1u(t)-\int_0^t g(t-s)A_1u(s)\mathrm{d}s+\alpha u(t)+B_2v(t)=0, \tag{3-1}$$

$$v''(t)+A_2v(t)+B_1u(t)=0, \tag{3-2}$$

$$u(0)=u_0,\quad u'(0)=u_1, \tag{3-3}$$

$$v(0)=v_0,\quad v'(0)=v_1, \tag{3-4}$$

其中 A_1, A_2 是 Hilbert 空间 H 中的两个正自伴线性算子，$g(t)\in L^1(0,+\infty)$ 表示记忆核，B_1, B_1, B_2 是空间 H 中的两个线性算子. 问题源自黏弹性理论. 众所周知，这种记忆项在发展系统中可以产生阻尼机制 (一般称为记忆阻尼)，例如 [4, 48, 56, 57, 79, 98, 128, 152] 及其中关于单个积微分方程的稳定性的参考文献. 在耦合系统 (3-1)-(3-4)中，阻尼仅出现在第一个方程中，第二个方程通过与第一个方程的耦合作用间接衰减. 此类间接阻尼系统的研究首先出现在研究者 Russell 的文献 [154] 中.

具有间接记忆阻尼的抽象耦合二阶方程的稳定性已经在文献 [85, 181] 中进行了研究, 并对应于各种衰减类型的核函数 g 获得了系统解能量的各种相应衰减率, 包括指数和多项式形式衰减率. 读者也可参见 [12, 73, 129, 161] 及其中关于 Timoshenko 系统 (此为抽象系统的一个具体实际原型) 的稳定性的参考文献.

可以看出, 在耦合系统的先前工作中, 记忆核函数 g 通常被假定为非负且单调不增. 事实上, 已经证明存在更通用的记忆核函数类, 它在单个 (半线性) 积分微分方程稳定性的研究中非常有用 (参见 [24, 63, 94]). 它们是具有 (强) 正定原函数 $G(t) = \int_t^{+\infty} g(s)\mathrm{d}s$ 的记忆核函数 g. 这类记忆核函数可能是振荡的, 甚至是符号变化的不满足非负单调的限制条件, 仅仅对其原函数的性质加以正定性的限制. 于是, 就有一个非常重要的问题出现了, 也即如何在具有间接记忆阻尼的耦合系统的渐近行为研究中使用这些核函数. 本章我们就针对上述抽象耦合系统研究在这类核函数的影响下整体系统解能量的稳定性这一挑战性的重要新问题.

为了解决这一问题, 在本章中, 我们首先提出一个新的概念——(强) $\varphi(t)$-正定核, 其次研究它的一些重要性质并给出一些具体例子. 最后, 基于这个新概念及其一些重要性质 (建立的积分不等式), 我们研究了耦合系统 (3-1)-(3-4) 的渐近行为. 特别地, 我们在 $G(t)$ 强 $(t+1)^{\lambda_0}$-正定的条件下获得系统解能量的多项式稳定性. 可以看出, 本章获得的这些结果大大推广和改进了先前文献中关于二阶耦合方程系统 (抽象或具体) 的相关结果, 有关详细信息, 请参阅定理 3.1.

在我们获得这些结果的过程中, 由于有两个非常艰难的问题要处理, 即: 记忆核 $g(t)$ 缺乏单调递减和非负性等性质和系统本身为间接阻尼系统 (耗散机制需要从一个方程传递到另一个方程). 因此, 我们面临着非常艰巨的技术困难, 而这又是前所未有的挑战, 关于这类问题的处理先前几乎没有任何文献涉及, 这要求我们必须寻找一些新方法并开发一些新技术. 为此, 我们不仅引入了一个新的概念并分析研究获得了一些新的积分不等式, 而且还将它们成功地应用到耦合系统中. 另一方面, 在研究过程中, 我们通过灵活整合多种方法, 充分挖掘该耦合系统的结构特性, 最终将这些技术有机结合, 取得了理想的研究成果.

本章的结构如下: 在 3.2 节中, 我们陈述了 (强) 正定核的定义和一些性质, 并引入了一个新概念——$\varphi(t)$-正定核, 然后我们研究它的性质并给出一些判别准则和积分不等式, 这将应用于系统能量多项式稳定性的研究中. 3.3 节是关于解的存在性、唯一性、规律性和近似性. 3.4 节致力于推导系统能量的多项式稳定性和可积性. 在 3.5 节中, 我们给出了抽象理论的一些应用.

在本章中, C 是一个一般的正常数, H 表示实 Hilbert 空间, 标量积为 $\langle\cdot,\cdot\rangle$.

对于 Hilbert 空间 H 中线性算子 A, $\mathcal{D}(A)$ 和 $[\mathcal{D}(A)]$ 分别代表其定义域和值域上的图像. $C^i([0,\infty);H_0)$ 表示 $[0,\infty)$ 上所有 i 次连续可微的 H_0 值函数的集合, 并记 $C([0,\infty);H_0):=C^0([0,\infty);H_0)$, 其中 H_0 为赋范线性空间, $i\in\{0,1,2\}$.

3.2 广义正定核理论

本章中我们需要用到正定核理论的一些知识, 可参见上一章中关于正定核理论的一些内容与相关文献. 另外, 我们给出正定核的一些新性质, 稍后将使用它们.

命题 3.1 假设 $h(t)$ 是 (强) 正定的, 则 $e^{-at}h(t), a>0$ 是 (强) 正定的.

证明 下面我们给出强正定的证明.

如果 $h(t)$ 是强正定的, 由定义知 $h(t)-\delta e^{-t},\delta>0$ 正定. 应用积分第二中值定理,

$$\begin{aligned}
&\int_0^T\left\langle\int_0^t e^{-a(t-s)}\left(h(t-s)-\delta e^{-(t-s)}\right)u(s)\mathrm{d}s,u(t)\right\rangle\mathrm{d}t\\
=&\int_0^T e^{-2at}\left\langle\int_0^t\left(h(t-s)-\delta e^{-(t-s)}\right)e^{as}u(s)\mathrm{d}s,e^{at}u(t)\right\rangle\mathrm{d}t\\
=&\int_0^{\xi(T)}\left\langle\int_0^t\left(h(t-s)-\delta e^{-(t-s)}\right)e^{as}u(s)\mathrm{d}s,e^{at}u(t)\right\rangle\mathrm{d}t\geqslant 0.
\end{aligned}$$

因此

$$\int_0^T\left\langle\int_0^t\left(e^{-a(t-s)}h(t-s)-\delta e^{-(a+1)(t-s)}\right)u(s)\mathrm{d}s,u(t)\right\rangle\mathrm{d}t\geqslant 0.$$

另一方面, 显然 $e^{-(a+1)t}$ 是强正定的, 因此由定义得 $e^{-at}h(t)$ 是强正定的.

对于正定的情形, 上述过程取 $\delta=0$ 立即得证. □

命题 3.2 假设 $h(t)$ 是 (强) 正定的, 则 $(t+a)^{-d}h(t), a\geqslant 0, d>0$ 是 (强) 正定的.

证明 由二项式定理, 我们有

$$\begin{aligned}
(t-s+a)^{-d}&=(t+a+1-(s+1))^{-d}\\
&=\sum_{k=0}^{+\infty}(-1)^k\binom{-d}{k}(t+a+1)^{-d-k}(s+1)^k\\
&=\sum_{k=0}^{+\infty}\left|\binom{-d}{k}\right|(t+a+1)^{-d-k}(s+1)^k.
\end{aligned}$$

因此

$$
\begin{aligned}
&\int_0^T \left\langle \int_0^t (t-s+a)^{-d}\left(h(t-s)-\delta e^{-(t-s)}\right)u(s)\mathrm{d}s, u(t)\right\rangle \mathrm{d}t \\
=&\sum_{k=0}^{+\infty}\left|\binom{-d}{k}\right|\int_0^T \frac{(t+a+1)^{-d-k}}{(t+1)^k} \\
&\times\left\langle \int_0^t \left(h(t-s)-\delta e^{-(t-s)}\right)(s+1)^k u(s)\mathrm{d}s, (t+1)^k u(t)\right\rangle \mathrm{d}t.
\end{aligned}
$$

此外, 注意到 $(t+a)^{-d}e^{-t}$ 是强正定的, 于是应用积分第二中值定理将完成证明. □

接下来, 我们介绍一个新概念, 它是定义 2.1 的一个推广.

定义 3.1 假设 $h\in L^1_{loc}(0,+\infty)$, $\varphi\in L^\infty_{loc}(0,+\infty)$, $\varphi(t)>0$, $t>0$. 如果对任意 $u\in L^2_{loc}(0,+\infty;H)$, 成立

$$
\int_0^t \varphi(s)\langle h*u(s),u(s)\rangle \mathrm{d}s \geqslant 0, \qquad \forall\, t\geqslant 0,
$$

则称函数 h 是 φ-正定核, 如果存在两个常数 $\delta>0$, $N>0$ 使得 $h(t)-\delta e^{-Nt}$ 是 φ-正定的, 则称 h 是强 φ-正定核.

命题 3.3 假设 κ 为一个实数, 则 $h(t)$ 是 (强) $e^{\kappa t}$-正定的当且仅当 $e^{\frac{\kappa}{2}t}h(t)$ 是 (强) 正定的.

证明 由定义 2.1 和定义 3.1 立即可得. □

命题 3.4 假设 $\psi\in L^\infty_{loc}(0,+\infty)$ 是一个单调递减正函数, h 是 (强) $\varphi(t)$-正定核, 则 h 是 (强) $\psi\varphi$-正定的.

证明 由积分中值定理可得. □

命题 3.5 假设 $(t+a)^\alpha h(t), a\geqslant 0$, $\alpha\in\mathbb{R}^+$ 是 (强) 正定的, 则对任意 $b>0$, $h(t)$ 是 (强) $(t+a+b)^\alpha$-正定的.

证明 证明分为三步.

第一步. 首先, 我们处理正整数幂次情形. 利用二项式定理, 对 $n\in\mathbb{N}^+$, 我们有

$$
\begin{aligned}
(t+a+b)^n &= (t-s+a+s+b)^n \\
&= (t-s+a)^n+\cdots+\binom{n}{k}(t-s+a)^{n-k}(s+b)^k+\cdots+(s+b)^n
\end{aligned}
$$

于是

$$\begin{aligned}
&\int_0^T (t+a+b)^n \left\langle \int_0^t h(t-s)u(s)\mathrm{d}s, u(t)\right\rangle \mathrm{d}t\\
=&\int_0^T \left\langle \int_0^t (t+a+b)^n h(t-s)u(s)\mathrm{d}s, u(t)\right\rangle \mathrm{d}t\\
=&\int_0^T \left\langle \int_0^t (t-s+a)^n h(t-s)u(s)\mathrm{d}s, u(t)\right\rangle \mathrm{d}t\\
&+\cdots+\binom{n}{k}\int_0^T (t+b)^{-k}\\
&\times\left\langle \int_0^t (t-s+a)^{n-k} h(t-s)(s+b)^k u(s)\mathrm{d}s, (t+b)^k u(t)\right\rangle \mathrm{d}t\\
&+\cdots+\int_0^T (t+b)^{-n}\left\langle \int_0^t h(t-s)(s+b)^n u(s)ds, (t+b)^n u(t)\right\rangle \mathrm{d}t.
\end{aligned}$$

因此, 应用积分第二中值定理得到

$$\begin{aligned}
&\int_0^T (t+a+b)^n \left\langle \int_0^t h(t-s)u(s)\mathrm{d}s, u(t)\right\rangle \mathrm{d}t\\
=&\int_0^T \left\langle \int_0^t (t-s+a)^n h(t-s)u(s)\mathrm{d}s, u(t)\right\rangle \mathrm{d}t\\
&+\cdots\\
&+b^{-k}\binom{n}{k}\int_0^{\xi_k(T)} \left\langle \int_0^t (t-s+a)^{n-k} h(t-s)(s+b)^k u(s)\mathrm{d}s, (t+b)^k u(t)\right\rangle \mathrm{d}t\\
&+\cdots+b^{-n}\int_0^{\xi_n(T)}\left\langle \int_0^t h(t-s)(s+b)^n u(s)\mathrm{d}s, (t+b)^n u(t)\right\rangle \mathrm{d}t.
\end{aligned}$$

应用命题 3.2 以及假设条件得到, 对正整数幂次 $n \in \mathbb{N}^+$, $h(t)$ 是 (强) $(t+a+b)^n$-正定的.

第二步. 假设 $0 < \alpha < 1$, 由二项式定理得到

$$\begin{aligned}
(t-s+a)^\alpha &= (t+a+b-(s+b))^\alpha\\
&= \sum_{k=0}^{+\infty}(-1)^k\binom{\alpha}{k}(t+a+b)^{\alpha-k}(s+b)^k
\end{aligned}$$

$$= (t+a+b)^\alpha - \sum_{k=1}^{+\infty}\left|\binom{\alpha}{k}\right|(t+a+b)^{\alpha-k}(s+b)^k.$$

因此, 我们有

$$(t+a+b)^\alpha = (t-s+a)^\alpha + \sum_{k=1}^{+\infty}\left|\binom{\alpha}{k}\right|(t+a+b)^{\alpha-k}(s+b)^k,$$

这样可得

$$\begin{aligned}
&\int_0^T (t+a+b)^\alpha \left\langle \int_0^t h(t-s)u(s)\mathrm{d}s, u(t)\right\rangle \mathrm{d}t\\
=&\int_0^T \left\langle \int_0^t (t+a+b)^\alpha h(t-s)u(s)\mathrm{d}s, u(t)\right\rangle \mathrm{d}t\\
=&\int_0^T \left\langle \int_0^t (t-s+a)^\alpha h(t-s)u(s)\mathrm{d}s, u(t)\right\rangle \mathrm{d}t\\
&+\sum_{k=1}^{+\infty}\left|\binom{\alpha}{k}\right|\int_0^T (t+a+b)^{\alpha-k}\left\langle \int_0^t h(t-s)(s+b)^k u(s)\mathrm{d}s, u(t)\right\rangle \mathrm{d}t.
\end{aligned}$$

因此, 应用命题 3.2 以及假设条件, 如果 $0<\alpha<1$, 可以得到 $h(t)$ 是 (强) $(t+a+b)^n$-正定的.

第三步. 如果 $n<\alpha<n+1$, 则 $0<\alpha-n<1$, 于是

$$\begin{aligned}
(t+a+b)^\alpha &= (t+a+b)^{\alpha-n}(t+a+b)^n\\
&=\left((t-s+a)^{\alpha-n}+\sum_{k=1}^{+\infty}\left|\binom{\alpha-n}{k}\right|(t+a+b)^{\alpha-n-k}(s+b)^k\right)\\
&\quad\times\left((t-s+a)^n+\sum_{m=1}^{n}\binom{n}{m}(t-s+a)^{n-m}(s+b)^m\right)\\
&=(t-s+a)^\alpha+\sum_{m=1}^{n}\binom{n}{m}(t-s+a)^{\alpha-m}(s+b)^m\\
&\quad+\sum_{k=1}^{+\infty}\left|\binom{\alpha-n}{k}\right|(t+a+b)^{\alpha-n-k}(t-s+a)^n(s+b)^k\\
&\quad+\sum_{k=1}^{+\infty}\sum_{m=1}^{n}\left|\binom{\alpha-n}{k}\right|\binom{n}{m}(t+a+b)^{\alpha-n-k}(t-s+a)^{n-m}(s+b)^{m+k}
\end{aligned}$$

因此可得

$$\begin{aligned}
&\int_0^T (t+a+b)^{\alpha} \left\langle \int_0^t h(t-s)u(s)\mathrm{d}s, u(t) \right\rangle \mathrm{d}t \\
=& \int_0^T \left\langle \int_0^t (t+a+b)^{\alpha} h(t-s)u(s)\mathrm{d}s, u(t) \right\rangle \mathrm{d}t \\
=& \int_0^T \left\langle \int_0^t (t-s+a)^{\alpha} h(t-s)u(s)\mathrm{d}s, u(t) \right\rangle \mathrm{d}t \\
&+ \sum_{m=1}^{n} \binom{n}{m} \int_0^T \left\langle \int_0^t (t-s+a)^{\alpha-m} h(t-s)(s+b)^m u(s)\mathrm{d}s, u(t) \right\rangle \mathrm{d}t \\
&+ \sum_{k=1}^{+\infty} \left| \binom{\alpha}{k} \right| \int_0^T (t+a+b)^{\alpha-n-k} \\
&\left\langle \int_0^t (t-s+a)^{n} h(t-s)(s+b)^k u(s)\mathrm{d}s, u(t) \right\rangle \mathrm{d}t \\
&+ \sum_{k=1}^{+\infty} \sum_{m=1}^{n} \binom{n}{m} \left| \binom{\alpha-n}{k} \right| \int_0^T (t+a+b)^{\alpha-n-k} \\
&\times \left\langle \int_0^t (t-s+a)^{n-m} h(t-s)(s+b)^{m+k} u(s)\mathrm{d}s, u(t) \right\rangle \mathrm{d}t.
\end{aligned}$$

因此, 由命题 3.2 以及假设条件可得 $h(t)$ 是 (强) $(t+a+b)^n$-正定的. □

可以看出, 命题 3.3-命题 3.5 建立了 $\varphi(t)$-正定和正定两者之间的联系, 并且给出了多项式与指数情形时 $\varphi(t)$-正定的判别准则.

接下来, 我们建立有关 $\varphi(t)$-正定概念的一些积分不等式, 这些性质在研究具有记忆阻尼影响的系统稳定性的过程中非常有用.

命题 3.6 假设 $\varphi'(t) \leqslant N\varphi(t)$, 则 e^{-Nt} 是强 $\varphi(t)$-正定的, 且成立

$$\begin{aligned}
&\int_0^t \varphi(s) \left\| \int_0^s e^{-N(s-\tau)} u(\tau)\mathrm{d}\tau \right\|^2 \mathrm{d}s \\
\leqslant& \frac{2}{N} \int_0^t \varphi(s) \left\langle \int_0^s e^{-N(s-\tau)} u(\tau)\mathrm{d}\tau, u(s) \right\rangle \mathrm{d}s. \qquad (3\text{-}5)
\end{aligned}$$

证明 记

$$H(s) = \int_0^s e^{-N(s-\tau)} u(\tau)\mathrm{d}\tau,$$

则

$$H'(s) = u(s) - NH(s).$$

因此

$$\begin{aligned}&\int_0^t \varphi(s)\left\langle \int_0^s e^{-N(s-\tau)}u(\tau)\mathrm{d}\tau, u(s)\right\rangle \mathrm{d}s\\ =&\int_0^t \varphi(s)\left\langle H(s), H'(s)+NH(s)\right\rangle \mathrm{d}s\\ =&N\int_0^t \varphi(s)\left\|H(s)\right\|^2 \mathrm{d}s + \frac{1}{2}\int_0^t \varphi(s)\frac{\mathrm{d}}{\mathrm{d}s}\left\|H(s)\right\|^2 \mathrm{d}s\\ =&N\int_0^t \varphi(s)\left\|H(s)\right\|^2 \mathrm{d}s + \frac{1}{2}\varphi(t)\left\|H(t)\right\|^2 - \frac{1}{2}\int_0^t \varphi'(s)\left\|H(s)\right\|^2 \mathrm{d}s.\end{aligned}$$

于是, 注意到 $\varphi'(t) \leqslant N\varphi(t)$ 将完成证明. □

命题 3.7 假设 $h(t) \in L^1_{loc}(0,\infty)$ 是强 $\varphi(t)$-正定核, 且 $\varphi'(t) \leqslant N\varphi(t)$. 则对 $t \geqslant 0$, $u(t) \in L^2_{loc}(0,\infty;H)$ 和 $u' \in L^1_{loc}(0,\infty;H)$, 我们有

$$\begin{aligned}\int_0^t \varphi(s)\|u(s)\|^2\mathrm{d}s \leqslant C\|u(0)\|^2 + \frac{2N}{\delta}\int_0^t \varphi(s)\left\langle h*u(s), u(s)\right\rangle \mathrm{d}s\\ +\frac{4}{N\delta}\int_0^t \varphi(s)\left\langle h*u'(s), u'(s)\right\rangle \mathrm{d}s,\end{aligned}$$

其中 δ 为定义 3.1 中的常数.

证明 应用分部积分易得

$$\int_0^t e^{-N(t-s)}u'(s)\mathrm{d}s = u(t) - e^{-Nt}u(0) - N\int_0^t e^{-N(t-s)}u(s)\mathrm{d}s, \tag{3-6}$$

即

$$u(t) = e^{-Nt}u(0) + N\int_0^t e^{-N(t-s)}u(s)\mathrm{d}s + \int_0^t e^{-N(t-s)}u'(s)\mathrm{d}s. \tag{3-7}$$

因此, 我们有

$$\varphi(t)\left\|u(t)\right\|^2 = \left\langle \varphi(t)u(t), e^{-Nt}u(0)\right\rangle + \left\langle N\varphi(t)u(t), \int_0^t e^{-N(t-s)}u(s)\mathrm{d}s\right\rangle$$

$$
\begin{aligned}
&+\left\langle\varphi(t)u(t),\int_0^t e^{-N(t-s)}u'(s)\mathrm{d}s\right\rangle\\
\leqslant\ &\frac{1}{4}\varphi(t)\left\|u(t)\right\|^2+e^{-2Nt}\varphi(t)\left\|u(0)\right\|^2\\
&+N\varphi(t)u(t)\int_0^t e^{-N(t-s)}u(s)\mathrm{d}s+\frac{1}{4}\varphi(t)\left\|u(t)\right\|^2\\
&+\varphi(t)\left\|\int_0^t e^{-N(t-s)}u'(s)\mathrm{d}s\right\|^2,
\end{aligned}
\tag{3-8}
$$

于是

$$
\begin{aligned}
\varphi(t)\left\|u(t)\right\|^2\leqslant\ &2e^{-2Nt}\varphi(t)\left\|u(0)\right\|^2+2N\varphi(t)u(t)\int_0^t e^{-N(t-s)}u(s)\mathrm{d}s\\
&+2\varphi(t)\left\|\int_0^t e^{-N(t-s)}u'(s)\mathrm{d}s\right\|^2.
\end{aligned}
\tag{3-9}
$$

在 $[0,t]$ 上积分 (3-9) 并且应用 (3-5) 可得

$$
\begin{aligned}
\int_0^t\varphi(s)\left\|u(s)\right\|^2\mathrm{d}s\leqslant\ &2\int_0^t e^{-2Ns}\varphi(s)\left\|u(0)\right\|^2\mathrm{d}s\\
&+2N\int_0^t\varphi(s)\left\langle\int_0^s e^{-N(s-\tau)}u(s)\mathrm{d}\tau,u(s)\right\rangle\mathrm{d}s\\
&+2\int_0^t\varphi(s)\left\|\int_0^s e^{-N(s-\tau)}u'(\tau)\mathrm{d}\tau\right\|^2\mathrm{d}s\\
\leqslant\ &2\int_0^t e^{-2Ns}\varphi(s)\left\|u(0)\right\|^2\mathrm{d}s\\
&+2N\int_0^t\varphi(s)\left\langle\int_0^s e^{-N(s-\tau)}u(s)\mathrm{d}\tau,u(s)\right\rangle\mathrm{d}s\\
&+\frac{4}{N}\int_0^t\varphi(s)\left\langle\int_0^s e^{-N(s-\tau)}u'(\tau)\mathrm{d}\tau,u'(s)\right\rangle\mathrm{d}s.
\end{aligned}
\tag{3-10}
$$

这便完成命题 3.7 的证明. □

接下来, 我们给出一些 φ-正定核的例子. 首先看两个命题.

命题 3.8 如果 $h(t)$ 是 (强) 正定的, 则 $h(t)\cos(at)$, $a\in\mathbb{R}$ 是 (强) 正定的.

证明 假设 $h(t)$ 是强正定的, $a>0$. 应用命题 2.1, 则存在常数 $\delta>0$ 使得

对任意 $d_1 > 0, d_2 \geqslant 0$ 成立

$$\int_0^{+\infty} e^{-d_1 t} h(t) \cos(d_2 t) \mathrm{d}t \geqslant \delta \int_0^{+\infty} e^{-(1+d_1)t} \cos(d_2 t) \mathrm{d}t = \frac{1+d_1}{(1+d_1)^2 + d_2^2} \delta. \tag{3-11}$$

因此, 由 (3-11) 得

$$\begin{aligned}
&\int_0^{+\infty} e^{-d_1 t} h(t) \cos(at) \cos(d_2 t) \mathrm{d}t \\
=& \frac{1}{2} \int_0^{+\infty} e^{-d_1 t} h(t) \cos((d_2 + a)t) \mathrm{d}t \\
&+ \frac{1}{2} \int_0^{+\infty} e^{-d_1 t} h(t) \cos(|d_2 - a| t) \mathrm{d}t \\
\geqslant& \frac{\delta}{2} \frac{1+d_1}{(1+d_1)^2 + (d_2+a)^2} \\
\geqslant& \frac{\delta}{4} \frac{1+d_1}{(1+d_1)^2 + d_2^2 + a^2} \\
\geqslant& \frac{\delta}{4} \frac{1+d_1}{(a+1+d_1)^2 + d_2^2} \\
\geqslant& \frac{\delta}{4} \frac{1+d_1}{(a+1+(a+1)d_1)^2 + d_2^2} \\
\geqslant& \frac{\delta}{4} \frac{1+d_1}{(a+1)^2(1+d_1)^2 + d_2^2} \\
\geqslant& \frac{\delta}{4} \frac{1+d_1}{(a+1)^2(1+d_1)^2 + (a+1)^2 d_2^2} \\
\geqslant& \frac{\delta}{4(1+a)^2} \frac{1+d_1}{(1+d_1)^2 + d_2^2} \\
\geqslant& \frac{\delta}{4(1+a)^2} \int_0^{+\infty} e^{-(1+d_1)t} \cos(d_2 t) \mathrm{d}t.
\end{aligned}$$

于是由命题 2.1 知 $h(t)\cos(at), a > 0$ 是强正定的. 另外, 由于 $\cos(at)$ 是关于参数 $a \in \mathbb{R}$ 的偶函数, 于是 $h(t)\cos(at)$, $a \in \mathbb{R}$ 是强正定的. 此外, 当 $h(t)$ 正定时, 上述过程中取 $\delta = 0$ 即可得 $h(t)\cos(at), a \in \mathbb{R}$ 是正定的. □

命题 3.9 (i) 如果 $h(t)$ 是 (强) e^{bt}-正定的, 则 $h(t)\cos(at)$, $a \in \mathbb{R}$ 是 (强) e^{bt}-正定的.

(ii) 如果 $(t+1)^b h(t)$ 是 (强) 正定的, 则 $h(t)\cos(at)$, $a\in\mathbb{R}$ 是 (强) $(t+2)^b$-正定的.

证明 (i) 由命题 3.3 知, $e^{\frac{b}{2}t}h(t)$ 是 (强) 正定的. 于是, 应用命题 3.8 可得 $e^{\frac{b}{2}t}h(t)\cos(at)$, $a\in\mathbb{R}$ 是 (强) 正定的. 再次应用命题 3.3 可得 $h(t)\cos(at)$, $a\in\mathbb{R}$ 是 (强) e^{bt}-正定的.

(ii) 类似地, 利用命题 3.5 和命题 3.8 将完成证明. □

现在我们给出一些具体例子.

例 3.1 (i) 如果 $g(t)>0$, $g'(t)\leqslant -k_0 g(t)$, $k_0>0$, 则 $\int_t^{+\infty} g(s)\mathrm{d}s$ 是强 e^{2kt}-正定的, $0\leqslant k\leqslant \dfrac{k_0}{2}$.

(ii) 如果 $g(t)>0$, $g'(t)\leqslant -\dfrac{k_0}{t+1}g(t)$, $k_0>1$, 则 $\int_t^{+\infty} g(s)\mathrm{d}s$ 是强 $(t+2)^{\frac{k}{2}}$-正定的, 其中 $0<k<\min\left\{k_0-1,\dfrac{k_0}{2}\right\}$, 如果 $k_0>2$, k 可以取到 $\dfrac{k_0}{2}$.

证明 (i) 因为

$$\begin{aligned}\left(e^{kt}\int_t^{+\infty} g(s)\mathrm{d}s\right)' &= ke^{kt}\int_t^{+\infty} g(s)\mathrm{d}s - e^{kt}g(t)\\ &\leqslant -\frac{k}{k_0}e^{kt}\int_t^{+\infty} g'(s)\mathrm{d}s - e^{kt}g(t)\\ &\leqslant \left(\frac{k}{k_0}-1\right)e^{kt}g(t)\leqslant 0,\end{aligned}$$

以及

$$\begin{aligned}\left(e^{kt}\int_t^{+\infty} g(s)\mathrm{d}s\right)'' &= k^2e^{kt}\int_t^{+\infty} g(s)\mathrm{d}s - 2ke^{kt}g(t) - e^{kt}g'(t)\\ &\geqslant k^2e^{kt}\int_t^{+\infty} g(s)\mathrm{d}s + (k_0-2k)\,e^{kt}g(t)\\ &\geqslant 0,\end{aligned}$$

则应用命题 2.2 和命题 3.3 可完成证明.

(ii) 因为

$$(t+1)^{k-1}\int_t^{+\infty} g(s)\mathrm{d}s \leqslant -\frac{1}{k_0}(t+1)^{k-1}\int_t^{+\infty}(s+1)g'(s)\mathrm{d}s$$

$$\leqslant \frac{1}{k_0}(t+1)^k g(t) + \frac{1}{k_0}(t+1)^{k-1}\int_t^{+\infty} g(s)\mathrm{d}s,$$

所以

$$(t+1)^{k-1}\int_t^{+\infty} g(s)\mathrm{d}s \leqslant \frac{1}{k_0-1}(t+1)^k g(t).$$

于是

$$\left((t+1)^k\int_t^{+\infty} g(s)\mathrm{d}s\right)' = k(t+1)^{k-1}\int_t^{+\infty} g(s)\mathrm{d}s - (t+1)^k g(t)$$
$$\leqslant \frac{k}{k_0-1}(t+1)^k g(t) - (t+1)^k g(t) \leqslant 0.$$

另外

$$\left((t+1)^k\int_t^{+\infty} g(s)\mathrm{d}s\right)''$$
$$= k(k-1)(t+1)^{k-2}\int_t^{+\infty} g(s)\mathrm{d}s - 2k(t+1)^{k-1}g(t) - (t+1)^k g'(t)$$
$$\geqslant k(k-1)(t+1)^{k-2}\int_t^{+\infty} g(s)\mathrm{d}s + (k_0-2k)(t+1)^{k-1}g(t).$$

所以, 如果 $k \geqslant 1$, 容易看到 $\left((t+1)^k\int_t^{+\infty} g(s)\mathrm{d}s\right)'' \geqslant 0$.

如果 $0 < k < 1$,

$$\left((t+1)^k\int_t^{+\infty} g(s)\mathrm{d}s\right)'' \geqslant \frac{k(k-1)}{k_0-1}(t+1)^{k-1}g(t) + (k_0-2k)(t+1)^{k-1}g(t)$$
$$\geqslant \frac{(k-k_0)(k-(k_0-1))}{k_0-1}(t+1)^{k-1}g(t) \geqslant 0.$$

因此, 利用命题 2.2 和命题 3.5 完成证明. □

例 3.2 (i) 如果 $h(t) = e^{-bt}\cos(at)$, 则 $h(t)$ 是强 e^{2ct}-正定的, $0 \leqslant c < b$.

(ii) 如果 $h(t) = (t+1)^{-b}\cos(at)$ $(b > 0)$, 则 $h(t)$ 是强 $(t+2)^c$-正定的, $0 \leqslant c < b$.

证明 (i) 由命题 2.2 知, $e^{-dt}, d>0$ 是强正定的; 又由命题 3.3 知, $e^{-bt}, b>0$ 是强 e^{2ct}-正定的, $0\leqslant c<b$. 因此, 应用命题 3.9 得到 $h(t)=e^{-bt}\cos(at)$ 是强 e^{2ct}-正定的, $0\leqslant c<b$.

(ii) 类似地, 应用命题 2.2、命题 3.5 和命题 3.9 可得 $h(t)=(t+1)^{-b}\cos(at)$, $b>0$ 是强 $(t+2)^c$-正定的, $0\leqslant c<b$. □

例 3.3 (i) 如果 $g(t)=be^{-bt}\cos(at)+ae^{-bt}\sin(at)$, 则 $\displaystyle\int_t^{+\infty}g(s)\mathrm{d}s$ 是强 e^{2ct}-正定的, $0\leqslant c<b$.

(ii) 如果 $g(t)=b(t+1)^{-b-1}\cos(at)+a(t+1)^{-b}\sin(at)$, $b>0$, 则 $\displaystyle\int_t^{+\infty}g(s)\mathrm{d}s$ 是强 $(t+2)^c$-正定的, $0<c<b$.

证明 因为

$$be^{-bt}\cos(at)+ae^{-bt}\sin(at)=-(e^{-bt}\cos(at))',$$

以及

$$b(t+1)^{-b-1}\cos(at)+a(t+1)^{-b}\sin(at)=-((t+1)^{-b}\cos(at))'.$$

于是应用例 3.2 定理得证. □

最后, 我们给出一些标记:

$$G_1=\int_0^{+\infty}|g(t)|\mathrm{d}t,\qquad G_2=\int_0^{+\infty}|g'(t)|\mathrm{d}t,\qquad \widetilde{G}_{1\lambda_0}:=\int_0^{+\infty}e^{\lambda_0 s}|g(s)|\mathrm{d}s,$$

$$G_{a,\lambda}=\int_0^{+\infty}(t+a)^{\lambda}|g(t)|\mathrm{d}t,\ \text{对 } a,\ \lambda>0,$$

$$G(t)=\int_t^{+\infty}g(s)\mathrm{d}s,\ \ \widetilde{G}(t)=\int_t^{+\infty}|g(s)|\mathrm{d}s,\ \ H(t)=\int_t^{+\infty}|g'(s)|\mathrm{d}s,\ \text{对 } t\geqslant 0.$$

3.3 一些假设条件介绍

首先, 我们做如下假设:

(I_1) $\alpha\geqslant 0$ 是一个常数, A_1, A_2 是空间 H 中的正定自伴线性算子, 且满足

$$a_1\langle A_1u,u\rangle\geqslant\|u\|^2,\quad u\in\mathcal{D}(A_1);\quad a_2\langle A_2v,v\rangle\geqslant\|v\|^2,\quad v\in\mathcal{D}(A_2),$$

其中 $a_1>0$, $a_2>0$ 为常数.

(I_2) B_1, B_2 是空间 H 中的线性算子, 其定义域满足 $\mathcal{D}(B_1) \supset \mathcal{D}(\sqrt{A_1})$, $\mathcal{D}(B_2) \supset \mathcal{D}(\sqrt{A_2})$, 并成立

$$\langle B_1 u, v\rangle = \langle u, B_2 v\rangle, \qquad u \in \mathcal{D}(A_1), \quad v \in \mathcal{D}(A_2),$$

而且存在两个正常数 $\beta, \beta_1 > 0$ 成立

$$\beta\|\sqrt{A_1}u\| \leqslant \|B_1 u\| \leqslant \beta_1\|\sqrt{A_1}u\|, \quad 对 u \in \mathcal{D}(\sqrt{A_1}),$$
$$\beta\|\sqrt{A_2}v\| \leqslant \|B_2 v\| \leqslant \beta_1\|\sqrt{A_2}v\|, \quad 对 v \in \mathcal{D}(\sqrt{A_2}).$$

(I_3) $g \in L^1(0,+\infty)$ 满足

$$\int_0^{+\infty} g(t)\mathrm{d}t < 1, \quad 1 - \int_0^{+\infty} g(t)\mathrm{d}t + a_1\left(\alpha - \beta_1^2\right) > 0$$

和

$$t \mapsto \int_t^{+\infty} g(s)\mathrm{d}s \text{ 是正定的.}$$

如果函数对 (u, v)

$$u \in \ C^2([0,T);H) \cap C^1\left([0,T);[\mathcal{D}(\sqrt{A_1})]\right) \cap C([0,T);[\mathcal{D}(A_1)]),$$

$$v \in \ C^2([0,T);H) \cap C^1\left([0,T);[\mathcal{D}(\sqrt{A_2})]\right) \cap C([0,T);[\mathcal{D}(A_2)]),$$

在 $t \in [0,T)$, $T > 0$ 上满足 (3-1)-(3-4), 则称 (u, v) 为方程 (3-1)-(3-4) 在 $[0,T)$ 上的 (经典) 解.

定义 (3-1)-(3-4) 的解能量为

$$\begin{aligned} E(t) &= E_{u,v}(t) \\ &= \frac{1}{2}\|u'(t)\|^2 + \frac{1 - \int_0^{+\infty} g(s)\mathrm{d}s}{2}\|\sqrt{A_1}u(t)\|^2 \\ &\quad + \frac{1}{2}\|v'(t)\|^2 + \frac{1}{2}\|\sqrt{A_2}v(t)\|^2 + \frac{\alpha}{2}\|u(t)\|^2 \\ &\quad + \langle B_1 u(t), v(t)\rangle. \end{aligned}$$

关于存在性与正则性等定理见第 2 章内容.

3.4　多项式衰减

本节中, 我们研究系统 (3-1)-(3-4) 解能量的可积性以及多项式衰减性.

3.4.1　主要结论

首先我们加强第 3.3 节中的假设 (I_3), 另外我们再附加一个新的假设 (I_4).

(I_3') g 满足

$$\int_0^{+\infty} g(t)\mathrm{d}t < 1, \quad 1 - \int_0^{+\infty} g(t)\mathrm{d}t + a_1\left(\alpha - \beta_1^2\right) > 0,$$

$$(t+1)^{\lambda_0} g(t) \in L^1(0,+\infty), \quad (t+1)^{\lambda_0} g'(s) \in L^1(0,+\infty)$$

和

$$t \mapsto \int_t^{+\infty} g(s)\mathrm{d}s \text{ 是强 } (t+1)^{\lambda_0}\text{-正定的}, \tag{3-12}$$

其中 $\lambda_0 \geqslant 1$ 是一个正常数.

(I_4) 存在 $B_1\mathcal{D}(A_1) \cup B_2\mathcal{D}(A_2)$ 上的非负函数 P 及 H 上两个有界线性算子 Λ_i $(i=1,2)$ 使得对 $u \in \mathcal{D}(A_1)$, $v \in \mathcal{D}(A_2)$,

$$|\langle A_1 u, B_2 v\rangle - \langle B_1 u, A_2 v\rangle| \leqslant D_1\left(\|B_1 u\|\,\|B_2 v\| + P(B_1 u)P(B_2 v)\right), \tag{3-13}$$

以及对 $u \in \mathcal{D}(A_i)$, $i=1,2$,

$$P^2(B_i u) \leqslant \langle A_i u, \Lambda_i B_i u\rangle + D_2\left\|B_i u\right\|^2, \tag{3-14}$$

$$\langle u, \Lambda_i B_i u\rangle \leqslant D_2\|u\|^2, \tag{3-15}$$

其中 D_1 和 D_2 是两个正常数.

注意: 由命题 3.4 知, (3-12) 表明 $t \mapsto \int_t^{+\infty} g(s)\mathrm{d}s$ 是强正定的, 因此定理 2.1 成立. 下面我们给出我们的主要结论.

定理 3.1　假设 (I_1), (I_2), (I_3') 和 (I_4) 成立. 则对任意 $u_0 \in \mathcal{D}(A_1)$, $v_0 \in \mathcal{D}(A_2)$, $u_1 \in \mathcal{D}(\sqrt{A_1})$ 和 $v_1 \in \mathcal{D}(\sqrt{A_2})$, 系统 (3-1)-(3-4) 的解能量满足

$$E(t) \leqslant C(t+1)^{-\lambda_0}, \quad t \geqslant 0. \tag{3-16}$$

此外, 我们还有, 对 $t \geqslant 0$,

$$\int_0^{+\infty} (t+1)^{\min\{\lambda_0, 2(\lambda_0-1)\}} E(t)\mathrm{d}t \leqslant C, \tag{3-17}$$

其中 $C > 0$ 是一个常数.

此定理的证明相当长, 所以首先在下面 3.4.2 节中给出一些定理证明中需要的引理, 而关于定理的完整证明放在后面的 3.4.3 节中.

3.4.2 一些引理

引理 3.1 假设 (I_3') 成立. 则对任意 $0 \leqslant \lambda \leqslant \lambda_0$ 成立

$$(t+1)^{\lambda}E(t)+\int_0^t (s+1)^{\lambda}\left\langle \int_0^s G(s-\tau)\sqrt{A_1}u'(\tau)\mathrm{d}\tau, \sqrt{A_1}u'(s)\right\rangle \mathrm{d}s$$

$$\leqslant CE(0)+C\lambda\int_0^t (s+1)^{\lambda-1}E(s)\mathrm{d}s,\quad t\geqslant 0, \tag{3-18}$$

其中 $C>0$ 是一个常数.

证明 方程 (3-1) 和 (3-2) 各自乘以 $(t+1)^{\lambda}u'(t)$, $(t+1)^{\lambda}v'(t)$ 然后合并它们, 则可得

$$\frac{1}{2}(t+1)^{\lambda}\frac{\mathrm{d}}{\mathrm{d}t}\left\|u'(t)\right\|^2+\frac{1}{2}(t+1)^{\lambda}\frac{\mathrm{d}}{\mathrm{d}t}\left\|v'(t)\right\|^2+\frac{1}{2}(t+1)^{\lambda}\frac{\mathrm{d}}{\mathrm{d}t}\|\sqrt{A_1}u(t)\|^2$$

$$+\frac{1}{2}(t+1)^{\lambda}\frac{\mathrm{d}}{\mathrm{d}t}\|\sqrt{A_2}v(t)\|^2+\frac{\alpha}{2}(t+1)^{\lambda}\frac{\mathrm{d}}{\mathrm{d}t}\left\|u(t)\right\|^2+(t+1)^{\lambda}\frac{\mathrm{d}}{\mathrm{d}t}\left\langle B_2v(t),u(t)\right\rangle$$

$$=(t+1)^{\lambda}\left\langle \int_0^t g(t-s)\sqrt{A_1}u(s)\mathrm{d}s, \sqrt{A_1}u'(t)\right\rangle. \tag{3-19}$$

(3-19) 在 0 到 t 上积分得

$$\frac{1}{2}(t+1)^{\lambda}\left\|u'(t)\right\|^2+\frac{1}{2}(t+1)^{\lambda}\left\|v'(t)\right\|^2+\frac{1}{2}(t+1)^{\lambda}\|\sqrt{A_1}u(t)\|^2$$

$$+\frac{1}{2}(t+1)^{\lambda}\|\sqrt{A_2}v(t)\|^2+\frac{\alpha}{2}(t+1)^{\lambda}\left\|u(t)\right\|^2+(t+1)^{\lambda}\left\langle B_2v(t),u(t)\right\rangle$$

$$\leqslant C_1E(0)+\int_0^t (s+1)^{\lambda}\left\langle \int_0^s g(s-\tau)\sqrt{A_1}u(\tau)\mathrm{d}\tau, \sqrt{A_1}u'(s)\right\rangle \mathrm{d}s$$

$$+\frac{1}{2}\int_0^t \lambda(s+1)^{\lambda-1}\Big(\left\|u'(s)\right\|^2+\left\|v'(s)\right\|^2+\|\sqrt{A_1}u(s)\|^2$$

$$+\|\sqrt{A_2}v(s)\|^2+\alpha\left\|u(s)\right\|^2+2\left\langle B_2v(s),u(s)\right\rangle\Big)\mathrm{d}s. \tag{3-20}$$

另外, 由引理 2.1 我们也有

$$\int_0^t (s+1)^{\lambda}\left\langle \int_0^s g(s-\tau)\sqrt{A_1}u(\tau)\mathrm{d}\tau, \sqrt{A_1}u'(s)\right\rangle \mathrm{d}s$$

$$
\begin{aligned}
&+\int_0^t (s+1)^\lambda \left\langle \int_0^s G(s-\tau)\sqrt{A_1}u'(\tau)\mathrm{d}\tau, \sqrt{A_1}u'(s)\right\rangle \mathrm{d}s \\
=&\frac{G(0)}{2}(t+1)^\lambda\|\sqrt{A_1}u(t)\|^2+\frac{G(0)}{2}\|\sqrt{A_1}u(0)\|^2 \\
&-G(t)(t+1)^\lambda\left\langle\sqrt{A_1}u(0),\sqrt{A_1}u(t)\right\rangle-\frac{G(0)}{2}\lambda\int_0^t(s+1)^{\lambda-1}\left\|\sqrt{A_1}u(s)\right\|^2\mathrm{d}s \\
&-\int_0^t g(s)(s+1)^\lambda\left\langle\sqrt{A_1}u(0),\sqrt{A_1}u(s)\right\rangle\mathrm{d}s \\
&+\int_0^t G(s)\lambda(s+1)^{\lambda-1}\left\langle\sqrt{A_1}u(0),\sqrt{A_1}u(s)\right\rangle\mathrm{d}s. \qquad (3\text{-}21)
\end{aligned}
$$

把 (3-21) 代入 (3-20) 得到

$$
\begin{aligned}
&\frac{1}{2}(t+1)^\lambda\Big(\|u'(t)\|^2+\|v'(t)\|^2+(1-G(0))\|\sqrt{A_1}u(t)\|^2+\|\sqrt{A_2}v(t)\|^2+\alpha\|u(t)\|^2 \\
&+2\langle B_2v(t),u(t)\rangle\Big)+\int_0^t(s+1)^\lambda\left\langle\int_0^s G(s-\tau)\sqrt{A_1}u'(\tau)\mathrm{d}\tau,\sqrt{A_1}u'(s)\right\rangle\mathrm{d}s \\
\leqslant& C_1E(0)+\frac{1}{2}\int_0^t\lambda(s+1)^{\lambda-1}\Big(\|u'(s)\|^2+\|v'(s)\|^2+\|\sqrt{A_1}u(s)\|^2+\|\sqrt{A_2}v(s)\|^2 \\
&+\alpha\|u(s)\|^2+2\langle B_2v(s),u(s)\rangle\Big)\mathrm{d}s-G(t)(t+1)^\lambda\langle\sqrt{A_1}u(0),\sqrt{A_1}u(t)\rangle \\
&-\int_0^t g(s)(s+1)^\lambda\langle\sqrt{A_1}u(0),\sqrt{A_1}u(s)\rangle\mathrm{d}s \\
&+\int_0^t G(s)\lambda(s+1)^{\lambda-1}\langle\sqrt{A_1}u(0),\sqrt{A_1}u(s)\rangle\mathrm{d}s. \qquad (3\text{-}22)
\end{aligned}
$$

于是, 应用 Young 不等式, (3-22) 表明

$$
\begin{aligned}
&(t+1)^\lambda E(t)+\int_0^t(s+1)^\lambda\left\langle\int_0^s G(s-\tau)\sqrt{A_1}u'(\tau)\mathrm{d}\tau,\sqrt{A_1}u'(s)\right\rangle\mathrm{d}s \\
\leqslant& CE(0)+C\lambda\int_0^t\lambda(s+1)^{\lambda-1}E(s)\mathrm{d}s \\
&+\frac{1}{2}|G(t)(t+1)^\lambda|\left(\|\sqrt{A_1}u(0)\|^2+\|\sqrt{A_1}u(t)\|^2\right)
\end{aligned}
$$

$$+\frac{1}{2}\int_0^t |g(s)(s+1)^\lambda| \left(\|\sqrt{A_1}u(0)\|^2 + \|\sqrt{A_1}u(s)\|^2\right) \mathrm{d}s$$

$$+\frac{1}{2}\int_0^t |G(s)\lambda(s+1)^{\lambda-1}| \left(\|\sqrt{A_1}u(0)\|^2 + \|\sqrt{A_1}u(s)\|^2\right) \mathrm{d}s. \tag{3-23}$$

由假设 (I_3') 易得, $(t+1)^\lambda g(t), (t+1)^{\lambda-1}G(t) \in L^1(0,+\infty)$ 和 $(t+1)^\lambda G(t)$ 是有界的, $\lambda \leqslant \lambda_0$. 因此, 这与 (3-23) 和 $\|\sqrt{A_1}u(s)\|^2 \leqslant CE(0)$ 一起可以得到估计 (3-18). □

接下来, 由定理 2.2 知, 关于时间变量 t 微分系统 (3-1)-(3-2) 可得

$$u'''(t) + A_1u'(t) - g(t)A_1u(0) - \int_0^t g(t-s)A_1u'(s)\mathrm{d}s + \alpha u'(t) + B_2v'(t) = 0, \tag{3-24}$$

$$v'''(t) + A_2v'(t) + B_1u'(t) = 0. \tag{3-25}$$

可以看到, 上述系统 (3-24)-(3-25) 与原系统 (3-1)-(3-2) 类似.

定义高阶能量

$$E_2(t) := E(u'(t), v'(t), t), \quad \widetilde{E}_2(t) := \widetilde{E}(u'(t), v'(t), t). \tag{3-26}$$

由假设 (I_3') 知, 存在两个常数 $c_0, c_1 > 0$ 使得下面不等式成立

$$0 \leqslant c_0\widetilde{E}_2(t) \leqslant E_2(t) \leqslant c_1\widetilde{E}_2(t), \quad t \geqslant 0. \tag{3-27}$$

于是我们有下述引理.

引理 3.2 假设 (I_3') 成立. 则对任意 $0 \leqslant \lambda \leqslant \lambda_0$, 成立

$$(t+1)^\lambda E_2(t) + \int_0^t (s+1)^\lambda \left\langle \int_0^s G(s-\tau)\sqrt{A_1}u''(\tau)\mathrm{d}\tau, \sqrt{A_1}u''(s) \right\rangle \mathrm{d}s$$

$$\leqslant C + C\lambda\int_0^t (s+1)^{\lambda-1}E_2(s)\mathrm{d}s, \quad t \geqslant 0, \tag{3-28}$$

其中 $C > 0$ 是一个常数.

证明 分别选取 $u''(t), v''(t)$ 作为方程 (3-24), (3-25) 的乘子, 然后在 0 到 t 上积分可得

$$\frac{1}{2}\|u''(t)\|^2 + \frac{1}{2}\|v''(t)\|^2 + \frac{1}{2}\|\sqrt{A_1}u'(t)\|^2 + \frac{1}{2}\|\sqrt{A_2}v'(t)\|^2 + \langle B_1u'(t), v'(t)\rangle$$

$$
\begin{aligned}
&= \frac{1}{2}\|u''(0)\|^2 + \frac{1}{2}\|v''(0)\|^2 + \frac{1}{2}\|\sqrt{A_1}u'(0)\|^2 + \frac{1}{2}\|\sqrt{A_2}v'(0)\|^2 + \langle B_1u'(0), v'(0)\rangle \\
&\quad + \int_0^t \langle g * \sqrt{A_1}u'(s), \sqrt{A_1}u''(s)\rangle \mathrm{d}s + \int_0^t \langle g(s)A_1u(0), u''(s)\rangle \,\mathrm{d}s,
\end{aligned}
$$

应用引理 2.1 和 Young 不等式可得

$$
\begin{aligned}
& E_2(t) + \int_0^t \langle G * \sqrt{A_1}u''(s), \sqrt{A_1}u''(s)\rangle \mathrm{d}s \\
\leqslant & C - G(t)\langle \sqrt{A_1}u'(0), \sqrt{A_1}u'(t)\rangle - \int_0^t g(s)\langle \sqrt{A_1}u'(0), \sqrt{A_1}u'(s)\rangle \mathrm{d}s \\
& + \int_0^t \langle g(s)A_1u(0), u''(s)\rangle \,\mathrm{d}s \\
\leqslant & C + \frac{c_0}{2}\widetilde{E}_2(t) + \int_0^t |g(s)|\widetilde{E}_2(s)\mathrm{d}s.
\end{aligned}
$$

因为 $G(t)$ 是正定的并且注意到 (3-27), 我们有

$$
\widetilde{E}_2(t) \leqslant C + C\int_0^t |g(s)|\widetilde{E}_2(s)\mathrm{d}s,
$$

应用 Gronwall 不等式得到 $\widetilde{E}_2(t)$ 有界. 即存在常数 $C>0$, 成立

$$
\|u''(t)\|^2, \|v''(t)\|^2, \|\sqrt{A_1}u'(t)\|^2, \|\sqrt{A_2}v'(t)\|^2 \leqslant C, \tag{3-29}
$$

与引理 3.1 的证明过程类似, 方程 (3-24)-(3-25) 分别乘以 $(t+1)^\lambda u''(t)$, $(t+1)^\lambda v''(t)$ 并且再由 0 到 t 上积分, 则可获得估计 (3-28) . □

引理 3.3 假设 (I_3') 成立. 则对任意 $0 \leqslant \lambda \leqslant \lambda_0$, 成立

$$
\begin{aligned}
& (t+1)^\lambda \left(E(t) + E_2(t)\right) + \int_0^t (s+1)^\lambda \|\sqrt{A_1}u'(s)\|^2 \mathrm{d}s \\
\leqslant & C + C\lambda\int_0^t (s+1)^{\lambda-1}\left(\|\sqrt{A_1}u(s)\|^2 + \|\sqrt{A_2}v(s)\|^2\right)\mathrm{d}s \\
& + C\lambda\int_0^t (s+1)^{\lambda-1}\left(\|u''(s)\|^2 + \|v''(s)\|^2 + \|\sqrt{A_2}v'(s)\|^2\right)\mathrm{d}s, \quad t \geqslant 0,
\end{aligned} \tag{3-30}
$$

其中 $C>0$ 是一个常数.

证明 由 (3-18), (3-28) 和命题 3.7 可得

$$(t+1)^{\lambda}\left(E(t)+E_2(t)\right)+\int_0^t (s+1)^{\lambda}\|\sqrt{A_1}u'(s)\|^2\mathrm{d}s$$
$$\leqslant C+C\lambda\int_0^t (s+1)^{\lambda-1}\left(E(s)+E_2(s)\right)\mathrm{d}s. \tag{3-31}$$

再应用假设 (I_1) 以及 (3-31) 可得

$$(t+1)^{\lambda}\left(E(t)+E_2(t)\right)+\int_0^t (s+1)^{\lambda}\|\sqrt{A_1}u'(s)\|^2\mathrm{d}s$$
$$\leqslant C+C\lambda\int_0^t (s+1)^{\lambda-1}\left(\|\sqrt{A_1}u(s)\|^2+\|\sqrt{A_2}v(s)\|^2\right)\mathrm{d}s$$
$$+C\lambda\int_0^t (s+1)^{\lambda-1}\left(\|u''(s)\|^2+\|v''(s)\|^2+\|\sqrt{A_2}v'(s)\|^2\right)\mathrm{d}s$$
$$+C\lambda\int_0^t (s+1)^{\lambda-1}\|\sqrt{A_1}u'(s)\|^2\mathrm{d}s. \tag{3-32}$$

于是, 这将帮助我们完成证明. □

引理 3.4 假设 (I_3') 成立. 则对任意 $0\leqslant\lambda\leqslant\lambda_0$, 成立

$$\int_0^t (s+1)^{\lambda}\|\sqrt{A_2}v'(s)\|^2\mathrm{d}s$$
$$\leqslant C+C(t+1)^{\lambda}\left(E_2(t)+\int_0^t |g(t-s)|\|\sqrt{A_1}u'(s)\|^2\mathrm{d}s\right)$$
$$+C\int_0^t (s+1)^{\lambda-1}E_2(s)\mathrm{d}s+\frac{1}{8}\int_0^t (s+1)^{\lambda}\|v''(s)\|^2\mathrm{d}s$$
$$+C\int_0^t (s+1)^{\lambda}\left(\|u''(s)\|^2+\|\sqrt{A_1}u'(s)\|^2\right)\mathrm{d}s,\quad t\geqslant 0, \tag{3-33}$$

其中 $C>0$ 是一个常数.

证明 首先, 记

$$F(t)=\langle u''(t),B_2v'(t)\rangle-\left\langle\left(1-\int_0^t g(s)\mathrm{d}s\right)B_1u'(t),v''(t)\right\rangle$$
$$-\left\langle\int_0^t g(t-s)\left(B_1u'(t)-B_1u'(s)\right)\mathrm{d}s,v''(t)\right\rangle. \tag{3-34}$$

于是, 由 (3-24), (3-25) 以及假设 (I_2) 得到

$$
\begin{aligned}
\frac{\mathrm{d}}{\mathrm{d}t}F(t) = &-\|B_2v'(t)\|^2 - \alpha\langle u'(t), B_2v'(t)\rangle + g(t)\langle A_1u(0), B_2v'(t)\rangle + \|B_1u'(t)\|^2 \\
&-\left\langle \int_0^t g(t-s)B_1u'(s)\mathrm{d}s, B_1u'(t)\right\rangle + g(t)\langle B_1u'(t), v''(t)\rangle \\
&-\left\langle \int_0^t g'(t-s)(B_1u'(t)-B_1u'(s))\mathrm{d}s, v''(t)\right\rangle + \Psi,
\end{aligned}
\tag{3-35}
$$

其中

$$
\begin{aligned}
\Psi(t) := &\left\langle B_1u'(t) - \int_0^t g(t-s)B_1u'(s)\mathrm{d}s, A_2v'(t)\right\rangle \\
&-\left\langle A_1u'(t) - \int_0^t g(t-s)A_1u'(s)\mathrm{d}s, B_2v'(t)\right\rangle.
\end{aligned}
$$

因此, (3-35) 从 0 到 t 积分并且应用 Young 不等式可以导出

$$
\begin{aligned}
&\int_0^t (s+1)^\lambda \|B_2v'(s)\|^2 \mathrm{d}s \\
\leqslant\ &|F(0)|+(t+1)^\lambda|F(t)|+\lambda\int_0^t (s+1)^{\lambda-1}|F(s)|\mathrm{d}s+\zeta_1\int_0^t (s+1)^\lambda \|B_2v'(s)\|^2\mathrm{d}s \\
&+\frac{\alpha^2}{4\zeta_1}\int_0^t (s+1)^\lambda\|u'(s)\|^2\mathrm{d}s + \int_0^t (s+1)^\lambda\|B_1u'(s)\|^2\mathrm{d}s \\
&+\frac{1}{2}\int_0^t (s+1)^\lambda|g(s)|\left(\|A_1u(0)\|^2+\|B_2v'(s)\|^2+\|B_1u'(s)\|^2+\|v''(s)\|^2\right)\mathrm{d}s \\
&+\frac{1}{2}\int_0^t (s+1)^\lambda\left\|\int_0^s g(s-\tau)B_1u'(\tau)\mathrm{d}\tau\right\|^2\mathrm{d}s + \frac{1}{2}\int_0^t (s+1)^\lambda\|B_1u'(s)\|^2\mathrm{d}s \\
&+\frac{1}{4\zeta_2}\int_0^t (s+1)^\lambda\left\|\int_0^s g'(s-\tau)\left(B_1u'(s)-B_1u'(\tau)\right)\mathrm{d}\tau\right\|^2\mathrm{d}s \\
&+\zeta_2\int_0^t (s+1)^\lambda\|v''(s)\|^2\mathrm{d}s + \int_0^t (s+1)^\lambda|\Psi(s)|\mathrm{d}s.
\end{aligned}
\tag{3-36}
$$

由定义容易验证

$$
|F(t)| \leqslant C\left(E_2(t) + \int_0^t |g(t-s)|\,\|B_1u'(s)\|^2\mathrm{d}s\right),
$$

上式结合 (3-36) 导出

$$
\begin{aligned}
&\int_0^t (s+1)^\lambda \|B_2 v'(s)\|^2 \mathrm{d}s \\
\leqslant\ & C+C(t+1)^\lambda \left(E_2(t)+\int_0^t |g(t-s)|\,\|B_1 u'(s)\|^2 \mathrm{d}s\right)+C\int_0^t (s+1)^{\lambda-1}E_2(s)\mathrm{d}s \\
&+\zeta_1 \int_0^t (s+1)^\lambda \|B_2 v'(s)\|^2 \mathrm{d}s+\zeta_2 \int_0^t (s+1)^\lambda \|v''(s)\|^2 \mathrm{d}s \\
&+C(\zeta_1,\zeta_2)\int_0^t (s+1)^\lambda \|B_1 u'(s)\|^2 \mathrm{d}s+\int_0^t (s+1)^\lambda |\Psi(s)|\mathrm{d}s. \qquad (3\text{-}37)
\end{aligned}
$$

另一方面, 由假设 (I_4) 有

$$
\begin{aligned}
&\int_0^t (s+1)^\lambda |\Psi(s)|\mathrm{d}s \\
\leqslant\ & D_1 \int_0^t (s+1)^\lambda \left\|B_1 u'(s)-\int_0^s g(s-\tau)B_1 u'(\tau)\mathrm{d}\tau\right\| \|B_2 v'(s)\| \mathrm{d}s \\
&+D_1 \int_0^t (s+1)^\lambda P\left(B_1 u'(s)-\int_0^s g(s-\tau)B_1 u'(\tau)\mathrm{d}\tau\right) P\left(B_2 v'(s)\right)\mathrm{d}s \\
\leqslant\ & \frac{D_1^2}{4\xi_1}\int_0^t (s+1)^\lambda \left\|B_1 u'(s)-\int_0^s g(s-\tau)B_1 u'(\tau)\mathrm{d}\tau\right\|^2 \mathrm{d}s \\
&+\xi_1 \int_0^t (s+1)^\lambda \|B_2 v'(s)\|^2 \mathrm{d}s+\frac{D_1}{4\xi_2}\int_0^t (s+1)^\lambda P^2\left(B_2 v'(s)\right)\mathrm{d}s \\
&+D_1\xi_2 \int_0^t (s+1)^\lambda P^2\left(B_1 u'(s)-\int_0^s g(s-\tau)B_1 u'(\tau)\mathrm{d}\tau\right)\mathrm{d}s \\
\leqslant\ & \xi_1 \int_0^t (s+1)^\lambda \|B_2 v'(s)\|^2 \mathrm{d}s+C(\xi_1)\int_0^t (s+1)^\lambda \|B_1 u'(s)\|^2 \mathrm{d}s \\
&+D_1\xi_2 \int_0^t (s+1)^\lambda P^2\left(B_1 u'(s)-\int_0^s g(s-\tau)B_1 u'(\tau)\mathrm{d}\tau\right)\mathrm{d}s \\
&+\frac{D_1}{4\xi_2}\int_0^t (s+1)^\lambda P^2\left(B_2 v'(s)\right)\mathrm{d}s. \qquad (3\text{-}38)
\end{aligned}
$$

此外, 由假设 (I_4) 也有

$$
\int_0^t (s+1)^\lambda P^2\left(B_1 u'(s)-\int_0^s g(s-\tau)B_1 u'(\tau)\mathrm{d}\tau\right)\mathrm{d}s
$$

$$
\begin{aligned}
&\leqslant D_2 \int_0^t (s+1)^\lambda \left\| B_1 u'(s) - \int_0^s g(s-\tau) B_1 u'(\tau) \mathrm{d}\tau \right\|^2 \mathrm{d}s \\
&\quad + \int_0^t (s+1)^\lambda \Big\langle A_1 u'(s) - \int_0^s g(s-\tau) A_1 u'(\tau) \mathrm{d}\tau, \\
&\quad \Lambda_1 \left(B_1 u'(s) - \int_0^s g(s-\tau) B_1 u'(\tau) \mathrm{d}\tau \right) \Big\rangle \mathrm{d}s \\
&\leqslant C \int_0^t (s+1)^\lambda \left\| B_1 u'(s) \right\|^2 \mathrm{d}s \\
&\quad - \int_0^t (s+1)^\lambda \Big\langle u'''(s), \Lambda_1 \left(B_1 u'(s) - \int_0^s g(s-\tau) B_1 u'(\tau) \mathrm{d}\tau \right) \Big\rangle \mathrm{d}s \\
&\quad + \int_0^t (s+1)^\lambda \Big\langle g(s) A_1 u(0), \Lambda_1 \left(B_1 u'(s) - \int_0^s g(s-\tau) B_1 u'(\tau) \mathrm{d}\tau \right) \Big\rangle \mathrm{d}s \\
&\quad - \int_0^t (s+1)^\lambda \Big\langle \alpha u'(s) + B_2 v'(s), \Lambda_1 \left(B_1 u'(s) - \int_0^s g(s-\tau) B_1 u'(\tau) \mathrm{d}\tau \right) \Big\rangle \mathrm{d}s \\
&\leqslant C + \xi_3 \int_0^t (s+1)^\lambda \left\| B_2 v'(s) \right\|^2 \mathrm{d}s + C(\xi_3) \int_0^t (s+1)^\lambda \left\| B_1 u'(s) \right\|^2 \mathrm{d}s \\
&\quad - (s+1)^\lambda \Big\langle u''(s), \Lambda_1 \left(B_1 u'(s) - \int_0^s g(s-\tau) B_1 u'(\tau) \mathrm{d}\tau \right) \Big\rangle_0^t \\
&\quad + \lambda \int_0^t (s+1)^{\lambda-1} \Big\langle u''(s), \Lambda_1 \left(B_1 u'(s) - \int_0^s g(s-\tau) B_1 u'(\tau) \mathrm{d}\tau \right) \Big\rangle \mathrm{d}s \\
&\quad + \int_0^t (s+1)^\lambda \left\langle u''(s), \Lambda_1 B_1 u''(s) \right\rangle \mathrm{d}s \\
&\quad + \int_0^t (s+1)^\lambda \Big\langle u''(s), \Lambda_1 \Big(\int_0^s g'(s-\tau) \left(B_1 u'(s) - B_1 u'(\tau) \right) \mathrm{d}\tau - g(s) B_1 u'(s) \Big) \Big\rangle \mathrm{d}s \\
&\leqslant C + C(t+1)^\lambda \left(\left\| u''(t) \right\|^2 + \left\| B_1 u'(t) \right\|^2 + \int_0^t |g(t-s)| \left\| B_1 u'(s) \right\|^2 \mathrm{d}s \right) \\
&\quad + \xi_3 \int_0^t (s+1)^\lambda \left\| B_2 v'(s) \right\|^2 \mathrm{d}s \\
&\quad + C(\xi_3) \int_0^t (s+1)^\lambda \left(\left\| u''(s) \right\|^2 + \left\| B_1 u'(s) \right\|^2 \right) \mathrm{d}s
\end{aligned}
\tag{3-39}
$$

和

$$
\int_0^t (s+1)^\lambda P^2 \left(B_2 v'(s) \right) \mathrm{d}s
$$

$$
\begin{aligned}
&\leqslant D_2\int_0^t(s+1)^\lambda\left\|B_2v'(s)\right\|^2\mathrm{d}s+\int_0^t(s+1)^\lambda\left\langle A_2v'(s),\Lambda_2B_2v'(s)\right\rangle\mathrm{d}s\\
&\leqslant D_2\int_0^t(s+1)^\lambda\left\|B_2v'(s)\right\|^2\mathrm{d}s-\int_0^t(s+1)^\lambda\left\langle v'''(s),\Lambda_2B_2v'(s)\right\rangle\mathrm{d}s\\
&\quad-\int_0^t(s+1)^\lambda\left\langle B_1u'(s),\Lambda_2B_2v'(s)\right\rangle\mathrm{d}s\\
&\leqslant D_2\int_0^t(s+1)^\lambda\left\|B_2v'(s)\right\|^2\mathrm{d}s-(s+1)^\lambda\left\langle v''(s),\Lambda_2B_2v'(s)\right\rangle_0^t\\
&\quad+\lambda\int_0^t(s+1)^{\lambda-1}\left\langle v''(s),\Lambda_2B_2v'(s)\right\rangle\mathrm{d}s+\int_0^t(s+1)^\lambda\left\langle v''(s),\Lambda_2B_2v''(s)\right\rangle\mathrm{d}s\\
&\quad-\int_0^t(s+1)^\lambda\left\langle B_1u'(s),\Lambda_2B_2v'(s)\right\rangle\mathrm{d}s\\
&\leqslant C+C(t+1)^\lambda\left(\left\|v''(t)\right\|^2+\left\|B_2v'(t)\right\|^2\right)+(D_2+\xi_4)\int_0^t(s+1)^\lambda\left\|B_2v'(s)\right\|^2\mathrm{d}s\\
&\quad+C(\xi_4)\int_0^t(s+1)^\lambda\left\|B_1u'(s)\right\|^2\mathrm{d}s+C\int_0^t(s+1)^{\lambda-1}\left(\left\|v''(s)\right\|^2+\left\|B_2v'(s)\right\|^2\right)\mathrm{d}s\\
&\quad+D_2\int_0^t(s+1)^\lambda\left\|v''(s)\right\|^2\mathrm{d}s. \qquad (3\text{-}40)
\end{aligned}
$$

把 (3-39), (3-40) 两式代入 (3-38) 得到

$$
\begin{aligned}
&\int_0^t(s+1)^\lambda|\Psi(s)|\mathrm{d}s\\
&\leqslant C+C(t+1)^\lambda\left(E_2(t)+\int_0^t|g(t-s)|\left\|B_1u'(s)\right\|^2\mathrm{d}s\right)\\
&\quad+\left(\xi_1+D_1\xi_2\xi_3+\frac{D_1}{4\xi_2}(D_2+\xi_4)\right)\int_0^t(s+1)^\lambda\left\|B_2v'(s)\right\|^2\mathrm{d}s\\
&\quad+\left(\frac{D_1}{4\xi_2}D_2\right)\int_0^t(s+1)^\lambda\left\|v''(s)\right\|^2\mathrm{d}s\\
&\quad+C(\xi_1,\xi_2,\xi_3,\xi_4)\int_0^t(s+1)^\lambda\left(\left\|u''(s)\right\|^2+\left\|B_2u'(s)\right\|^2\right)\mathrm{d}s\\
&\quad+C\int_0^t(s+1)^{\lambda-1}\left(\left\|v''(s)\right\|^2+\left\|B_2v'(s)\right\|^2\right)\mathrm{d}s, \qquad (3\text{-}41)
\end{aligned}
$$

上式与 (3-37) 导出

$$
\begin{aligned}
&\int_0^t (s+1)^\lambda \left\|B_2 v'(s)\right\|^2 \mathrm{d}s \\
\leqslant\ & C+C(t+1)^\lambda\left(E_2(t)+\int_0^t |g(t-s)| \left\|B_1 u'(s)\right\|^2 \mathrm{d}s\right)+C\int_0^t (s+1)^{\lambda-1}E_2(s)\mathrm{d}s \\
&+\left(\zeta_1+\xi_1+D_1\xi_2\xi_3+\frac{D_1}{4\xi_2}\left(D_2+\xi_4\right)\right)\int_0^t (s+1)^\lambda \left\|B_2 v'(s)\right\|^2 \mathrm{d}s \\
&+\left(\zeta_2+\frac{D_1}{4\xi_2}D_2\right)\int_0^t (s+1)^\lambda \left\|v''(s)\right\|^2 \mathrm{d}s \\
&+C\left(\zeta_1,\zeta_2,\xi_1,\xi_2,\xi_3,\xi_4\right)\int_0^t (s+1)^\lambda\left(\left\|u''(s)\right\|^2+\left\|B_2 u'(s)\right\|^2\right)\mathrm{d}s. \qquad (3\text{-}42)
\end{aligned}
$$

取

$$
\zeta_1=\frac{1}{8},\quad \zeta_2=\frac{\beta^2}{32},\quad \xi_1=\frac{1}{8},\quad \xi_2=\frac{D_1D_2}{\min\left\{\dfrac{1}{4},\dfrac{\beta^2}{8}\right\}},\quad \xi_3=\frac{1}{8D_1\xi_2},\quad \xi_4=D_2,
$$

于是 (3-42) 推出

$$
\begin{aligned}
&\int_0^t (s+1)^\lambda \left\|B_2 v'(s)\right\|^2 \mathrm{d}s \\
\leqslant\ & C+C(t+1)^\lambda\left(E_2(t)+\int_0^t |g(t-s)| \left\|B_1 u'(s)\right\|^2 \mathrm{d}s\right) \\
&+C\int_0^t (s+1)^{\lambda-1}E_2(s)\mathrm{d}s+\frac{\beta^2}{8}\int_0^t (s+1)^\lambda \left\|v''(s)\right\|^2 \mathrm{d}s \\
&+C\int_0^t (s+1)^\lambda\left(\left\|u''(s)\right\|^2+\left\|B_2 u'(s)\right\|^2\right)\mathrm{d}s, \qquad (3\text{-}43)
\end{aligned}
$$

这些与假设 (I_2) 一起完成证明. □

引理 3.5 假设 (I_3') 成立. 则对任意 $0\leqslant\lambda\leqslant\min\{\lambda_0, 2(\lambda_0-1)\}, \lambda_0\geqslant 1$, 成立

$$
\begin{aligned}
&\int_0^t (s+1)^\lambda\left(\|\sqrt{A_1}u(s)\|^2+\|\sqrt{A_2}v(s)\|^2\right)\mathrm{d}s \\
\leqslant\ & CE(0)+C(t+1)^\lambda E(t) \\
&+C\int_0^t (s+1)^\lambda\left(\|\sqrt{A_1}u'(s)\|^2+\|\sqrt{A_1}v'(s)\|^2\right)\mathrm{d}s,\quad t\geqslant 0, \qquad (3\text{-}44)
\end{aligned}
$$

其中 $C>0$ 是一个常数.

证明 由 (3-1)-(3-2) 我们有

$$
\begin{aligned}
&\frac{\mathrm{d}}{\mathrm{d}t}\left(\langle u'(t),u(t)\rangle+\langle v'(t),v(t)\rangle\right)\\
=&\langle u''(t),u(t)\rangle+\|u'(t)\|^2+\langle v''(t),v(t)\rangle+\|v'(t)\|^2\\
=&-\left(\|\sqrt{A_1}u(t)\|^2+\|\sqrt{A_2}v(t)\|^2+\alpha\|u(t)\|^2+2\langle B_1u(t),v(t)\rangle\right)\\
&+\|u'(t)\|^2+\|v'(t)\|^2+\left\langle\int_0^t g(t-s)\sqrt{A_1}u(s)\mathrm{d}s,\sqrt{A_1}u(t)\right\rangle\\
=&-\left((1-G(0))\|\sqrt{A_1}u(t)\|^2+\|\sqrt{A_2}v(t)\|^2+\alpha\|u(t)\|^2+2\langle B_1u(t),v(t)\rangle\right)\\
&+\|u'(t)\|^2+\|v'(t)\|^2-\langle G*\sqrt{A_1}u'(t),\sqrt{A_1}u(t)\rangle\\
&-G(t)\langle\sqrt{A_1}u(0),\sqrt{A_1}u(t)\rangle.
\end{aligned}
\tag{3-45}
$$

此外, 利用 [181, Equation (2.13)] 可得, 存在 $\mu>0$ 使得下式成立,

$$
\begin{aligned}
&(1-G(0))\|\sqrt{A_1}u(t)\|^2+\frac{\alpha}{2}\|u(t)\|^2+\frac{1}{2}\|\sqrt{A_2}v(t)\|^2+\langle B_1u(t),v(t)\rangle\\
\geqslant&\mu\left(\|\sqrt{A_1}u(t)\|^2+\|\sqrt{A_1}u(t)\|^2\right).
\end{aligned}
\tag{3-46}
$$

利用 Young 不等式, 则 (3-45) 和 (3-46) 推出

$$
\begin{aligned}
&\frac{\mathrm{d}}{\mathrm{d}t}\left(\langle u'(t),u(t)\rangle+\langle v'(t),v(t)\rangle\right)\\
\leqslant&-\mu\left(\|\sqrt{A_1}u(t)\|^2+\|\sqrt{A_1}v(t)\|^2\right)+\|u'(t)\|^2+\|v'(t)\|^2\\
&+\frac{\mu}{2}\|\sqrt{A_1}u(t)\|^2+\frac{1}{\mu}\|G*\sqrt{A_1}u'(t)\|^2+\frac{G^2(t)}{\mu}\|\sqrt{A_1}u(0)\|^2\\
\leqslant&-\frac{\mu}{2}\left(\|\sqrt{A_1}u(t)\|^2+\|\sqrt{A_2}v(t)\|^2\right)+\|u'(t)\|^2+\|v'(t)\|^2\\
&+\frac{1}{\mu}\|G*\sqrt{A_1}u'(t)\|^2+\frac{G^2(t)}{\mu}\|\sqrt{A_1}u(0)\|^2.
\end{aligned}
\tag{3-47}
$$

因此, (3-47) 乘以 $(t+1)^\lambda$, 然后积分可得

$$
\begin{aligned}
&\int_0^t(s+1)^\lambda\left(\|\sqrt{A_1}u(s)\|^2+\|\sqrt{A_2}v(s)\|^2\right)\mathrm{d}s\\
\leqslant&CE(0)+C(t+1)^\lambda E(t)+C\int_0^t(s+1)^\lambda\left(\|u'(s)\|^2+\|v'(s)\|^2\right)\mathrm{d}s
\end{aligned}
$$

$$+C\int_0^t \lambda(s+1)^{\lambda-1}\left(\|u'(s)\|^2+\|v'(s)\|^2+\|\sqrt{A_1}u(s)\|^2+\|\sqrt{A_2}v(s)\|^2\right)\mathrm{d}s$$
$$+C\int_0^t (s+1)^{\lambda}\|G*\sqrt{A_1}u'(s)\|^2\mathrm{d}s+CE(0)\int_0^t (s+1)^{\lambda}G^2(s)\mathrm{d}s. \tag{3-48}$$

此外,

$$\begin{aligned}\int_0^{+\infty}(t+1)^{\lambda_0-1}|G(t)|\mathrm{d}t &\leqslant \int_0^{+\infty}\int_t^{+\infty}(t+1)^{\lambda_0-1}|g(s)|\mathrm{d}s\mathrm{d}t\\ &\leqslant \int_0^{+\infty}\int_0^{s}(t+1)^{\lambda_0-1}|g(s)|\mathrm{d}t\mathrm{d}s\\ &\leqslant \frac{1}{\lambda_0}\int_0^{+\infty}(s+1)^{\lambda_0}|g(s)|\mathrm{d}s\\ &\leqslant CG_{\lambda_0}.\end{aligned} \tag{3-49}$$

因此可得

$$\|G*\sqrt{A_1}u'(s)\|^2\leqslant C\int_0^s (s-\tau+1)^{1-\lambda_0}|G(s-\tau)|\|\sqrt{A_1}u'(\tau)\|^2\mathrm{d}\tau. \tag{3-50}$$

另外, 如果 $\lambda_0\geqslant 1$, 可取 $\lambda\leqslant 2(\lambda_0-1)$, 则有

$$\begin{aligned}&\int_0^t (s+1)^{\lambda}\|G*\sqrt{A_1}u'(s)\|^2\mathrm{d}s\\ \leqslant\ & C\int_0^t\int_0^s (s-\tau+1)^{\lambda-\lambda_0+1}|G(s-\tau)|(\tau+1)^{\lambda}\|\sqrt{A_1}u'(\tau)\|^2\mathrm{d}\tau\mathrm{d}s\\ \leqslant\ & C\int_0^t\int_\tau^t (s-\tau+1)^{\lambda_0-1}|G(s-\tau)|(\tau+1)^{\lambda}\|\sqrt{A_1}u'(\tau)\|^2\mathrm{d}s\mathrm{d}\tau\\ \leqslant\ & C\int_0^t (s+1)^{\lambda}\|\sqrt{A_1}u'(s)\|^2\mathrm{d}s.\end{aligned} \tag{3-51}$$

如果 $\lambda_0\geqslant 1$, 可取 $\lambda\leqslant 2\lambda_0-1$, 则 $(s+1)^{\lambda+1-\lambda_0}|G(s)|$ 有界, 所以

$$\begin{aligned}\int_0^{+\infty}(s+1)^{\lambda}G^2(s)\mathrm{d}s &= \int_0^{+\infty}(s+1)^{\lambda+1-\lambda_0}|G(s)|(s+1)^{\lambda_0-1}|G(s)|\mathrm{d}s\\ &\leqslant C\int_0^{+\infty}(s+1)^{\lambda_0-1}|G(s)|\mathrm{d}s\leqslant C.\end{aligned} \tag{3-52}$$

最后, 合并 (3-48)-(3-52) 将得到 (3-44) . 证毕. □

3.4.3 定理 3.1 的证明

证明 证明分为五步:

步骤 1. 由(3-24) 直接计算可得

$$
\begin{aligned}
&\int_0^t (s+1)^\lambda \left\|u''(s)\right\|^2 \mathrm{d}s \\
=&\int_0^t (s+1)^\lambda \left\langle u''(s), u''(s)\right\rangle \mathrm{d}s \\
=&(s+1)^\lambda \left\langle u''(s), u'(s)\right\rangle_0^t - \lambda \int_0^t (s+1)^{\lambda-1} \left\langle u''(s), u'(s)\right\rangle \mathrm{d}s \\
&-\int_0^t (s+1)^\lambda \left\langle u'''(s), u'(s)\right\rangle \mathrm{d}s \\
=&(s+1)^\lambda \left\langle u''(s), u'(s)\right\rangle_0^t - \lambda \int_0^t (s+1)^{\lambda-1} \left\langle u''(s), u'(s)\right\rangle \mathrm{d}s \\
&+\int_0^t (s+1)^\lambda \left\langle A_1u'(s) - g(s)A_1(0) - g * A_1u'(s) + \alpha u'(s) + B_2v'(s), u'(s)\right\rangle \mathrm{d}s \\
\leqslant& C + C(t+1)^\lambda E_2(t) + C\int_0^t (s+1)^{\lambda-1} E_2(s)\mathrm{d}s \\
&+\varepsilon \int_0^t (s+1)^\lambda \|\sqrt{A_2}v'(s)\|^2 \mathrm{d}s + C(\varepsilon)\int_0^t (s+1)^\lambda \|\sqrt{A_1}u'(s)\|^2 \mathrm{d}s.
\end{aligned} \tag{3-53}
$$

类似地, 由 (3-25) 可得

$$
\begin{aligned}
&\int_0^t (s+1)^\lambda \left\|v''(s)\right\|^2 \mathrm{d}s \\
\leqslant& C + C(t+1)^\lambda E_2(t) + C\int_0^t (s+1)^{\lambda-1} E_2(s)\mathrm{d}s \\
&+\frac{5}{4}\int_0^t (s+1)^\lambda \|\sqrt{A_2}v'(s)\|^2 \mathrm{d}s + C\int_0^t (s+1)^\lambda \|\sqrt{A_1}u'(s)\|^2 \mathrm{d}s.
\end{aligned} \tag{3-54}
$$

步骤 2. 应用 (3-53), (3-54) 和引理 3.4 有

$$
\begin{aligned}
&\int_0^t (s+1)^\lambda \left(k\left\|u''(s)\right\|^2 + \left\|v''(s)\right\|^2 + 2\|\sqrt{A_2}v'(s)\|^2\right) \mathrm{d}s \\
\leqslant& C(k) + C(k)(t+1)^\lambda \left(E_2(t) + \int_0^t |g(t-s)|\|\sqrt{A_1}u'(s)\|^2 \mathrm{d}s\right)
\end{aligned}
$$

$$
\begin{aligned}
&+C(k)\int_0^t (s+1)^{\lambda-1}E_2(s)\mathrm{d}s+\left(\frac{5}{4}+k\varepsilon\right)\int_0^t (s+1)^{\lambda}\|\sqrt{A_2}v'(s)\|^2\mathrm{d}s\\
&+C(k,\varepsilon)\int_0^t (s+1)^{\lambda}\|\sqrt{A_1}u'(s)\|^2\mathrm{d}s\\
&+\frac{1}{4}\int_0^t (s+1)^{\lambda}\left\|v''(s)\right\|^2\mathrm{d}s+\bar{C}\int_0^t (s+1)^{\lambda}\left\|u''(s)\right\|^2\mathrm{d}s.
\end{aligned}
$$

因此, 选取 $k=\bar{C}+1$, $\varepsilon=\dfrac{1}{4k}$ 得到

$$
\begin{aligned}
&\int_0^t (s+1)^{\lambda}\left(\left\|u''(s)\right\|^2+\left\|v''(s)\right\|^2+\|\sqrt{A_2}v'(s)\|^2\right)\mathrm{d}s\\
\leqslant\ & C+C(t+1)^{\lambda}\left(E_2(t)+\int_0^t |g(t-s)|\|\sqrt{A_1}u'(s)\|^2\mathrm{d}s\right)\\
&+C\int_0^t (s+1)^{\lambda-1}E_2(s)\mathrm{d}s+C\int_0^t (s+1)^{\lambda}\|\sqrt{A_1}u'(s)\|^2\mathrm{d}s\\
\leqslant\ & C+C(t+1)^{\lambda}E_2(t)+C(t+1)^{\lambda}\int_0^t |g(t-s)|\|\sqrt{A_1}u'(s)\|^2\mathrm{d}s\\
&+C\int_0^t (s+1)^{\lambda-1}\left(\left\|u''(s)\right\|^2+\left\|v''(s)\right\|^2+\|\sqrt{A_2}v'(s)\|^2\right)\mathrm{d}s\\
&+C\int_0^t (s+1)^{\lambda}\|\sqrt{A_1}u'(s)\|^2\mathrm{d}s.
\end{aligned}
$$

于是, 对任意 $\lambda\leqslant\lambda_0$, 我们有

$$
\begin{aligned}
&\int_0^t (s+1)^{\lambda}\left(\left\|u''(s)\right\|^2+\left\|v''(s)\right\|^2+\|\sqrt{A_2}v'(s)\|^2\right)\mathrm{d}s\\
\leqslant\ & C+C(t+1)^{\lambda}E_2(t)+C\int_0^t (s+1)^{\lambda}\|\sqrt{A_1}u'(s)\|^2\mathrm{d}s\\
&+C(t+1)^{\lambda}\int_0^t |g(t-s)|\|\sqrt{A_1}u'(s)\|^2\mathrm{d}s.
\end{aligned}\tag{3-55}
$$

注意, 对任意 $\lambda\leqslant\lambda_0$, 我们也有

$$
\begin{aligned}
&\int_0^t (s+1)^{\lambda-1}\left(\left\|u''(s)\right\|^2+\left\|v''(s)\right\|^2+\|\sqrt{A_2}v'(s)\|^2\right)\mathrm{d}s\\
\leqslant\ & C+C(t+1)^{\lambda-1}E_2(t)+C\int_0^t (s+1)^{\lambda-1}\|\sqrt{A_1}u'(s)\|^2\mathrm{d}s
\end{aligned}
$$

$$+C(t+1)^{\lambda-1}\int_0^t |g(t-s)|\|\sqrt{A_1}u'(s)\|^2\mathrm{d}s. \tag{3-56}$$

步骤 3. 如果 $\lambda_0 \geqslant 1$, $\min\{\lambda_0, 2\lambda_0-1\}=\lambda_0$, 由 (3-44) 我们有, 对任意 $\lambda \leqslant \lambda_0$, $\lambda_0 \geqslant 1$ 成立

$$\begin{aligned}
&\int_0^t (s+1)^{\lambda-1}\left(\|\sqrt{A_1}u(s)\|^2+\|\sqrt{A_2}v(s)\|^2\right)\mathrm{d}s\\
\leqslant\, & CE(0)+C(t+1)^{\lambda-1}E(t)\\
&+C\int_0^t (s+1)^{\lambda-1}\left(\|\sqrt{A_1}u'(s)\|^2+\|\sqrt{A_1}v'(s)\|^2\right)\mathrm{d}s,\quad t\geqslant 0.
\end{aligned} \tag{3-57}$$

步骤 4. 把 (3-56) 和 (3-57) 代入 (3-30) 导出, 如果 $\lambda_0 \geqslant 1$, 则对任意 $\lambda \leqslant \lambda_0$,

$$\begin{aligned}
&(t+1)^{\lambda}\left(E(t)+E_2(t)\right)+\int_0^t (s+1)^{\lambda}\|\sqrt{A_1}u'(s)\|^2\mathrm{d}s\\
\leqslant\, & C+C(t+1)^{\lambda-1}\left(E(t)+E_2(t)\right)+\int_0^t (s+1)^{\lambda-1}\|\sqrt{A_1}u'(s)\|^2\mathrm{d}s\\
&+C(t+1)^{\lambda-1}\int_0^t |g(t-s)|E_2(s)\mathrm{d}s.
\end{aligned} \tag{3-58}$$

即, 如果 $\lambda_0 \geqslant 1$, 则对任意 $\lambda \leqslant \lambda_0$ 有

$$\begin{aligned}
&(t+1)^{\lambda}\left(E(t)+E_2(t)\right)+\int_0^t (s+1)^{\lambda}\|\sqrt{A_1}u'(s)\|^2\mathrm{d}s\\
\leqslant\, & C+C(t+1)^{\lambda-1}\int_0^t |g(t-s)|E_2(s)\mathrm{d}s\\
\leqslant\, & C+C\int_0^t (t-s+1)^{\lambda-1}|g(t-s)|(s+1)^{\lambda-1}E_2(s)\mathrm{d}s.
\end{aligned} \tag{3-59}$$

因此, 由数学归纳法可得, 对任意 $\lambda \leqslant \lambda_0(\lambda_0 \geqslant 1)$, $t \geqslant 0$,

$$(t+1)^{\lambda}\left(E(t)+E_2(t)\right)+\int_0^t (s+1)^{\lambda}\|\sqrt{A_1}u'(s)\|^2(s)\mathrm{d}s \leqslant C. \tag{3-60}$$

因此, 由 (3-60) 导出, 对任意 $\lambda_0 \geqslant 1$,

$$E(t) \leqslant C(t+1)^{-\lambda_0},\quad t \geqslant 0. \tag{3-61}$$

步骤 5. 与此同时, 由 (3-60) 和 (3-55) 可得, 对任意 $\lambda \leqslant \lambda_0$, $\lambda_0 \geqslant 1$, 有

$$\int_0^t (s+1)^\lambda E_2(s)\mathrm{d}s \leqslant C. \tag{3-62}$$

于是, 由 (3-44), 如果 $\lambda_0 \geqslant 1$, 对任意 $\lambda \leqslant \min\{\lambda_0, 2(\lambda_0-1)\}$, 有

$$\int_0^t (s+1)^\lambda \left(\|\sqrt{A_1}u(s)\|^2 + \|\sqrt{A_2}v(s)\|^2\right) \mathrm{d}s \leqslant C. \tag{3-63}$$

这样 (3-62) 和 (3-63) 将带领我们完成定理 3.1 的证明. 证毕. □

注 3.1 如果 (I_3') 中的假设

$$(t+1)^{\lambda_0} g(t),\ (t+1)^{\lambda_0} g'(t) \in L^1(0,+\infty)$$

和

$$\int_t^{+\infty} g(s)\mathrm{d}s \text{ 是强 } (t+1)^{\lambda_0}\text{-正定的}$$

变为: 对任意常数 $a > 0$,

$$(t+a)^{\lambda_0} g(t),\ (t+a)^{\lambda_0} g'(t) \in L^1(0,+\infty)$$

和

$$\int_t^{+\infty} g(s)\mathrm{d}s \text{ 是强} (t+a)^{\lambda_0}\text{-正定的},$$

则定理 3.1 仍然成立.

3.5 应 用

在本节中, 我们将展示两个示例, 说明如何将抽象理论应用于特定问题.

例 3.4 我们考虑以下 Timoshenko 系统, 它描述了长度为 1 的梁的横向振动:

$$\rho_1\varphi_{tt} - (b_1(x)\varphi_x + q\psi)_x = 0, \quad (x,t) \in (0,1)\times(0,\infty), \tag{3-64}$$

$$\rho_2\psi_{tt} - (b_2(x)\psi_x - g * b_2(x)\psi_x)_x + q\varphi_x + \alpha_1\psi = h(\psi), \quad (x,t) \in (0,1)\times(0,\infty), \tag{3-65}$$

初值:

$$\varphi(\cdot,0)=\varphi_0, \quad \varphi_t(\cdot,0)=\varphi_1, \quad \psi(\cdot,0)=\psi_0, \quad \psi_1(\cdot,0)=\psi_1, \quad x\in(0,1), \tag{3-66}$$

边界条件:

$$\begin{cases}\sigma_{11}\varphi(0,t)-\tau_{11}\varphi_x(0,t)=0, & \sigma_{12}\varphi(1,t)+\tau_{12}\varphi_x(1,t)=0,\\ \sigma_{21}\psi(0,t)-\tau_{21}\psi_x(0,t)=0, & \sigma_{22}\psi(1,t)+\tau_{22}\psi_x(1,t)=0,\end{cases} \tag{3-67}$$

其中 σ_{ij},τ_{ij} 是非负常数, 使得对 $i,j=1,2$,

$$\sigma_{ij}+\tau_{ij}>0,\quad \sigma_{i1}+\sigma_{i2}>0,\quad \tau_{1j}\tau_{2j}=0. \tag{3-68}$$

这里, 未知函数 φ 和 ψ 分别描述了梁的横向位移和沿中轴线的旋转角度, ρ_1, ρ_2, q 和 α_1 是正常数, $0<b_1(x),b_2(x)\in C^1([0,1])$ 满足

$$\rho_1^{-1}b_1(x)=\rho_2^{-1}b_2(x),\quad x\in[0,1], \tag{3-69}$$

$$\alpha_1\geqslant\frac{q^2}{\min b_1}. \tag{3-70}$$

设

$$u=\psi,\quad v=\sqrt{\frac{\rho_1}{\rho_2}}\varphi,\quad \alpha=\frac{\alpha_1}{\rho_2},\quad a(x)=\frac{b_1(x)}{\rho_1}.$$

取 $H=L^2(0,l)$,

$$A_1=-\frac{\mathrm{d}}{\mathrm{d}x}\left(a\frac{\mathrm{d}}{\mathrm{d}x}\cdot\right),\quad A_2=-\frac{\mathrm{d}}{\mathrm{d}x}\left(a\frac{\mathrm{d}}{\mathrm{d}x}\cdot\right),\quad B_2=-B_1=\frac{q}{\sqrt{\rho_1\rho_2}}\frac{\mathrm{d}}{\mathrm{d}x}$$

和

$$\mathcal{D}(A_1)=\left\{y\in H^2(0,1);\sigma_{21}y(0)-\tau_{21}y'(0)=\sigma_{22}y(1)+\tau_{22}y'(1)=0\right\},$$

$$\mathcal{D}(A_2)=\left\{y\in H^2(0,1);\sigma_{11}y(0)-\tau_{11}y'(0)=\sigma_{12}y(1)+\tau_{12}y'(1)=0\right\},$$

$$\mathcal{D}(B_1)=\mathcal{D}(B_2)=H^1(0,1).$$

则由 [181, Example 4.1] 可知, 系统 (3-64)-(3-67) 能转换成抽象系统 (3-1)-(3-4) 的 Cauchy 问题, 并且假设 (I_1), (I_2) 和 (I_4) 成立.

因此, 如果 $g(t)$ 满足 (I_3'), 则系统 (3-64)-(3-67) 的解能量满足

$$E(t)\leqslant C(t+1)^{-\lambda_0 t},\quad t\geqslant 0,$$

其中 C 是一个正常数.

例 3.5 [181] 考虑如下耦合 Petrovsky 型方程组:

$$\begin{cases}\partial_t^2 u(t,\xi)+\Delta^2 u(t,\xi)-\displaystyle\int_0^t g(t-s)\Delta^2 u(s,\xi)\mathrm{d}s+\alpha u(t,\xi)-\beta\Delta v(t,\xi)=0,\\ t\geqslant 0,\xi\in\Omega,\\ \partial_t^2 v(t,\xi)+\Delta^2 v(t,\xi)-\beta\Delta u(t,\xi)=0,\quad t\geqslant 0,\xi\in\Omega,\\ u(t,\xi)=v(t,\xi)=\Delta u(t,\xi)=\Delta v(t,\xi)=0,\quad t\geqslant 0,\xi\in\partial\Omega,\\ u(0,\xi)=u_0(\xi),v(0,\xi)=v_0(\xi),\partial_t u(0,\xi)=u_1(\xi),\partial_t v(0,\xi)=v_1(\xi),\quad \xi\in\Omega,\end{cases} \tag{3-71}$$

其中 Ω 为 $\mathbb{R}^3$ 中有界域并具有光滑边界 $\partial\Omega$, $\alpha\geqslant 0$, $\beta>0$. 取 $H=L^2(\Omega)$,

$$B=-\Delta,\ \ \mathcal{D}(B)=H^2(\Omega)=H_0^1(\Omega)$$

和

$$A_1=A_2=B^2,\ \ B_1=B_2=B.$$

显然, 假设 (I_1), (I_2) 和 (I_4) 成立. 因此我们可以利用定理 3.1 获得与记忆核函数相应 g 的各种类型的系统能量的衰减率.

第 4 章　具有无穷记忆项的二阶抽象耦合发展系统的渐近行为

本章中, 我们考虑的模型为二阶抽象耦合发展方程系统, 且系统仅在其中一个方程具有无穷记忆阻尼项, 此系统描绘了许多具有记忆行为的黏弹性材料的动态发展行为, 例如众所周知的 Timoshenko 系统. 本章中, 我们在非常弱的条件下给出了一个最优的能量衰减率估计. 更具体地说, 我们证明只在相关核函数单调不增和可积的条件下, 系统的能量至少以 t^{-1} 的速率衰减到零. 此外, 我们将抽象结果应用于黏弹性材料研究中典型的三类具有无穷记忆阻尼的二阶偏微分方程耦合系统 [87].

4.1　文献回顾

我们考察下述具有一个无穷记忆项的二阶抽象耦合发展方程系统的 Cauchy 问题:

$$u''(t) + A_1u(t) - \int_0^{+\infty} g(s)Au(t-s)\mathrm{d}s + Bv(t) = 0, \tag{4-1}$$

$$v''(t) + A_2v(t) + Bu(t) = 0, \tag{4-2}$$

$$u(-t) = u_0(t), \quad \forall t \geqslant 0, \quad u'(0) = u_1, \tag{4-3}$$

$$v(0) = v_0, \quad v'(0) = v_1, \tag{4-4}$$

其中 A, A_1, A_2 是 Hilbert 空间 H 中的正定自伴线性算子, B 是空间 H 中正定自伴线性有界算子, $g(t)$ 是 $[0, +\infty)$ 上非负、局部绝对连续、单调不增函数.

众所周知, 无穷记忆项 $\int_0^{+\infty} g(s)Au(t-s)\mathrm{d}s$ 产生一个衰减机制. 因此, 我们最感兴趣的问题是当时间趋于无穷时整个系统的渐近行为.

在文献 [131] 中, 作者 Rivera 和 Naso 研究了下面的单个方程

$$Du''(t) + Au(t) - \int_0^{+\infty} g(s)Bu(t-s)\mathrm{d}s + Cu_t(t) = 0,$$

其中, A, B, C, D 是四个自伴正定线性算子, 并且系统中存在两种阻尼项: 记忆阻尼项 $\int_0^{+\infty} g(s)Bu(t-s)\mathrm{d}s$ 和摩擦阻尼项 $u_t(t)$. 在对算子 A, B, C, D 做一些限制的条件下, 且条件 (4-12) 成立, 作者得到了系统能量的一些衰减估计 (具体细节参见 [131, Theorem 2, Theorem 9]).

如果上述系统中的无穷积分 $\int_0^{+\infty}$ 被 0 至 t 上积分 $\int_0^t$ 所代替, 文献 [85,169, 181] 考虑了下述抽象系统:

$$u''(t) + Au(t) - \int_0^t g(t-s)Au(s)\mathrm{d}s + \alpha u(t) + \beta Bv(t) = 0,$$

$$v''(t) + Av(t) + \beta Bu(t) = 0,$$

其中, A 是 Hilbert 空间 H 中的正定自伴线性算子, B 是空间 H 中的对称线性算子并且其范数与算子 $\sqrt{A}$ 的范数可相互控制. 力学中著名的 Timoshenko 系统是上述抽象线系统的原型和一个具体例子.

另外, 在 2011 年, 研究者 Almeida 和 Santos (见文献 [10]) 研究了仅在一个方程中具有记忆阻尼的耦合波动方程系统相关的 C_0 半群的稳定性, 并且在一些特定的条件下获得了 t^{-1} 的衰减率. 文献 [10] 中的模型描绘了由两个弹性膜组成但仅受到一个弹性力的作用的系统的演变过程, 该弹性力将一个膜吸引到另一个膜上, 并且模型中的积分项在第一个膜上起一个稳定性的作用.

最近, 研究者 Guesmia (参见 [70]) 研究了耦合抽象线性发展方程的适定性和渐近行为, 此抽象系统描述了一些黏弹性固体的行为, 一个具有记忆的广义 Kirchhoff 黏弹性梁模型和一个服从非线性 Boltzmann 模型的黏弹性结构纵向运动系统. 在对过去历史数据假设有界的条件下以及系统中卷积核具有比指数衰减更弱的衰减率的假设下, Guesmia 证明了系统的稳定性.

实际上, 在过去几十年的研究工作中, 对于非负可积递减核 $g(t)$ 以及其导数 $g'(s)$ 满足一些额外的控制条件下, 研究人员已经建立了一系列的相关的适定性与稳定性的结论. 例如, 下面的一些假设条件 (具体可参考 [10,56,57,69,70,134,137, 169,181] 及其参考文献):

(1) 核函数 $g(t) \in C^1(\mathbb{R}^+) \cap L^1(\mathbb{R}^+) : \mathbb{R}^+ \to \mathbb{R}^+$ 非负递减并且满足一些其他条件, 特别核函数满足

$$g'(t) < -kg(t), \quad k > 0;$$

或

(2) 存在一个在 $[0,g(0)]$ 上严格递增凸并且连续可微函数 G 且 $G(0)=G'(0)=0$, $\lim\limits_{t\to+\infty} G'(t)=+\infty$ 使得

$$\int_0^{+\infty}\frac{g(s)}{G^{-1}(-g'(s))}\mathrm{d}s+\sup_{s\in\mathbb{R}^+}\frac{g(s)}{G^{-1}(-g'(s))}<+\infty;$$

或

(3) 相关的阻尼项是指数 (多项式) 衰减的且满足条件

$$g'(t)<-kg^p(t),\quad k>0,1\leqslant p<2;$$

或

(4) 对核函数 $g(t)$, 存在一个在 $[0,g(0)]$ 上非负、严格凸、连续可微函数 K, 且 $K(0)=K'(0)=0$ 和

$$g'(s)\leqslant -K(g(t)).$$

但是对于更一般的递减、可积核函数, 如果对于其导数 $g'(t)$ 没有其他的限制条件 (在实际物理世界中这种核更为普遍, 更有实际意义), 由这种核函数构成的系统的研究结果仍然非常少 (仅仅可参见 [84, 85]). 尤其值得关注的是, 在仅假设记忆核函数单调递减而无其他附加条件的情况下, 此类系统的渐近行为如何, 仍是一个尚未解决的关键问题. 本章中, 通过寻找一些新的辅助函数以及应用高阶能量方法, 我们成功地解决了这个问题并且证明了系统 (4-1)-(4-2) 的能量以 t^{-1} 的速率衰减, 而且这个速率是最优的. 也即, 仅仅在相关核函数可积、单调不增的假设下, 我们证明了系统的能量至少以 t^{-1} 的速率衰减到零.

本章组织如下: 4.2 节给出系统 (4-1), (4-2) 存在性的结果; 4.3 节陈述系统 (4-1), (4-2) 能量的一个最优衰减率估计; 一些引理和衰减定理的证明在 4.4 节中给出; 最后, 在 4.5 节, 我们将得到的抽象结果应用到三类耦合二阶偏微分方程系统中, 这几类系统来源于实际中具有记忆性质的黏弹性材料的研究.

4.2 存 在 性

首先, 我们给出下面的一些假设:

(I_1) A, A_1, A_2 是 Hilbert 空间 H 中正定自伴线性算子, B 是正定自伴线性有界算子, 其定义域满足

$$\mathcal{D}(A_2)\subseteq\mathcal{D}(A_1)=\mathcal{D}(A)\subseteq\mathcal{D}(B)=H.$$

并且

$$\begin{aligned}
&a_i\langle A_iu,u\rangle\geqslant\|u\|^2,\quad u\in\mathcal{D}(A_i),\\
&c_1\|\sqrt{A_1}u\|^2\leqslant\|\sqrt{A}u\|^2\leqslant\|\sqrt{A_1}u\|^2,\quad u\in\mathcal{D}(\sqrt{A}),\\
&\|\sqrt{A_1}u\|^2\leqslant c_2\|\sqrt{A_2}u\|^2,\quad u\in\mathcal{D}(\sqrt{A_2}),\\
&d_1\|u\|^2\leqslant\|\sqrt{B}u\|^2\leqslant d_2\|u\|^2,\quad u\in H,
\end{aligned}$$

$a_i>0,c_i>0,d_i>0,i=1,2$ 为常数.

(I_2) $g(s)$: $[0,\infty)\to[0,\infty)$ 是单调不增、局部绝对连续函数, 且满足

$$g(0)>0,\qquad 1-h(0)-a_1a_2d_2^2>0,$$

和 $m(\Lambda)=0$, 其中

$$\Lambda=\{s\geqslant0;\ g(s)>0,\ g'(s)=0\},\quad h(0)=\int_0^{+\infty}g(s)\mathrm{d}s.$$

如果函数对 (u,v) 满足

$$\begin{aligned}
&u\in C^2([0,+\infty);H)\cap C^1([0,+\infty);[\mathcal{D}(\sqrt{A_1})])\cap C([0,+\infty);[\mathcal{D}(A_1)]),\\
&v\in C^2([0,+\infty);H)\cap C^1([0,+\infty);[\mathcal{D}(\sqrt{A_2})])\cap C([0,+\infty);[\mathcal{D}(A_2)]),
\end{aligned}$$

对于 $t\in[0,+\infty)$ 满足 (4-1)-(4-4), 则称函数对 (u,v) 为系统 (4-1)-(4-4) 在 $[0,+\infty)$ 上的 (经典) 解.

定义系统 (4-1)-(4-4) 的解 (u,v) 的能量为

$$\begin{aligned}
E(t)=&\frac{1}{2}\|u'(t)\|^2+\frac{1}{2}\|v'(t)\|^2+\frac{1}{2}\|\sqrt{A_1}u(t)\|^2-\frac{h(0)}{2}\|\sqrt{A}u(t)\|^2+\frac{1}{2}\|\sqrt{A_2}v(t)\|^2\\
&+\frac{1}{2}\int_0^{+\infty}g(s)\|\sqrt{A}u(t-s)-\sqrt{A}u(t)\|^2\mathrm{d}s+\langle Bu(t),v(t)\rangle.
\end{aligned}$$

由假设 (I_1) 和 (I_2) 可以清晰地看出, 存在正常数 $c_0,d_0>0$ 使得

$$c_0\widetilde{E}(t)\leqslant E(t)\leqslant d_0\widetilde{E}(t), \tag{4-5}$$

这里

$$\begin{aligned}
\widetilde{E}(t)=&\|u'(t)\|^2+\|v'(t)\|^2+\|\sqrt{A_1}u(t)\|^2+\|\sqrt{A_2}v(t)\|^2\\
&+\int_0^{+\infty}g(s)\|\sqrt{A}u(t-s)-\sqrt{A}u(t)\|^2\mathrm{d}s.
\end{aligned}$$

现在, 记

$$L_g^2\left(\mathbb{R}^+,\mathcal{D}(\sqrt{A})\right):=\left\{w:\mathbb{R}^+\to\mathcal{D}(\sqrt{A}),\ \int_0^{+\infty}g(t)\|\sqrt{A}w(t)\|^2\mathrm{d}t<+\infty\right\},$$

和 $\mathcal{U}=(u,v,u_t,v_t,\eta(t,\cdot))^{\mathrm{T}}$, $\mathcal{U}_0=(u_0(0),v(0),u_1,v_1,\eta_0)^{\mathrm{T}}\in\mathcal{H}$, 其中

$$\begin{cases}\eta(t,s)=u(t)-u(t-s), & \forall t,s\in\mathbb{R}^+,\\ \eta_0(s)=\eta(0,s)=u_0(0)-u_0(s), & \forall s\in\mathbb{R}^+,\end{cases}$$

及 $\mathcal{H}=\mathcal{D}\left(\sqrt{A_1}\right)\times\mathcal{D}\left(\sqrt{A_2}\right)\times H\times H\times L_g^2\left(\mathbb{R}^+,\mathcal{D}(\sqrt{A})\right)$.

我们能重写系统 (4-1)-(4-4) 如下:

$$\begin{cases}\mathcal{U}_t(t)=\mathcal{A}\mathcal{U}(t), \quad t>0,\\ \mathcal{U}(0)=\mathcal{U}_0,\end{cases} \tag{4-6}$$

其中 $\mathcal{A}$ 是一个线性算子

$$\mathcal{A}=\begin{pmatrix}w_1\\w_2\\w_3\\w_4\\w_5\end{pmatrix}=\begin{pmatrix}w_3\\ w_4\\ (-A_1+h(0)A)\,w_1-\displaystyle\int_0^{+\infty}g(s)Aw_5(s)\mathrm{d}s-Bw_2\\ -A_2w_2-Bw_1\\ -\partial_s w_5+w_3\end{pmatrix}$$

其定义域

$$\mathcal{D}(\mathcal{A})=\left\{\begin{array}{c}W=(w_1,w_2,w_3,w_4,w_5)^{\mathrm{T}}\in\mathcal{H},w_2\in\mathcal{D}(A_2),\\ w_3\in\mathcal{D}(\sqrt{A_1}),w_4\in\mathcal{D}(\sqrt{A_2}),\\ \partial_s w_5\in L_g^2(\mathbb{R}^+,\mathcal{D}(\sqrt{A})),\\ w_5(0)=0,(A_1-h(0)A)\,w_1+\displaystyle\int_0^{+\infty}g(s)Aw_5(s)\mathrm{d}s\in H\end{array}\right\}.$$

则我们有下述的全局存在性定理, 参见 [70] 及其参考文献.

引理 4.1 假设 (I_1)-(I_2) 成立, $\mathcal{U}_0\in\mathcal{D}(\mathcal{A}^n)$, 则系统 (4-6) (即系统 (4-1)-(4-4)) 有唯一解

$$\mathcal{U}\in\bigcap_{k=0}^{n}C^k\left(\mathbb{R}^+,\mathcal{D}(\mathcal{A}^{n-k})\right),$$

并且能量满足

$$E'(t)=\frac{1}{2}\int_0^{+\infty}g'(s)\|\sqrt{A}u(t-s)-\sqrt{A}u(t)\|^2\mathrm{d}s,\qquad t\geqslant 0. \tag{4-7}$$

证明过程类似于文献 [70]. 篇幅所限, 在此我们不做证明.

4.3 最优衰减估计

首先, 记

$$\mathfrak{H}_n=\left\{\mathcal{U}_0\in\mathcal{D}(\mathcal{A}^n),\int_0^{+\infty}h(s)\|\sqrt{A}\partial_s^i u_0(s)\|^2\mathrm{d}s<+\infty,i=0,1,\cdots,n\right\}, \tag{4-8}$$

其中 $h(t):=\int_t^{+\infty}g(s)\mathrm{d}s$.

定理 4.1 假设 (I_1)-(I_2) 成立以及 $\mathcal{U}_0\in\mathfrak{H}_3$. 则存在一个正常数 $C>0$ 使得系统 (4-1)-(4-4) 的解能量 $E(t)$ 满足

$$E(t)\leqslant C(t+1)^{-1},\qquad t\geqslant 0, \tag{4-9}$$

其中 C 依赖 $E(0),E_2(0),E_3(0),E_4(0)$ 和 $\int_0^{+\infty}h(s)\|\sqrt{A}\partial_s^i u_0(s)\|^2\mathrm{d}s, i=0,1,2,3$. 更深一步, 我们有

$$tE(t)\to 0,\quad 当\quad t\to+\infty \text{ 时}.$$

其中 $E_k(0)$ 代表高阶能量, 将在 4.4 节中给出详细定义.

注 4.1 在系统 (4-1)-(4-4) 中, 如果

$$A_1=A_2=A,\quad B=\alpha I$$

和

$$u_0(0),v_0\in\mathcal{D}(\sqrt{A}^4),\quad u_1,v_1\in\mathcal{D}(\sqrt{A}^3),\quad \eta_0\in L_g^2(\mathbb{R}^+,\mathcal{D}(\sqrt{A}^4)),$$

及定理 4.1 中其他条件成立, 则我们可以得到定理 4.1 中同样的结论.

注 4.2 在 [70] 中, 下面的抽象系统被考虑

$$u''(t)+Au(t)-\int_0^{+\infty}g(s)Bu(t-s)\mathrm{d}s+\widetilde{B}v(t)=0, \tag{4-10}$$

$$v''(t)+\widetilde{A}v(t)+\widetilde{B}u(t)=0, \tag{4-11}$$

其中 $A,\widetilde{A},B$ 是正定自伴线性算子, $\widetilde{B}$ 是自伴线性有界算子 (详细信息参见文献 [70]). 假设核函数 $g(t)\in C^1(\mathbb{R}^+)\cap L^1(\mathbb{R}^+):\mathbb{R}^+\to\mathbb{R}^+$ 非负单调递减, 且满足

$$g'(t)<-kg(t),\quad k>0, \tag{4-12}$$

或存在一个 $[0,g(0)]$ 上连续可微、严格单调递增凸函数 G 且 $G(0)=G'(0)=0$, $\lim\limits_{t\to+\infty}G'(t)=+\infty$ 满足

$$\int_0^{+\infty}\frac{g(s)}{G^{-1}(-g'(s))}\mathrm{d}s+\sup_{s\in\mathbb{R}^+}\frac{g(s)}{G^{-1}(-g'(s))}<+\infty, \tag{4-13}$$

则在 (4-12) 条件下系统 (4-10)-(4-11) 的能量具有衰减率 t^{-1}; 另外在 (4-13) 条件下比 t^{-1} 更弱的衰减率也被获得 (具体参见 [70, Theorem 3.1], 此为 [10, Theorem 3.1] 中结论的一个推广). 另外, 单个方程 (方程 (4-10) 中取 $\widetilde{B}=0$) 在 [69] 中也被研究且在假设 (4-13) 下一些衰减估计也被得到.

显而易见, 上述改进了 [70, Theorem 3.1] 中结果, 且定理 4.1 中没有条件 [70, Equation 3.3] 的限制, 也即, 在对卷积核函数 $g(s)$ 限制更弱的条件下, 我们的理论给出了更强的衰减结论 (而在 [70, Theorem 3.1] 中没有给出清晰的衰减率). 另外, 在 [70, Theorem 3.1] 和 [10, Theorem 3.1] 中, 在 $g'(s)\leqslant -kg(s)$ $(k>0)$ 条件下 (即 $g(s)$ 指数衰减), 衰减率 t^{-1} 被得到; 而对于其他情形下的核函数 $g(s)$, [70, Theorem 3.1] 和 [10, Theorem 3.1] 中给出的衰减率弱于 t^{-1}. 而我们上述的定理 4.1 告诉我们, 对于任何仅仅满足假设的核函数, 能量至少以 t^{-1} 的速率衰减, 这里的假设 (I_2) 不需要核函数导数 $g'(s)$ 的任何其他控制条件 (例如 [70, Equation, (3.3), (3.4)] 及其参考文献中其他类似条件), 它几乎是确保系统适定性成立的最基本的条件, 这是非常弱的条件.

注 4.3 由 [85, Remark 3.3 (ii)] 和 [57, Theorem 4.1] 容易看出, 定理 4.1 中得到的衰减率 t^{-1} 在多项式意义下是最优的.

注 4.4 在系统 (4-1)-(4-2) 中, 当无穷积分 $\int_0^{+\infty}$ 被有限积分 $\int_0^t$ 代替时, 定理 4.1 仍然成立. 我们只需在验证中做一点点微小的修改, 将过程中 $\int_0^{+\infty}g(s)\|x(t-s)-x(t)\|^2\,\mathrm{d}s$ 的估计用

$$\int_0^t g(t-s)\,\|x(s)-x(t)\|^2\,\mathrm{d}s$$

的估计来代替.

4.4　定理 4.1 的证明

此处及下文中, 假定定理 4.1 中条件成立.

首先, 对系统 (4-1)-(4-2) 关于时间变量 t 进行一次、二次微分运算后分别有

$$u'''(t)+A_1u'(t)-\int_0^{+\infty}g(s)Au'(t-s)\mathrm{d}s+Bv'(t)=0, \tag{4-14}$$
$$v'''(t)+A_2v'(t)+Bu'(t)=0$$

和

$$u''''(t)+A_1u''(t)-\int_0^{+\infty}g(s)Au''(t-s)\mathrm{d}s+Bv''(t)=0, \tag{4-15}$$
$$v''''(t)+A_2v''(t)+Bu''(t)=0.$$

定义高阶能量 $E_2(t)=E(u'(t),v'(t),t)$, $E_3(t)=E(u''(t),v''(t),t)$ 和 $E_4(t)=E(u'''(t),v'''(t),t)$. 因此, 类似引理 4.1, 有下述等式成立,

$$E_2'(t)=\frac{1}{2}\int_0^{+\infty}g'(s)\|\sqrt{A}u'(t-s)-\sqrt{A}u'(t)\|^2\mathrm{d}s, \tag{4-16}$$

$$E_3'(t)=\frac{1}{2}\int_0^{+\infty}g'(s)\|\sqrt{A}u''(t-s)-\sqrt{A}u''(t)\|^2\mathrm{d}s \tag{4-17}$$

和

$$E_4'(t)=\frac{1}{2}\int_0^{+\infty}g'(s)\|\sqrt{A}u'''(t-s)-\sqrt{A}u'''(t)\|^2\mathrm{d}s. \tag{4-18}$$

首先, 我们建立下述几个辅助函数

$$H(t)=\int_0^{+\infty}h(s)\|\sqrt{A}u(t-s)\|^2\mathrm{d}s$$

和

$$H_1(t)=M(\delta)\left(\delta\int_0^{+\infty}h(s)\|\sqrt{A}u(t-s)\|^2\mathrm{d}s+E(t)\right),$$

其中

$$h(t)=\int_t^{+\infty}g(s)\mathrm{d}s,\quad M(\delta):=\int_0^{+\infty}\frac{g(s)}{K_\delta(s)}\mathrm{d}s,\quad K_\delta(s):=\frac{-g'(s)}{g(s)}+\delta,$$

$\delta\in(0,1)$ 为一个常数, 我们将在后面具体化.

引理 4.2 对 $t\geqslant 0$, 成立

$$H'(t)\leqslant-\int_0^{+\infty}g(s)\|\sqrt{A}u(t-s)\|^2\mathrm{d}s+h(0)\|\sqrt{A_1}u(t)\|^2,\tag{4-19}$$

或

$$\begin{aligned}H'(t)\leqslant&-\frac{1}{2}\int_0^{+\infty}g(s)\|\sqrt{A}u(t-s)-\sqrt{A}u(t)\|^2\mathrm{d}s\\&+2h(0)\|\sqrt{A_1}u(t)\|^2\end{aligned}\tag{4-20}$$

和

$$\begin{aligned}H_1'(t)\leqslant&-\frac{1}{2}M(\delta)\int_0^{+\infty}K_\delta(s)g(s)\|\sqrt{A}u(t-s)-\sqrt{A}u(t)\|^2\mathrm{d}s\\&+2\delta M(\delta)h(0)\|\sqrt{A_1}u(t)\|^2.\end{aligned}\tag{4-21}$$

证明 显然 $h'(t)=-g(t)$, 于是由假设 (I_1) 通过分部积分得到

$$\begin{aligned}H'(t)&=\int_0^{+\infty}h(s)\left(\|\sqrt{A}u(t-s)\|^2\right)_t\mathrm{d}s\\&=-\int_0^{+\infty}h(s)\left(\|\sqrt{A}u(t-s)\|^2\right)_s\mathrm{d}s\\&=-\int_0^{+\infty}g(s)\left(\|\sqrt{A}u(t-s)\|^2\right)\mathrm{d}s+h(0)\|\sqrt{A}u(t)\|^2\\&\leqslant-\int_0^{+\infty}g(s)\left(\|\sqrt{A}u(t-s)\|^2\right)\mathrm{d}s+h(0)\|\sqrt{A_1}u(t)\|^2.\end{aligned}$$

另外, 根据不等式 $-(p-q)^2\leqslant-\frac{1}{2}p^2+q^2$ 有

$$\begin{aligned}&H'(t)\\\leqslant&-\int_0^{+\infty}g(s)\left(\|\sqrt{A}u(t-s)\|^2\right)\mathrm{d}s+h(0)\|\sqrt{A_1}u(t)\|^2\end{aligned}$$

$$\leqslant -\int_0^{+\infty} g(s)\|\sqrt{A}u(t-s)-\sqrt{A}u(t)+\sqrt{A}u(t)\|^2\mathrm{d}s+h(0)\|\sqrt{A_1}u(t)\|^2$$
$$\leqslant -\frac{1}{2}\int_0^{+\infty} g(s)\|\sqrt{A}u(t-s)-\sqrt{A}u(t)\|^2\mathrm{d}s+\int_0^{+\infty} g(s)\|\sqrt{A}u(t)\|^2\mathrm{d}s$$
$$+h(0)\|\sqrt{A_1}u(t)\|^2$$
$$\leqslant -\frac{1}{2}\int_0^{+\infty} g(s)\|\sqrt{A}u(t-s)-\sqrt{A}u(t)\|^2\mathrm{d}s+2h(0)\|\sqrt{A_1}u(t)\|^2.$$

因此, 利用 (4-7) 得到

$$H_1'(t)$$
$$\leqslant -\frac{1}{2}M(\delta)\int_0^{+\infty} \delta g(s)\|\sqrt{A}u(t-s)-\sqrt{A}u(t)\|^2\mathrm{d}s+2\delta M(\delta)h(0)\|\sqrt{A_1}u(t)\|^2$$
$$+\frac{1}{2}M(\delta)\int_0^{+\infty} g'(s)\|\sqrt{A}u(t-s)-\sqrt{A}u(t)\|^2\mathrm{d}s$$
$$\leqslant -\frac{1}{2}M(\delta)\int_0^{+\infty} \left(-g'(s)+\delta g(s)\right)\|\sqrt{A}u(t-s)-\sqrt{A}u(t)\|^2\mathrm{d}s$$
$$+2\delta M(\delta)h(0)\|\sqrt{A_1}u(t)\|^2$$
$$\leqslant -\frac{1}{2}M(\delta)\int_0^{+\infty} K_\delta(s)g(s)\|\sqrt{A}u(t-s)-\sqrt{A}u(t)\|^2\mathrm{d}s$$
$$+2\delta M(\delta)h(0)\|\sqrt{A_1}u(t)\|^2.$$

这完成了引理 4.2 的证明. □

再次, 定义

$$\widetilde{H}(t)=\int_0^{+\infty} h(s)\|\sqrt{A}u'(t-s)\|^2\mathrm{d}s,$$

$$\widehat{H}(t)=\int_0^{+\infty} h(s)\|\sqrt{A}u''(t-s)\|^2\mathrm{d}s,$$

$$H_2(t)=M(\delta)\left(\delta\int_0^{+\infty} h(s)\|\sqrt{A}u'(t-s)\|^2\mathrm{d}s+E_2(t)\right),$$

$$H_3(t)=M(\delta)\left(\delta\int_0^{+\infty} h(s)\|\sqrt{A}u''(t-s)\|^2\mathrm{d}s+E_3(t)\right)$$

和

$$H_4(t) = M(\delta)\left(\delta\int_0^{+\infty} h(s)\left\|u'''(t-s)\right\|^2 \mathrm{d}s + \frac{a_1}{c_1}E_4(t)\right).$$

引理 4.3 对 $t \geqslant 0$, 成立

$$\widetilde{H}'(t) \leqslant -\int_0^{+\infty} g(s)\|\sqrt{A}u'(t-s)\|^2\mathrm{d}s + h(0)\|\sqrt{A_1}u'(t)\|^2, \tag{4-22}$$

$$\widehat{H}'(t) \leqslant -\int_0^{+\infty} g(s)\|\sqrt{A}u''(t-s)\|^2\mathrm{d}s + h(0)\|\sqrt{A_1}u''(t)\|^2, \tag{4-23}$$

$$\begin{aligned} H_2'(t) \leqslant & -\frac{1}{2}M(\delta)\int_0^{+\infty} K_\delta(s)g(s)\|\sqrt{A}u'(t-s) - \sqrt{A}u'(t)\|^2\mathrm{d}s \\ & +2\delta M(\delta)h(0)\|\sqrt{A_1}u'(t)\|^2, \end{aligned} \tag{4-24}$$

$$\begin{aligned} H_3'(t) \leqslant & -\frac{1}{2}M(\delta)\int_0^{+\infty} K_\delta(s)g(s)\|\sqrt{A}u''(t-s) - \sqrt{A}u''(t)\|^2\mathrm{d}s \\ & +2\delta M(\delta)h(0)\|\sqrt{A_1}u''(t)\|^2 \end{aligned} \tag{4-25}$$

和

$$\begin{aligned} H_4'(t) \leqslant & -\frac{1}{2}M(\delta)\int_0^{+\infty} K_\delta(s)g(s)\left\|u'''(t-s) - u'''(t)\right\|^2\mathrm{d}s \\ & +2\delta M(\delta)h(0)\left\|u'''(t)\right\|^2. \end{aligned} \tag{4-26}$$

接着我们给出下面的一个辅助函数

$$F_1(t) = \langle u'(t), u(t)\rangle - \left\langle v'(t), A_2^{-1}Bu(t)\right\rangle + \frac{1}{2}H(t).$$

引理 4.4 对任意 $\xi_1 > 0$ 存在 $C(\xi_1) > 0$, 使得

$$\begin{aligned} F_1'(t) \leqslant & -\left(1 - h(0) - a_1a_2d_2^2\right)\|\sqrt{A_1}u(t)\|^2 + \xi_1\left\|v'(t)\right\|^2 \\ & +C(\xi_1)\left\|u'(t)\right\|^2, \quad t \geqslant 0. \end{aligned} \tag{4-27}$$

证明　由假设 (I_1) 可得

$$\|A_2^{-\frac{1}{2}}Bu(t)\|^2 \leqslant \|A_2^{-\frac{1}{2}}\|^2\,\|B\|^2\,\|u(t)\|^2 \leqslant a_1a_2d_2^2\|\sqrt{A_1}u(t)\|^2.$$

于是, 由 (4-1) 可导出

$$\begin{aligned}
&\big(\langle u'(t),u(t)\rangle-\langle v'(t),A_2^{-1}Bu(t)\rangle\big)'\\
=&-\|\sqrt{A_1}u(t)\|^2+\left\langle\int_0^{+\infty}g(s)\sqrt{A}u(t-s)\mathrm{d}s,\sqrt{A}u(t)\right\rangle+\|u'(t)\|^2\\
&+\|A_2^{-\frac{1}{2}}Bu(t)\|^2-\langle v'(t),A_2^{-1}Bu'(t)\rangle\\
\leqslant&-\left(1-\frac{h(0)}{2}-a_1a_2d_2^2\right)\|\sqrt{A_1}u(t)\|^2+\frac{1}{2h(0)}\|\int_0^{+\infty}g(s)\sqrt{A}u(t-s)\mathrm{d}s\|^2\\
&+\|u'(t)\|^2+\xi_1\|v'(t)\|^2+\frac{1}{4\xi_1}\left\|A_2^{-1}Bu'(t)\right\|^2\\
\leqslant&-\left(1-\frac{h(0)}{2}-a_1a_2d_2^2\right)\|\sqrt{A_1}u(t)\|^2+\frac{1}{2}\int_0^{+\infty}g(s)\|\sqrt{A}u(t-s)\|^2\mathrm{d}s\\
&+\xi_1\|v'(t)\|^2+\left(1+\frac{a_2^2d_2^2}{4\xi_1}\right)\|u'(t)\|^2,
\end{aligned}$$

上式结合 (4-19) 将完成证明. □

另外, 定义

$$F_2(t)=\langle u''(t),u'(t)\rangle+\frac{1}{2}\widetilde{H}(t)$$

和

$$F_3(t)=\langle u'''(t),u''(t)\rangle+\langle Bv'(t),u''(t)\rangle+\frac{1}{2}\widehat{H}(t).$$

引理 4.5　对任意 $t\geqslant 0$ 成立

$$\begin{aligned}
F_2'(t)\leqslant&-(1-h(0))\|\sqrt{A_1}u'(t)\|^2+\frac{d_1}{5h(0)}\|v'(t)\|^2\\
&+\frac{5h(0)d_2^2}{4d_1}\|u'(t)\|^2+\|u''(t)\|^2,
\end{aligned}\tag{4-28}$$

以及对任意 $\xi_2>0$ 存在常数 $C(\xi_2)>0$, 成立

$$\begin{aligned}
F_3'(t)\leqslant&-(1-h(0))\|\sqrt{A_1}u''(t)\|^2+\xi_2\|v'(t)\|^2\\
&+C(\xi_2)\|u'''(t)\|^2,\quad t\geqslant 0.
\end{aligned}\tag{4-29}$$

证明 通过 (4-14) 和 (4-15) 可得出

$$
\begin{aligned}
&\langle u''(t),u'(t)\rangle' \\
=&-\|\sqrt{A_1}u'(t)\|^2+\left\langle\int_0^{+\infty}g(s)\sqrt{A}u'(t-s)\mathrm{d}s,\sqrt{A}u'(t)\right\rangle+\|u''(t)\|^2 \\
&-\langle Bv'(t),u'(t)\rangle \\
\leqslant&-\left(1-\frac{h(0)}{2}\right)\|\sqrt{A_1}u'(t)\|^2+\frac{1}{2h(0)}\left\|\int_0^{+\infty}g(s)\sqrt{A}u'(t-s)\mathrm{d}s\right\|^2 \\
&+\|u''(t)\|^2+\frac{d_1}{5h(0)d_2}\|\sqrt{B}v'(t)\|^2+\frac{5h(0)d_2}{4d_1}\|\sqrt{B}u'(t)\|^2 \\
\leqslant&-\left(1-\frac{h(0)}{2}\right)\|\sqrt{A_1}u'(t)\|^2+\frac{1}{2}\int_0^{+\infty}g(s)\|\sqrt{A}u'(t-s)\|^2\mathrm{d}s \\
&+\|u''(t)\|^2+\frac{d_1}{5h(0)}\|v'(t)\|^2+\frac{5h(0)d_2^2}{4d_1}\|u'(t)\|^2
\end{aligned}
$$

和

$$
\begin{aligned}
&(\langle u'''(t),u''(t)\rangle+\langle Bv'(t),u''(t)\rangle)' \\
=&-\|\sqrt{A_1}u''(t)\|^2+\left\langle\int_0^{+\infty}g(s)\sqrt{A}u''(t-s)\mathrm{d}s,\sqrt{A}u''(t)\right\rangle+\|u'''(t)\|^2 \\
&+\langle Bv'(t),u'''(t)\rangle \\
\leqslant&-\left(1-\frac{h(0)}{2}\right)\|\sqrt{A_1}u''(t)\|^2+\frac{1}{2h(0)}\left\|\int_0^{+\infty}g(s)\sqrt{A}u''(t-s)\mathrm{d}s\right\|^2 \\
&+\|u'''(t)\|^2+\frac{\xi_2}{d_2}\|\sqrt{B}v'(t)\|^2+\frac{d_2}{4\xi_2}\|\sqrt{B}u'''(t)\|^2 \\
\leqslant&-\left(1-\frac{h(0)}{2}\right)\|\sqrt{A_1}u''(t)\|^2+\frac{1}{2}\int_0^{+\infty}g(s)\|\sqrt{A}u''(t-s)\|^2\mathrm{d}s \\
&+\xi_2\|v'(t)\|^2+\left(1+\frac{d_2^2}{4\xi_2}\right)\|u'''(t)\|^2,
\end{aligned}
$$

因此结合 (4-22)-(4-23), 我们将得到引理中的不等式. □

下面定义辅助函数 $J_1(t)$ 为

$$
J_1(t)=\left\langle u'(t),\int_0^{+\infty}g(s)(u(t-s)-u(t))\mathrm{d}s\right\rangle.
$$

引理 4.6 对任意 $\xi_3,\xi_4>0$ 及常数 $C(\xi_3,\xi_4)>0$, $t\geqslant 0$, 有

$$\begin{aligned}J_1'(t)\leqslant&-\frac{h(0)}{2}\|u'(t)\|^2+\xi_3\|\sqrt{A_1}u(t)\|^2+\xi_4\|\sqrt{A_2}v(t)\|^2\\&+C(\xi_3,\xi_4)M(\delta)\int_0^{+\infty}K_\delta(s)g(s)\|\sqrt{A}u(t-s)-\sqrt{A}u(t)\|^2\mathrm{d}s\\&-\frac{a_1g(0)}{2c_1h(0)}\int_0^{+\infty}g'(s)\|\sqrt{A}u(t-s)-\sqrt{A}u(t)\|^2\mathrm{d}s.\end{aligned}\tag{4-30}$$

证明 根据 $M(\delta),K_\delta(s)$ 的定义, 容易得出

$$\begin{aligned}&\left\|\int_0^{+\infty}g(s)\left(\sqrt{A}u(t-s)-\sqrt{A}u(t)\right)\mathrm{d}s\right\|\\&\leqslant M(\delta)\int_0^{+\infty}K_\delta(s)g(s)\|\sqrt{A}u(t-s)-\sqrt{A}u(t)\|^2\mathrm{d}s.\end{aligned}$$

另外, 计算可得

$$\begin{aligned}\int_0^{+\infty}g(s)\partial_t u(t-s)\mathrm{d}s&=-\int_0^{+\infty}g(s)\partial_s u(t-s)\mathrm{d}s\\&=-\int_0^{+\infty}g(s)\partial_s\left(u(t-s)-u(t)\right)\mathrm{d}s\\&=\int_0^{+\infty}g'(s)\left(u(t-s)-u(t)\right)\mathrm{d}s.\end{aligned}$$

因此, 由 (4-1), 通过直接计算可得

$$\begin{aligned}&J_1'(t)\\=&\left\langle u''(t),\int_0^{+\infty}g(s)(u(t-s)-u(t))\mathrm{d}s\right\rangle\\&+\left\langle u'(t),\int_0^{+\infty}g(s)\partial_t u(t-s)\mathrm{d}s\right\rangle-\left\langle u'(t),\int_0^{+\infty}g(s)u'(t)\mathrm{d}s\right\rangle\\=&-h(0)\|u'(t)\|^2-\left\langle A_1u(t)-h(0)Au(t),\int_0^{+\infty}g(s)(u(t-s)-u(t))\mathrm{d}s\right\rangle\\&+\left\langle\int_0^{+\infty}g(s)\left(Au(t-s)-Au(t)\right)\mathrm{d}s,\int_0^{+\infty}g(s)(u(t-s)-u(t))\mathrm{d}s\right\rangle\\&-\left\langle Bv(t),\int_0^{+\infty}g(s)(u(t-s)-u(t))\mathrm{d}s\right\rangle\end{aligned}$$

$$
\begin{aligned}
&+\left\langle u'(t), \int_0^{+\infty} g'(s)\left(u(t-s)-u(t)\right)\mathrm{d}s\right\rangle \\
\leqslant& -h(0)\left\|u'(t)\right\|^2+\frac{\xi_3}{2}\|\sqrt{A_1}u(t)\|^2+\frac{\xi_3}{2}\|\sqrt{A}u(t)\|^2 \\
&+\frac{1}{2\xi_3}M(\delta)\int_0^{+\infty} K_\delta(s)g(s)\|\sqrt{A_1}u(t-s)-\sqrt{A_1}u(t)\|^2\mathrm{d}s \\
&+\left(1+\frac{h^2(0)}{2\xi_3}\right)M(\delta)\int_0^{+\infty} K_\delta(s)g(s)\|\sqrt{A}u(t-s)-\sqrt{A}u(t)\|^2\mathrm{d}s \\
&+\frac{\xi_4}{a_2d_2}\|\sqrt{B}v(t)\|^2+\frac{a_2d_2}{4\xi_4}M(\delta)\int_0^{+\infty} K_\delta(s)g(s)\|\sqrt{B}u(t-s)-\sqrt{B}u(t)\|^2\mathrm{d}s \\
&+\frac{h(0)}{2}\left\|u'(t)\right\|^2-\frac{g(0)}{2h(0)}\int_0^{+\infty} g'(s)\left\|u(t-s)-u(t)\right\|^2\mathrm{d}s \\
\leqslant& -\frac{h(0)}{2}\left\|u'(t)\right\|^2+\xi_3\|\sqrt{A_1}u(t)\|^2+\xi_4\|\sqrt{A_2}v(t)\|^2 \\
&+\left(1+\frac{1}{2c_1\xi_3}+\frac{h^2(0)}{2\xi_3}+\frac{a_1a_2d_2^2}{4c_1\xi_4}\right)M(\delta) \\
&\int_0^{+\infty} K_\delta(s)g(s)\|\sqrt{A}u(t-s)-\sqrt{A}u(t)\|^2\mathrm{d}s \\
&-\frac{a_1g(0)}{2c_1h(0)}\int_0^{+\infty} g'(s)\|\sqrt{A}u(t-s)-\sqrt{A}u(t)\|^2\mathrm{d}s.
\end{aligned}
$$

这样将导出我们的结论. □

再次, 定义函数 $J_2(t)$ 为

$$
J_2(t)=\left\langle u''(t), \int_0^{+\infty} g(s)(u'(t-s)-u'(t))\mathrm{d}s\right\rangle.
$$

类似于引理 4.6, 我们有下述引理.

引理 4.7 对 $t\geqslant 0$, 成立

$$
\begin{aligned}
J_2'(t)\leqslant& -\frac{h(0)}{2}\left\|u''(t)\right\|^2+\frac{h(0)(1-h(0))}{16}\|\sqrt{A_1}u'(t)\|^2+\frac{d_1}{20}\left\|v'(t)\right\|^2 \\
&+C_1\int_0^{+\infty} K_\delta(s)g(s)\|\sqrt{A}u'(t-s)-\sqrt{A}u'(t)\|^2\mathrm{d}s \\
&-\frac{a_1g(0)}{2c_1h(0)}\int_0^{+\infty} g'(s)\|\sqrt{A}u'(t-s)-\sqrt{A}u'(t)\|^2\mathrm{d}s, \qquad (4\text{-}31)
\end{aligned}
$$

其中

$$C_1 = 1 + \frac{8}{h(0)(1-h(0))}\left(\frac{1}{c_1} + h^2(0)\right) + \frac{5a_1a_2d_2^2}{c_1d_1}.$$

再者, 定义 $J_3(t)$ 为

$$J_3(t) = \left\langle u'''(t), \int_0^{+\infty} g(s)(u''(t-s) - u''(t))\mathrm{d}s \right\rangle$$
$$+ \left\langle Bv'(t), \int_0^{+\infty} g(s)\left(u''(t-s) - u''(t)\right)\mathrm{d}s \right\rangle.$$

引理 4.8 对任意 $\xi_5, \xi_6 > 0$ 以及常数 $C(\xi_5) > 0, C(\xi_6) > 0$, $t \geqslant 0$, 成立

$$J_3'(t) \leqslant -\frac{3h(0)}{4}\|u'''(t)\|^2 + \xi_5\|\sqrt{A_1}u''(t)\|^2 + \xi_6\|v'(t)\|^2$$
$$+C(\xi_5)M(\delta)\int_0^{+\infty} K_\delta(s)g(s)\|\sqrt{A}u''(t-s) - \sqrt{A}u''(t)\|^2\mathrm{d}s$$
$$+C(\xi_6)M(\delta)\int_0^{+\infty} K_\delta(s)g(s)\|u'''(t-s) - u'''(t)\|^2\mathrm{d}s$$
$$-\frac{a_1g(0)}{h(0)c_1}\int_0^{+\infty} g'(s)\|\sqrt{A}u''(t-s) - \sqrt{A}u''(t)\|^2\mathrm{d}s. \tag{4-32}$$

证明 由 (4-15) 直接计算可得

$$J_3'(t) = -h(0)\|u'''(t)\|^2 - \left\langle A_1u''(t), \int_0^{+\infty} g(s)(u''(t-s) - u''(t))\mathrm{d}s \right\rangle$$
$$+h(0)\left\langle Au''(t), \int_0^{+\infty} g(s)(u''(t-s) - u''(t))\mathrm{d}s \right\rangle$$
$$+\left\langle \int_0^t g(s)\left(Au''(t-s) - Au''(t)\right)\mathrm{d}s, \int_0^{+\infty} g(s)(u''(t-s) - u''(t))\mathrm{d}s \right\rangle$$
$$+\left\langle Bv'(t), \int_0^{+\infty} g(s)(u'''(t-s) - u'''(t))\mathrm{d}s \right\rangle$$
$$+\left\langle u'''(t), \int_0^{+\infty} g'(s)\left(u''(t-s) - u''(t)\right)\mathrm{d}s \right\rangle$$
$$\leqslant -h(0)\|u'''(t)\|^2 + \frac{\xi_5}{2}\|\sqrt{A_1}u''(t)\|^2 + \frac{\xi_5}{2}\|\sqrt{A}u''(t)\|^2$$
$$+\frac{1}{2\xi_5}M(\delta)\int_0^{+\infty} K_\delta(s)g(s)\|\sqrt{A_1}u''(t-s) - \sqrt{A_1}u''(t)\|^2\mathrm{d}s$$

$$
\begin{aligned}
&+\left(1+\frac{h^2(0)}{2\xi_5}\right)M(\delta)\int_0^{+\infty}K_\delta(s)g(s)\|\sqrt{A}u''(t-s)-\sqrt{A}u''(t)\|^2\mathrm{d}s\\
&+\frac{\xi_6}{d_2}\|\sqrt{B}v'(t)\|^2+\frac{d_2}{4\xi_6}M(\delta)\int_0^{+\infty}K_\delta(s)g(s)\\
&\times\|\sqrt{B}u'''(t-s)-\sqrt{B}u'''(t)\|^2\mathrm{d}s\\
&+\frac{h(0)}{4}\left\|u'''(t)\right\|^2-\frac{g(0)}{h(0)}\int_0^{+\infty}g'(s)\left\|u''(t-s)-u''(t)\right\|^2\mathrm{d}s\\
\leqslant&-\frac{3h(0)}{4}\left\|u'''(t)\right\|^2+\xi_5\|\sqrt{A_1}u''(t)\|^2+\xi_6\left\|v'(t)\right\|^2\\
&+\left(1+\frac{1}{2c_1\xi_5}+\frac{h^2(0)}{2\xi_5}\right)M(\delta)\int_0^{+\infty}K_\delta(s)g(s)\\
&\times\|\sqrt{A}u''(t-s)-\sqrt{A}u''(t)\|^2\mathrm{d}s\\
&+\frac{d_2^2}{4\xi_6}M(\delta)\int_0^{+\infty}K_\delta(s)g(s)\left\|u'''(t-s)-u'''(t)\right\|^2\mathrm{d}s\\
&-\frac{a_1g(0)}{h(0)c_1}\int_0^{+\infty}g'(s)\|\sqrt{A}u''(t-s)-\sqrt{A}u''(t)\|^2\mathrm{d}s.
\end{aligned}
$$

由此完成证明. □

更进一步, 我们可定义

$$
\widetilde{J}_1(t)=J_1(t)+2C(\xi_3,\xi_4)H_1(t)+\frac{a_1g(0)}{c_1h(0)}E(t),
$$

$$
\widetilde{J}_2(t)=J_2(t)+2C_1H_1(t)+\frac{a_1g(0)}{c_1h(0)}E_2(t)
$$

和

$$
\widetilde{J}_3(t)=J_3(t)+2C(\xi_5)H_3(t)+2C(\xi_6)H_4(t)+\frac{2a_1g(0)}{c_1h(0)}E_3(t).
$$

因此, 由 (4-7), (4-16)-(4-18), (4-21), (4-24)-(4-26), (4-30)-(4-32) 得出

$$
\begin{aligned}
\widetilde{J}_1'(t)\leqslant&-\frac{h(0)}{2}\left\|u'(t)\right\|^2+\left(\xi_3+4\delta M(\delta)h(0)C(\xi_3,\xi_4)\right)\left\|\sqrt{A_1}u(t)\right\|^2\\
&+\xi_4\|\sqrt{A_2}v(t)\|^2,
\end{aligned}\tag{4-33}
$$

$$\widetilde{J}_2'(t) \leqslant -\frac{h(0)}{2}\|u''(t)\|^2 + \left(4\delta M(\delta)h(0)C_1 + \frac{h(0)(1-h(0))}{16}\right)\|\sqrt{A_1}u'(t)\|^2 + \frac{d_1}{20}\|v'(t)\|^2 \tag{4-34}$$

和

$$\widetilde{J}_3'(t) \leqslant -\left(\frac{3h(0)}{4} - 4\delta M(\delta)h(0)C(\xi_6)\right)\|u'''(t)\|^2 + (\xi_5 + 4\delta M(\delta)h(0)C(\xi_5))\|\sqrt{A_1}u''(t)\|^2 + \xi_6\|v'(t)\|^2. \tag{4-35}$$

接下来, 我们给出辅助函数

$$R_1(t) = \langle v'(t), v(t)\rangle.$$

引理 4.9 对任意 $t \geqslant 0$, 成立

$$R_1'(t) \leqslant -\frac{7}{8}\|\sqrt{A_2}v(t)\|^2 + 2a_1a_2d_2^2\|\sqrt{A_1}u(t)\|^2 + \|v'(t)\|^2. \tag{4-36}$$

证明 由 (4-2) 可得

$$R_1'(t) = -\|\sqrt{A_2}v(t)\|^2 - \langle Bu(t), v(t)\rangle + \|v'(t)\|^2,$$

上式结合 Cauchy-Schwarz 不等式以及假设 (I_1) 将完成证明. □

最后, 我们介绍辅助函数

$$R_2(t) = \langle (A_1 - h(0)A)\,u'(t), v(t)\rangle - \left\langle \int_0^{+\infty} g(s)\,(Au'(t-s) - Au'(t))\,\mathrm{d}s, v(t)\right\rangle + \frac{16c_2}{d_1}H_3(t),$$

则有下述引理.

引理 4.10 对任意 $t \geqslant 0$, 成立

$$R_2'(t) \leqslant -\frac{3d_1}{4}\|v'(t)\|^2 + \frac{1}{d_1}\|u'''(t)\|^2 + \frac{3d_1}{32}\|\sqrt{A_2}v(t)\|^2 + \left(C_2 + \frac{32c_2}{d_1}\delta M(\delta)h(0)\right)\|\sqrt{A_1}u''(t)\|^2, \tag{4-37}$$

其中 $C_2 = \dfrac{8c_2(1+h^2(0))}{d_1}$.

证明 由 (4-14) 和 (4-25) 可得

$$\begin{aligned}
R_2'(t) &= -\|\sqrt{B}v'(t)\|^2 - \langle u'''(t), v'(t)\rangle + \langle (A_1 - h(0)A)\, u''(t), v(t)\rangle \\
&\quad - \left\langle \int_0^{+\infty} g(s)\,(Au''(t-s) - Au''(t))\,\mathrm{d}s, v(t) \right\rangle + \frac{16c_2}{d_1} H_3'(t) \\
&\leqslant -d_1\,\|v'(t)\|^2 + \frac{d_1}{4}\,\|v'(t)\|^2 + \frac{1}{d_1}\,\|u'''(t)\|^2 \\
&\quad + \frac{d_1}{32c_2}\|\sqrt{A_1}v(t)\|^2 + \frac{8c_2}{d_1}\|\sqrt{A_1}u''(t)\|^2 \\
&\quad + \frac{d_1}{32c_2}\|\sqrt{A}v(t)\|^2 + \frac{8c_2h^2(0)}{d_1}\|\sqrt{A}u''(t)\|^2 \\
&\quad + \frac{d_1}{32c_2}\|\sqrt{A}v(t)\|^2 + \frac{32c_2}{d_1}\delta M(\delta)h(0)\|\sqrt{A_1}u''(t)\|^2 \\
&\leqslant -\frac{3d_1}{4}\,\|v'(t)\|^2 + \frac{1}{d_1}\,\|u'''(t)\|^2 + \frac{3d_1}{32}\|\sqrt{A_2}v(t)\|^2 \\
&\quad + \left(\frac{8c_2(1+h^2(0))}{d_1} + \frac{32c_2}{d_1}\delta M(\delta)h(0)\right)\|\sqrt{A_1}u''(t)\|^2.
\end{aligned}$$

□

为了确定引理中的一些参数取值，我们给出下面的引理 (详细信息参见 [85, p1525, line 10]).

引理 4.11 如果 $g(s)$ 满足假设 (I_2), 则有

$$\delta M(\delta) \to 0, \quad 当\ \delta \to 0\ 时. \tag{4-38}$$

证明 因为

$$\delta M(\delta) = \int_0^{+\infty} \frac{\delta g^2(s)}{\delta g(s) - g'(s)}\mathrm{d}s,$$

以及可选取 $g(s)$ 作为一个控制函数, 利用 Lebesgue 控制收敛定理可以得到 (4-38).

□

定理 4.1 的证明

构建如下辅助函数

$$L(t) = N_1F_1(t) + \frac{h(0)}{4}F_2(t) + N_2F_3(t) + N_3\widetilde{J}_1(t) + \widetilde{J}_2(t) + N_4\widetilde{J}_3(t)$$

$$+\frac{d_1}{4}R_1(t)+R_2(t)+\frac{1}{2h(0)}H(t),$$

其中 N_1, N_2, N_3 和 N_4 为一些待定常数. 根据上述 (4-20), (4-27)-(4-29), (4-33)-(4-37) 可得

$$\begin{aligned}
&L'(t)\\
\leqslant&-\left(\frac{h(0)}{2}N_3-\frac{5h^2(0)d_2^2}{16d_1}-N_1C(\xi_1)\right)\|u'(t)\|^2\\
&-\left(\frac{8d_1}{20}-N_1\xi_1-N_2\xi_2-N_4\xi_6\right)\|v'(t)\|^2\\
&-\left(N_1\left(1-h(0)-a_1a_2d_2^2\right)-N_3\left(\xi_3+4\delta M(\delta)h(0)C(\xi_3,\xi_4)\right)-1-\frac{a_1a_2d_1d_2^2}{2}\right)\\
&\times\|\sqrt{A_1}u(t)\|^2\\
&-\left(\frac{d_1}{8}-N_3\xi_4\right)\|\sqrt{A_2}v(t)\|^2\\
&-\frac{1}{4h(0)}\int_0^{+\infty}g(s)\|\sqrt{A}u(t-s)-\sqrt{A}u(t)\|^2\mathrm{d}s-\frac{h(0)}{4}\|u''(t)\|^2\\
&-\left(N_4\left(\frac{3h(0)}{4}-4\delta M(\delta)h(0)C(\xi_6)\right)-N_2C(\xi_2)-\frac{1}{d_1}\right)\|u'''(t)\|^2\\
&-\left(\frac{3h(0)(1-h(0))}{16}-4\delta M(\delta)h(0)C_1\right)\|\sqrt{A_1}u'(t)\|^2\\
&-\left(N_2(1-h(0))-N_4\left(\xi_5+4\delta M(\delta)h(0)C(\xi_5)\right)-\left(C_2+\frac{32c_2}{d_1}\delta M(\delta)h(0)\right)\right)\\
&\times\|\sqrt{A_1}u''(t)\|^2.
\end{aligned}$$

取

$$N_1=\frac{a_1a_2d_1d_2^2+4}{1-h(0)-a_1a_2d_2^2},\qquad N_2=\frac{4+C_2}{1-h(0)},\qquad \xi_1=\frac{d_1}{20N_1},\qquad \xi_2=\frac{d_1}{20N_2},$$

$$N_3=\frac{h(0)d_2^2}{d_1}+\frac{2N_1C(\xi_1)+2}{h(0)},\qquad N_4=\frac{2N_2C(\xi_2)+\frac{2}{d_1}+2}{h(0)},\qquad \xi_3=\frac{1}{N_3},$$

$$\xi_4=\frac{d_1}{16N_3},\qquad \xi_5=\frac{1}{N_4},\qquad \xi_6=\frac{d_1}{20N_4}.$$

另一方面, 利用引理 4.11 可知, 存在 $\delta>0$ 满足

$$\delta M(\delta)\leqslant\min\left\{\frac{1}{4h(0)N_3C(\xi_3,\xi_4)},\frac{1}{16C(\xi_6)},\frac{1-h(0)}{64C_1},\frac{1}{4h(0)N_4C(\xi_5)},\frac{d_1}{32c_2h(0)}\right\}.$$

于是, 我们有

$$\frac{h(0)}{2}N_3-\frac{5h^2(0)d_2^2}{16d_1}-N_1C(\xi_1)=1+\frac{3h^2(0)d_2^2}{16d_1}\geqslant 1,$$

$$\frac{8d_1}{20}-N_1\xi_1-N_2\xi_2-N_4\xi_6=\frac{d_1}{4},$$

$$N_1\left(1-h(0)-a_1a_2d_2^2\right)-N_3\left(\xi_3+4\delta M(\delta)h(0)C(\xi_3,\xi_4)\right)$$
$$-1-\frac{a_1a_2d_1d_2^2}{2}\geqslant 1+\frac{a_1a_2d_1d_2^2}{2}\geqslant 1,$$

$$\frac{d_1}{8}-N_3\xi_4=\frac{d_1}{16},$$

$$N_4\left(\frac{3h(0)}{4}-4\delta M(\delta)h(0)C(\xi_6)\right)-N_2C(\xi_2)-\frac{1}{d_1}\geqslant 1,$$

$$\frac{3h(0)(1-h(0))}{16}-4\delta M(\delta)h(0)C_1\geqslant\frac{h(0)(1-h(0))}{8},$$

$$N_2(1-h(0))-N_4\left(\xi_5+4\delta M(\delta)h(0)C(\xi_5)\right)-\left(C_2+\frac{32c_2}{d_1}\delta M(\delta)h(0)\right)\geqslant 1.$$

因此得出

$$L'(t)\leqslant-\epsilon\widetilde{E}(t),$$

其中 $0<\epsilon=\min\left\{1,\frac{d_1}{16},\frac{1}{4h(0)}\right\}$. 又由 (4-5), 存在常数 $\epsilon_0>0$, 成立

$$L'(t)\leqslant-\epsilon_0E(t).$$

因此, 存在正常数 $C_3>0$ 使得

$$\int_0^t E(s)\mathrm{d}s\leqslant C_3\left(L(0)-L(t)\right). \tag{4-39}$$

另外, 可以看出

$$L(0) \leqslant \sum_{i=0}^{3} k_0 \int_0^{+\infty} h(s) \left\| \sqrt{A}\partial_s^i u_0(s) \right\|^2 \mathrm{d}s \\ + k_1 \left(E(0) + E_2(0) + E_3(0) + E_4(0) \right), \tag{4-40}$$

$$k_2 \left(E(t) + E_2(t) + E_3(t) + E_4(t) \right) \leqslant L(t), \tag{4-41}$$

其中 $k_0, k_1 > 0$, $k_2 \in \mathbb{R}$ 为三个常数.

因此, 由 (4-39)-(4-41)和(4-8) 可得, 存在依赖于 $E(0), E_2(0), E_3(0), E_4(0)$ 和 $\int_0^{+\infty}$ $h(s) \left\| \sqrt{A}\partial_s^i u_0(s) \right\|^2 \mathrm{d}s, i = 0, 1, 2, 3$ 的常数 $C_4 > 0$ 满足

$$\int_0^{+\infty} E(t)\mathrm{d}t \leqslant C_4.$$

又因为 $E'(t) \leqslant 0$, 于是我们有

$$((t+1)E(t))' \leqslant E(t),$$

由 0 至 t 积分可得

$$(t+1)E(t) \leqslant C, \qquad t \geqslant 0,$$

其中 $C = C_4 + E(0)$ 是一个常数. 由此可得估计 (4-9) 成立. 更进一步, 由于积分 $\int_0^{+\infty} E(t)\mathrm{d}t$ 收敛, 于是由 Cauchy 收敛准则导出

$$tE(t) \leqslant 2\int_{\frac{t}{2}}^{t} E(s)\mathrm{d}s \to 0, \qquad t \to +\infty,$$

□

注 4.5 由引理 4.11 和定理 4.1 的证明过程可以看出, 假设 (I_2) 中条件 $m(\Lambda) = 0$ 并不是必须的. 只需要 $m(\Lambda)$ 足够小 (这个具体数值可以通过更精细的估计证明中的参数取值得到), 则定理 4.1 也成立.

4.5 应　用

假设 $\Omega \subset \mathbb{R}^n$ 为一个开区域, 并具有光滑边界 $\partial\Omega$, $\mu(x), \mu_i(x)$ $(i = 1, 2, \cdots, 5)$ 为仅依赖空间变量变系数, 且满足

$$\mu(x) \geqslant \mu_0, \ \ \mu_1(x) \geqslant \mu_2(x), \ \ \frac{\mu_i(x)}{\mu(x)} = \mu_{i0}, \ \ i = 1, 2, \cdots, 5, \tag{4-42}$$

这里 $\mu_0, \mu_{10}, \mu_{20}, \mu_{40}$ 为四个正常数, μ_{30}, μ_{50} 是两个常数且满足 $\mu_{30}\mu_{50} > 0$.

这一节我们考虑下述几个耦合系统:

耦合系统 I)

对 $(x,t) \in \Omega \times (0,+\infty)$,

$$u_{tt} - \operatorname{div}(\mu(x)\nabla u_{tt}) - \operatorname{div}(\mu_1(x)\nabla u) + \int_0^{+\infty} g(s)\operatorname{div}(\mu_2(x)\nabla u(t-s))\,\mathrm{d}s$$

$$- \operatorname{div}(\mu_3(x)\nabla v) = 0,$$

$$v_{tt} - \operatorname{div}(\mu(x)\nabla v_{tt}) - \operatorname{div}(\mu_4(x)\nabla v) - \operatorname{div}(\mu_5(x)\nabla u) = 0,$$

且满足 Dirichlet 边界条件

$$u(x,t) = v(x,t) = 0, \qquad (x,t) \in \partial\Omega \times (0,+\infty).$$

耦合系统 II)

对 $(x,t) \in \Omega \times (0,+\infty)$,

$$u_{tt} - \operatorname{div}(\mu(x)\nabla u_{tt}) - \operatorname{div}(\mu_1(x)\nabla u) + \int_0^{+\infty} g(s)\operatorname{div}(\mu_2(x)\nabla u(t-s))\,\mathrm{d}s$$

$$- \operatorname{div}(\mu_3(x)\nabla v) = 0,$$

$$v_{tt} - \operatorname{div}(\mu(x)\nabla v_{tt}) + \Delta(\mu_4(x)\Delta v) - \operatorname{div}(\mu_5(x)\nabla u) = 0,$$

且有齐次边界条件

$$u(x,t) = v(x,t) = \frac{\partial v(x,t)}{\partial v} = 0, \qquad (x,t) \in \partial\Omega \times (0,+\infty),$$

其中 $\dfrac{\partial}{\partial v}$ 表示沿外法向的方向导数.

耦合系统 III)

对 $(x,t) \in \Omega \times (0,+\infty)$,

$$u_{tt} - \operatorname{div}(\mu(x)\nabla u_{tt}) + \Delta(\mu_1(x)\Delta u) - \int_0^{+\infty} g(s)\Delta(\mu_2(x)\Delta u(t-s))\,\mathrm{d}s$$

$$- \operatorname{div}(\mu_3(x)\nabla v) = 0,$$

$$v_{tt} - \operatorname{div}(\mu(x)\nabla v_{tt}) + \Delta(\mu_4(x)\Delta v) - \operatorname{div}(\mu_5(x)\nabla u) = 0,$$

伴随齐次边界条件

$$u(x,t)=v(x,t)=\frac{\partial u(x,t)}{\partial \upsilon}=\frac{\partial v(x,t)}{\partial \upsilon}=0,\qquad (x,t)\in\partial\Omega\times(0,+\infty).$$

设

$$\widetilde{u}=(I-\operatorname{div}(\mu(x)\nabla))u,\quad \widetilde{v}=\sqrt{\frac{\mu_{30}}{\mu_{50}}}(I-\operatorname{div}(\mu(x)\nabla))v,$$

$$A=\mu_{20}\Delta(\mu(x)\Delta)(I-\operatorname{div}(\mu(x)\nabla))^{-1},\tag{4-43}$$

$$A_1=\mu_{10}\Delta(\mu(x)\Delta)(I-\operatorname{div}(\mu(x)\nabla))^{-1},\tag{4-44}$$

$$A_2=\mu_{40}\Delta(\mu(x)\Delta)(I-\operatorname{div}(\mu(x)\nabla))^{-1},\tag{4-45}$$

$$B=-\sqrt{\mu_{30}\mu_{50}}\operatorname{div}(\mu(x)\nabla)(I-\operatorname{div}(\mu(x)\nabla))^{-1}.\tag{4-46}$$

则上述系统 III) 变为

$$\begin{aligned}\widetilde{u}''(t)+A_1\widetilde{u}(t)-\int_0^{+\infty}g(s)A\widetilde{u}(t-s)\mathrm{d}s+B\widetilde{v}(t)&=0,\\ \widetilde{v}''(t)+A_2\widetilde{v}(t)+B\widetilde{u}(t)&=0,\\ \widetilde{u}(-t)=\widetilde{u}_0(t),\ \ \forall t\geqslant 0,\qquad \widetilde{u}'(0)&=\widetilde{u}_1,\\ \widetilde{v}(0)=\widetilde{v}_0,\qquad \widetilde{v}'(0)&=\widetilde{v}_1.\end{aligned}$$

由 (4-42) 可知

$$-\operatorname{div}(\mu_1(x)\nabla),\quad -\operatorname{div}(\mu_2(x)\nabla),\quad -\operatorname{div}(\mu_3(x)\nabla),\quad -\operatorname{div}(\mu_4(x)\nabla),$$

$$-\operatorname{div}(\mu_5(x)\nabla),\quad \Delta(\mu_1(x)\Delta),\quad \Delta(\mu_2(x)\Delta),$$

$$\Delta(\mu_4(x)\Delta),\quad (I-\operatorname{div}(\mu(x)\nabla))^{-1}$$

可交换. 另外, (4-43)-(4-46) 中所定义算子 A, A_1, A_2, B 为自伴正定线性算子. 另一方面, 不难检验耦合系统 III) 满足假设 (I_1). 因此, 由定理 4.1 可知, 假设核 $g(s)$ 满足条件 (I_2), 则上述系统的解能量以 t^{-1} 的速率衰减.

耦合系统 I) 和耦合系统 II) 类似于耦合系统 III), 此处我们略去细节.

此外, 利用定理 4.1, 我们也能直接得到下述具体系统 (I), (II), (III) 的最优能量衰减估计.

假设 Ω 为 $\mathbb{R}^3$ 中有界区域并具有光滑边界 $\partial\Omega$, $\lambda(x)$, $\lambda_1(x),\lambda_2(x)$ 为仅依赖于空间变量的变系数, 且满足

$$\lambda_1(x)\geqslant\lambda(x)\geqslant\lambda_{10},\quad \lambda_2(x)\geqslant\lambda_{20},$$

其中 $\lambda_{10}, \lambda_{20} > 0$ 为正常数, β_1, β_2 为常数且满足 $\beta_1\beta_2 > 0$.

(I) 对 $(x,t) \in \Omega \times (0, +\infty)$,

$$u_{tt} - \operatorname{div}(\lambda_1(x)\nabla u) + \int_0^{+\infty} g(s)\operatorname{div}(\lambda(x)\nabla u(t-s))\,\mathrm{d}s + \beta_1 v = 0,$$
$$v_{tt} - \operatorname{div}(\lambda_2(x)\nabla v) + \beta_2 u = 0,$$

且具有齐次 Dirichlet 边界条件

$$u(x,t) = v(x,t) = 0, \qquad (x,t) \in \partial\Omega \times (0, +\infty).$$

(II) 对 $(x,t) \in \Omega \times (0, +\infty)$,

$$u_{tt} - \operatorname{div}(\lambda_1(x)\nabla u) + \int_0^{+\infty} g(s)\operatorname{div}(\lambda(x)\nabla u(t-s))\,\mathrm{d}s + \beta_1 v = 0,$$
$$v_{tt} + \Delta(\lambda_2(x)\Delta v) + \beta_2 u = 0,$$

伴随齐次边界条件

$$u(x,t) = v(x,t) = \frac{\partial v(x,t)}{\partial \upsilon} = 0, \qquad (x,t) \in \partial\Omega \times (0, +\infty).$$

(III) 对 $(x,t) \in \Omega \times (0, +\infty)$,

$$u_{tt} + \Delta(\lambda_1(x)\Delta u) - \int_0^{+\infty} g(s)\Delta(\lambda(x)\Delta u(t-s))\,\mathrm{d}s + \beta_1 v = 0,$$
$$v_{tt} + \Delta(\lambda_2(x)\Delta v) + \beta_2 u = 0,$$

具有齐次边界条件

$$u(x,t) = v(x,t) = \frac{\partial u(x,t)}{\partial \upsilon} = \frac{\partial v(x,t)}{\partial \upsilon} = 0, \qquad (x,t) \in \partial\Omega \times (0, +\infty).$$

如果我们取 $\widetilde{u} = u$, $\widetilde{v} = \sqrt{\dfrac{\beta_1}{\beta_2}}$, 不难验证系统 (I)-(III) 满足假设条件 (I_1). 因此, 如果核 $g(s)$ 满足条件 (I_2), 则应用定理 4.1 可得系统 (I)-(III) 的解能量具有最优衰减率 t^{-1}.

第二部分
一些具体黏弹性模型的稳定性研究

第 5 章 仅具有一个记忆项的半线性 Timoshenko 系统的指数 (多项式) 稳定性

本章中, 我们考察半线性耦合 Timoshenko 系统的稳定性, 其仅仅被一个记忆阻尼项控制. 通过对此问题建立一些针对性的分析方法和超出寻常的验证过程, 对记忆核函数仅仅限制在最基本的假设条件下, 我们对系统的解成功地建立了一个理想的稳定性理论和精确的一致衰减率, 并且在某种意义下, 这是最优的衰减率. 而且, 当系统中记忆核函数以多项式 (指数) 衰减时, 我们也获得了其能量也以多项式 (指数) 衰减, 也即, 解能量与记忆核具有同样的衰减率. 正如我们在本章中将要看到的, 我们获得的所有结果仅仅基于一个局部记忆阻尼影响. 也即, 本章中我们所得结论揭示了此半线性 Timoshenko 系统的一个重要的未知现象: 一个局部的记忆阻尼项足够产生一个整体的耗散机制, 并且可以得到与整体记忆阻尼情形时具有同样的衰减率. 最后需要指出的是, 我们的理论是在对记忆核函数更弱的假设条件下获得的, 并且相比于先前文献中局部记忆的结果我们所得结论更强 [90].

5.1 背景介绍及文献回顾

许多年来, 对各种形式的 Timoshenko 系统以及相关系统的认识与研究, 在理论和应用中一直是一个非常重要的科研课题. 截至目前, 关于这方面的研究已经获得了一系列很好的发展, 可参见 [12, 14, 16, 17, 61, 72, 73, 85, 95, 117, 119, 122, 129, 142, 150, 166, 181] 及其参考文献. 在这些工作以及其他相关工作的启示与激励下, 本章中我们将更加深入地研究以下仅仅具有一个局部记忆阻尼项的半线性 Timoshenko 系统:

$$\rho_1\varphi_{tt} - k(\varphi_x + \psi)_x = 0, \quad (x,t) \in (0,l) \times (0,+\infty), \tag{5-1}$$

$$\rho_2\psi_{tt} - b\psi_{xx} + \int_0^t g(t-s)\left(a(x)\psi_x(s)\right)_x \mathrm{d}s + k(\varphi_x + \psi) = h(\psi), \quad (x,t) \in (0,l) \times (0,+\infty), \tag{5-2}$$

初值为

$$\varphi(\cdot,0) = \varphi_0, \quad \varphi_t(\cdot,0) = \varphi_1, \quad \psi(\cdot,0) = \psi_0, \quad \psi_t(\cdot,0) = \psi_1, \quad x \in (0,l), \tag{5-3}$$

以及齐次边界条件

$$\varphi(0,t)=\varphi_x(l,t)=\psi(0,t)=\psi(l,t)=0,\quad t\geqslant 0, \tag{5-4}$$

其中, ρ_1,ρ_2,k,b 为正常数, 函数 φ 和 ψ 分别代表梁的横向位移与梁单元的旋转角度, 函数 $g(t)$ 表示记忆核. 变系数 $a(x)\geqslant 0$ 仅仅依赖空间变量. 本章中, 我们将深入地研究仅仅在局部记忆阻尼条件下此 Timoshenko 系统的稳定性, 从上述系统的控制方程可以看到阻尼仅仅在 $a(x)>0$ 的部分起作用, 而其他部分没有受到任何阻尼影响.

众所周知, 一方面, 记忆项在各种系统中将产生衰减机制, 而这在一定程度上又影响整个系统的稳定性. 根据以往发展系统稳定性研究中的一些重要成果 (参见 [1,2,12,16,17,24,29,31,56,61,62,70,72,73,85,86,119,122,129,131,134,142,143,150,172,181] 及其参考文献), 我们知道关于此领域中强稳定性以及多项式稳定性的研究具有非常重要理论以及应用价值. 另一方面, 考察阻尼项对整个系统稳定性影响的程度以及获得理想的稳定性理论与精确的衰减率估计一直以来都是一个具有很大挑战性的问题, 尤其当阻尼由记忆项引起时, 这更是一项极具挑战性的难题. 而本章中, 我们研究的系统不仅是记忆阻尼而且仅仅只有局部记忆阻尼 (没有任何其他阻尼的辅助), 因此在此种情形下研究 Timoshenko 系统的整体稳定性更加是一个前所未有的难题.

当在 $[0,l]$ 上 $a(x)=1$ 时, 即: 记忆影响作用在整体上时, 在 [12, 73, 119] 等等文献中系统 (5-1)-(5-3) 伴随齐次 Dirichlet 边界条件被研究者所考察. 在文献 [12,73] 中, 等波速情形

$$\frac{\rho_1}{k}=\frac{\rho_2}{b}$$

时上述系统被研究. 在 [12] 中, 当记忆核函数 $g(t)$ 满足

$$g(t)>0,\quad -k_0\leqslant g'(t)\leqslant -k_1g(t),\quad |g''(t)|\leqslant k_2g(t),$$

指数衰减率被获得; 当记忆核函数 $g(t)$ 满足

$$\begin{gathered}0<g(t)<b_0(1+t)^{-p},\\ -b_1g^{\frac{p+1}{p}}(t)\leqslant g'(t)\leqslant -b_2g^{\frac{p+1}{p}}(t),\\ -b_3|g'(t)|^{\frac{p+2}{p+1}}\leqslant g''(t)\leqslant -b_4|g'(t)|^{\frac{p+2}{p+1}},\end{gathered}$$

多项式衰减率 $(1+t)^{-p}$ 被获得. 其中常数 $p>2$, $b_0,b_1,b_2,b_3,b_4>0$. 在 [119] 中, 假如存在一个递减可微函数 $\xi:[0,\infty)\to(0,\infty)$ 使得核函数 g 满足

$$g(0)>0,\quad g'(t)\leqslant -\xi(t)g(t), \tag{5-5}$$

衰减率 $e^{-\omega\int_0^t \xi(s)\mathrm{d}s}$ 被得到.

对于不同波速情形 $\dfrac{\rho_1}{k}\neq\dfrac{\rho_2}{b}$, 在 [73] 中, 如果对于常数 $p\geqslant 1$, 核函数满足

$$g'(t)\leqslant -\xi(t)g^p(t),\quad t\geqslant 0,$$

作者证明了系统 (5-1)-(5-4) 的能量以速率

$$\left(\frac{1+\left(\displaystyle\int_0^t g^{\frac{1}{2}}(s)\mathrm{d}s\right)^{2(p-1)}+\displaystyle\int_0^t g^{2-p}(s)\mathrm{d}s}{\displaystyle\int_0^t \xi(s)\mathrm{d}s}\right)^{\frac{1}{2p-1}}$$

衰减.

另外, 在文献 [122,129] 中, 作者研究了具有无穷记忆项的系统

$$\rho_1\varphi_{tt}-k\left(\varphi_x+\psi\right)_x=0,\quad (x,t)\in(0,l)\times(0,+\infty),$$

$$\rho_2\psi_{tt}-b\psi_{xx}+\int_0^{+\infty}g(s)\psi_{xx}(t-s)\mathrm{d}s+k\left(\varphi_x+\psi\right)=0,\quad (x,t)\in(0,l)\times(0,+\infty),$$

并且当核函数 g 满足

$$g(0)>0,\quad g(t)\geqslant 0,\quad g'(t)\leqslant -kg^p(t),\quad 1\leqslant p<\frac{3}{2},\tag{5-6}$$

一些衰减结果被得到, 具体细节参见 [122, Theorems 2.1 和 3.2] 和 [129, Theorems 3.7 和 5.4] .

更进一步, 在 [85,181] 中, Timoshenko 系统可以作为其一个具体例子的包含更广的下述抽象系统也被研究,

$$u''(t)+A_1u(t)-\int_0^t g(t-s)A_1u(s)\mathrm{d}s+\alpha u(t)+B_2v(t)=f(u(t)),\tag{5-7}$$

$$v''(t)+A_2v(t)+B_1u(t)=0,\tag{5-8}$$

其中 A_1, A_2 Hilbert 空间 H 中的两个正定自伴线性算子, B_1, B_2 是空间 H 中的两个线性算子, f 表示外力项. 在 [181] 中, 作者分析了系统的稳定性并且得到了与可积核函数相应的各种衰减率. 此外, 在 [85] 中, 当核函数 $g(s)$ 仅仅非负递减而对其导数 $g'(t)$ 没有任何其他限制时, 作者获得了一个最优衰减率. 关于二阶抽象系统的更多的内容, 建议读者参考文献 [1,2,172,174,178] 及其参考文献等.

当局部记忆阻尼并辅助摩擦阻尼时, 文献 [31] 考虑了下述的当个系统:

$$u_{tt}-\kappa_0\Delta u(t)+\int_0^t g(t-s)\mathrm{div}[a(x)\nabla u(s)]\mathrm{d}s+f(u)+b(x)h(u_t)$$
$$=0,\ (x,t)\in\Omega\times\mathbb{R}^+,$$

其中 $a\in C^1(\bar{\Omega}),b\in L^\infty(\Omega)$ 是非负函数并满足

$$a(x)+b(x)\geqslant\delta>0,\ \forall x\in\Omega,\ \text{且}\ \mathrm{meas}\{x\in\partial\Omega:a(x)>0\}>0,$$

即: 在包含 Ω 部分边界的 $\bar{\Omega}$ 的一个子集中记忆项起作用, 而 Ω 剩余的其他部分摩擦阻尼起作用. 在条件 (5-6) 下, 系统的一些衰减率被建立 (细节见 [31, Theorems 2.1 和 3.1]).

此外, 在 [29] 中, 作者考虑了耦合的 wave 和 Petrovsky 系统, 其中阻尼是由无穷记忆阻尼和摩擦阻尼组合而成的混合阻尼系统,

$$u_{tt}(t)+Au(t)+Du_t-\int_0^{+\infty}g(s)Bu(t-s)\mathrm{d}s+\widetilde{B}v(t)=0,$$
$$v_{tt}(t)+\widetilde{A}v(t)+\widetilde{B}u(t)=0,$$

这里 $B=-\mathrm{div}(b\nabla)$ 或 $\Delta(b\Delta)$, $D=dI$ (I 为单位算子) 各自表示区域 Ω 上的无穷记忆阻尼与摩擦阻尼算子, 以下述形式

$$\inf_{\Omega}(b+d)\geqslant\alpha_1>0,\qquad \inf_{\Gamma_0}b\geqslant\alpha_2>0,\quad \Gamma_0\subset\partial\Omega,\mathrm{meas}\Gamma_0>0$$

在整个区域上对整个系统起一个互相弥补方式的阻尼作用. 当非负递减核函数 $g(t)\in C^1(\mathbb{R}^+)\cap L^1(\mathbb{R}^+)$ 满足

$$g'(t)\leqslant-kg(t),\quad k>0\ \text{为常数},\tag{5-9}$$

或存在一个定义在 $[0,g(0)]$ 上连续可微且严格递增的凸函数 $\widetilde{G}$ 及

$$\widetilde{G}(0)=\widetilde{G}'(0)=0,\quad \lim_{t\to+\infty}\widetilde{G}'(t)=+\infty,$$

并且满足

$$\int_0^{+\infty}\frac{g(s)}{\widetilde{G}^{-1}(-g'(s))}\mathrm{d}s+\sup_{s\in R^+}\frac{g(s)}{\widetilde{G}^{-1}(-g'(s))}<+\infty,\tag{5-10}$$

在条件 (5-9)和(5-10)下, 衰减率 t^{-1} (更弱衰减率) 被获得. 详细信息见 [29, Theorem 3.1]. 另外, 在文献 [72] 中相关结论, 在那里一个由无穷记忆阻尼和摩擦阻尼

互相弥补的混合阻尼 Timoshenko 系统被研究, 并且在条件 (5-5) 下一些衰减结果被得到.

值得一提的是, 在文献 [134] 中, 作者研究了仅具有局部记忆阻尼 (没有摩擦阻尼做弥补) 的单个波方程:

$$u_{tt} - \Delta u(t) + \int_0^t g(t-s)\mathrm{div}\{a(x)\nabla u(\cdot, s)\}\mathrm{d}s = 0, \quad (x,t) \in \Omega \times \mathbb{R}^+,$$

其中 $a(x) \geqslant 0$ 且仅在 Ω 的部分区域为正. 当 $\kappa_0, \kappa_1 > 0$, 核函数 $g(t) \in C^3(0,\infty)$ 满足

$$g(t) > 0, \quad |g''(t)| \leqslant cg(t), \quad |g'''(t)| \leqslant cg(t), \quad -\kappa_0 g(t) \leqslant g'(t) \leqslant -\kappa_1 g(t),$$

系统的指数衰减率被得到.

总之, 以前的研究主要集中在具有整体阻尼效应 (记忆效应, 或互补摩擦阻尼和无限记忆) 的单个 (耦合) 系统, 且其中对于记忆核要求非负 (减少) 且其导数 $g'(t)$ 还需满足一些其他控制条件, 例如 [12,29,31,70,85,94,119,122,129,131,134,181] 及其参考文献. 对可积、可能变号的核函数, 仅在文献 [24] 被研究, 其相应的耦合系统 (5-7)-(5-8) 以及单个系统 (5-7)(其中 $B_2 = 0$) 的稳定性结果也被建立. 据我们所知, 在具有局部记忆效应的单个发展系统上目前只有一篇文献 [134] 涉及, 而对于具有局部记忆效应 (但没有互补摩擦阻尼) 的半线性耦合系统此方面的研究仍然空白, 没有任何结果.

在本章中, 我们考虑半线性 Timoshenko 系统 (5-1)-(5-4), 其是仅具有局部记忆效应而没有互补的摩擦阻尼的间接阻尼系统. 其中变系数 $a(x)$ 在 $[0, l_0]$ 上 $a(x) \geqslant a_0 > 0$, 这里 $0 < l_0 < l$. 借助针对此难题设计的一些专门的分析方法和超乎寻常的证明, 在关于记忆核函数的一些最基本限制条件下, 我们成功地建立了一个理想的稳定性定理并获得了系统解能量的精确的一致衰减率, 在某种意义上此结果是最优的. 此外, 当记忆核以多项式 (指数) 方式衰减时, 我们也获得了多项式 (指数) 衰减率. 更具体地说, 为了获得理想的能量衰减结果, 我们首先建立部分区间 $[0, d_0]$ (具有记忆效应) 和整个区间 (5.3.1 节) 能量之间控制关系. 然后我们对 $[0, d_0]$ (5.3.2 节) 部分建立局部能量的渐近估计. 在这个过程中, 为了克服阻尼局部性带来的困难, 我们引入一个指数型权重函数来处理 ϕ, ψ 及其导数在点 d_0 处的值. 另外, 我们设计了一个辅助函数 $\omega(x)$ (参见 5.3.3 节中的 (5-59)) 以避免出现一些麻烦的低阶项 (通常, 在具有摩擦阻尼的方程的论证过程中, 低阶项需要通过紧致性- 唯一性方法来吸收). 可以看出, 这些新的分析方法证明是有效的, 并也可能适用于其他的局部问题. 最后, 当记忆核仅减少 (非负) 时而没有对 $g'(t)$ 做其他限制时, 我们获得最佳衰减率. 特别是, 对于一些特殊的记忆核, 我们还给出了最优指数 (多项式) 衰减估计.

正如人们将看到的, 我们仅根据局部记忆效应建立所有这些结果. 换句话说, 我们的结果揭示并指出了一个重要的未知现象, 对于半线性 Timoshenko 系统, 局部记忆效应足以产生整个耗散机制, 并且可以获得与全局记忆效应相同的衰减率. 此外, 在假设记忆核更弱条件下, 这里的定理给出了比先前文献更强的结论 (当具有局部记忆效应时).

本章的结构如下. 在 5.2 节中, 我们陈述了系统 (5-1)-(5-2) 解能量的主要衰减结果. 在 5.3 节中, 我们证明了一系列的引理 (引理 5.3-引理 5.17), 这些引理将在 5.4 节中应用. 主要结果的证明在 5.4 节中给出.

5.2 主要稳定性结论

首先介绍一些假设:

(I_1) $a(x)$ 在 $[0,l]$ 上非负、连续可微且

$$a(x) \geqslant a_0, \quad x \in [0, l_0],$$

其中 $a_0 > 0$, $0 < l_0 < l$ 是两个常数.

(I_2) $g(t) : [0,+\infty) \to [0,+\infty)$ 是一个非增、局部绝对连续函数, $g(0) > 0$ 及

$$b - \bar{a}G_0 > 0,$$

其中 $\bar{a} := \max\limits_{x\in[0,l]} a(x)$, $G_0 := \displaystyle\int_0^{+\infty} g(t)\mathrm{d}t$.

(I_3) $h \in W^{1,\infty}_{\mathrm{loc}}(\mathbb{R})$ 满足增长性条件

$$|h'(s)| \leqslant C_0|s|^\beta, \quad \forall s \in \mathbb{R},$$

其中 $\beta > 0, C_0 > 0$ 是两个常数.

定义系统 (5-1)-(5-4) 的能量为

$$\begin{aligned} E(t) :=& \frac{1}{2}\int_0^l \left(\rho_1\varphi_t^2 + \rho_2\psi_t^2 + k\left(\varphi_x + \psi\right)^2 + \left(b - a(x)\int_0^t g(s)\mathrm{d}s\right)\psi_x^2\right)\mathrm{d}x \\ &+ \frac{1}{2}\int_0^l\int_0^t g(t-s)a(x)\left(\psi_x(t) - \psi_x(s)\right)^2\mathrm{d}s\mathrm{d}x + \int_0^l \mathfrak{H}(\psi)\mathrm{d}x, \end{aligned}$$

其中

$$\mathfrak{H}(z) := -\int_0^z h(s)\mathrm{d}s, \quad \forall z \in \mathbb{R}.$$

接下来, 我们陈述系统 (5-1)-(5-4) 的存在性和唯一性结论以及一些基本事实. 对于它们的证明, 读者可参考文献 [24, 85, 181].

引理 5.1 假设 (I_1)-(I_3) 成立. 则存在 $\varrho>0$ 使得对 φ_0, $\psi_0\in H_0^1(0,l)$, φ_1, $\psi_1\in L^2(0,l)$ 以及

$$\int_0^l \psi_1^2\mathrm{d}x, \int_0^l (\psi_0)_x^2\,\mathrm{d}x, \int_0^l \varphi_1^2\mathrm{d}x, \int_0^l (\varphi_0)_x^2\,\mathrm{d}x<\varrho,$$

系统 (5-1)-(5-4) 在 $[0,\infty)$ 上有唯一的温和解且有正则性

$$\varphi,\psi\in C^1\left(\mathbb{R}^+;L^2(0,l)\right)\cap C\left(\mathbb{R}^+;H_0^1(0,l)\right).$$

如果 φ_0, $\psi_0\in H^2(0,l)\cap H_0^1(0,l)$, φ_1, $\psi_1\in H_0^1(0,l)$, 解为经典解且满足

$$\varphi,\psi\in C^2\left(\mathbb{R}^+;L^2(0,l)\right)\cap C^1\left(\mathbb{R}^+;H_0^1(0,l)\right)\cap C\left(\mathbb{R}^+;H^2(0,l)\cap H_0^1(0,l)\right).$$

而且, 对 $t\geqslant 0$, 能量满足

$$\vartheta_1\widetilde{E}(t)\leqslant E(t)\leqslant\vartheta_2\widetilde{E}(t) \tag{5-11}$$

和

$$\frac{\mathrm{d}}{\mathrm{d}t}E(t)=-\frac{1}{2}g(t)\int_0^l a(x)\psi_x^2\mathrm{d}x+\frac{1}{2}\int_0^l\int_0^t a(x)g'(t-s)\left(\psi_x(t)-\psi_x(s)\right)^2\mathrm{d}s\mathrm{d}x, \tag{5-12}$$

其中 $\vartheta_1,\vartheta_2>0$ 为常数,

$$\begin{aligned}\widetilde{E}(t):=&\int_0^l\left(\varphi_t^2+\psi_t^2+(\varphi_x+\psi)^2+\psi_x^2\right)\mathrm{d}x\\&+\int_0^l\int_0^t g(t-s)a(x)\left(\psi_x(t)-\psi_x(s)\right)^2\mathrm{d}s\mathrm{d}x.\end{aligned}$$

另外, 当 $h\equiv 0$ 时, 我们能取到 $\varrho=+\infty$.

引理 5.2 假设 (I_1)-(I_3) 成立. 则对任意 $\epsilon>0$, 存在 $\varrho_\epsilon>0$ 使得对 φ_0, $\psi_0\in H_0^1(0,l)$, φ_1, $\psi_1\in L^2(0,l)$ 及

$$\int_0^l \psi_1^2\mathrm{d}x, \int_0^l (\psi_0)_x^2\,\mathrm{d}x, \int_0^l \varphi_1^2\mathrm{d}x, \int_0^l (\varphi_0)_x^2\,\mathrm{d}x<\varrho_\epsilon,$$

对 $t\geqslant 0$, 系统 (5-1)-(5-4) 的解满足

$$\int_0^l h^2(\psi)\mathrm{d}x\leqslant\epsilon\int_0^l \psi_x^2\mathrm{d}x.$$

为了获得能量的多项式衰减, 我们加强假设 (I_2) , 如下所示.

(I_2') $g(t):[0,+\infty)\to[0,+\infty)$ 是一个单调不增、局部绝对连续函数, $m(\mathfrak{J})=0$ 以及

$$g(0)>0,\quad g'(t)\leqslant 0,\quad b-\bar{a}G_0>0,$$

其中 $\mathfrak{J}:=\{s\geqslant 0;\ g(s)>0,g'(s)=0\}$.

注 5.1 *存在非常多的函数满足 (I_2'), 并且没有先前文献中常见的关于 $g(t)$ 控制 $g'(t)$ 的一些限制条件 (如 (5-6))* .

现在, 我们给出系统 (5-1)-(5-4) 解能量的一致衰减定理.

定理 5.1 假设 $(I_1),(I_2'),(I_3)$ 成立, $\dfrac{\rho_1}{k}=\dfrac{\rho_2}{b}$, 则存在 $0<\varrho'\leqslant\varrho$ 使得对 $\varphi_0,\ \psi_0\in H_0^1(0,l),\ \varphi_1,\ \psi_1\in L^2(0,l)$ 及

$$\int_0^l\psi_1^2\mathrm{d}x,\int_0^l(\psi_0)_x^2\,\mathrm{d}x,\int_0^l\varphi_1^2\mathrm{d}x,\int_0^l(\varphi_0)_x^2\,\mathrm{d}x<\varrho',$$

系统 (5-1)-(5-4) 的解能量 $E(t)$ 满足

$$\int_0^{+\infty}E(t)\leqslant CE(0),\quad t\geqslant 0,\tag{5-13}$$

$$E(t)\leqslant CE(0)(t+1)^{-1},\quad t\geqslant 0\tag{5-14}$$

和

$$tE(t)\to 0,\quad \text{当 } t\to+\infty \text{ 时},\tag{5-15}$$

其中 $C>0$ 为常数.

另外, 当 $h\equiv 0$ 时, 我们可取 $\varrho'=+\infty$.

此外, 如果我们有关于内存内核 $g(t)$ 的更多信息, 我们可以证明以下结果.

定理 5.2 假设定理 5.1 中条件成立且

$$g'(t)\leqslant-\sigma g^{\lambda}(t),\quad t\geqslant 0,$$

其中 $\sigma>0,\ \lambda\in[1,2)$ 为常数.

情况 1. 如果 $\lambda=1$, 则存在常数 $C,\eta>0$ 使得

$$E(t)\leqslant CE(0)e^{-\eta t},\quad t\geqslant 0.\tag{5-16}$$

情况 2. 如果 $1<\lambda<2$, 则存在常数 $C>0$ 使得

$$E(t)\leqslant CE(0)(t+1)^{-\frac{1}{\lambda-1}},\quad t\geqslant 0.\tag{5-17}$$

另外, 当 $h\equiv 0$ 时, 我们可取 $\varrho'=+\infty$.

注 5.2 定理 5.1 和定理 5.2 揭示并指出一个重要的科学现象, 对于半线性 Timoshenko 系统, 局部记忆效应足以产生一个整体的耗散机制, 并且可以获得与具有全局记忆效应的情况时相同的衰减率. 此外, 正如定理 5.1 所示, 记忆核的条件比先前关于局部记忆效应的工作要弱得多, 而我们得到了比以前的工作更强的结论.

注 5.3 从 [85, Remark 3.3 (ii)] 和 [94, Theorem 4.1] 可以清晰看出, 定理 5.1 和定理 5.2 中所得衰减率在某种意义下是最优的.

5.3 引理以及证明

在本节中, 我们在定理 5.1 的条件下给出并证明一系列引理 (引理 5.3-引理 5.17), 以证明我们上面的主要结果. 在后续中, $C_i, D_i > 0, i = 1, 2, \cdots$, 表示一些正常数 (可能不同).

为方便起见, 我们写

$$\Lambda := \left(b - a(x)\int_0^t g(s)\mathrm{d}s\right)\psi_x + \int_0^t g(t-s)a(x)\left(\psi_x(t) - \psi_x(s)\right)\mathrm{d}s,$$

则我们可以重写 (5-1)-(5-2) 为

$$\rho_1\varphi_{tt} - k\left(\varphi_x + \psi\right)_x = 0, \quad (x,t) \in (0,l) \times (0,+\infty), \tag{5-18}$$

$$\rho_2\psi_{tt} - \Lambda_x + k\left(\varphi_x + \psi\right) = h(\psi), \quad (x,t) \in (0,l) \times (0,+\infty). \tag{5-19}$$

另外, 我们记

$$d_0 := \frac{1}{2}l_0, \quad b_0 := b - \bar{a}G_0, \quad \widehat{a} := G_0 \sup_{0\leqslant x\leqslant l}|a'(x)|,$$

则通过假设 (I_1) , 我们有 $a(x) \geqslant a_0,\ x \in [0, d_0]$.

5.3.1 整体能量与局部区间 $[0, d_0]$ 上能量的控制关系

首先, 我们介绍函数

$$H_1(t) := -\int_{d_0}^l e^{q(l-x)}\rho_2\psi_t\psi\mathrm{d}x - \int_{d_0}^l e^{q(l-x)}\rho_2\varphi_t\varphi\mathrm{d}x,$$

这将给出负项

$$-\int_{d_0}^l e^{q(l-x)}\left(\varphi^2 + \psi^2\right)\mathrm{d}x,$$

其中

$$q := 4 + 4k + \frac{6}{b} + \frac{8}{b_0^2}\left(b + \frac{k+1}{2}\right) + \frac{2}{b}kl + \frac{1}{b_0}\left(\frac{1}{2}(\widehat{a} + 2k + 1) + 6k + 8k^2 l\right)$$

为常数.

引理 5.3 对任意 $t \geqslant 0$，我们有

$$\begin{aligned}\frac{\mathrm{d}}{\mathrm{d}t}H_1(t) \leqslant & \frac{1}{2}e^{q(l-d_0)}\left(\Lambda(d_0) - k\varphi(d_0)\right)^2 + \left(\frac{1}{2} + bq\right)e^{q(l-d_0)}\psi^2(d_0) \\ & + \frac{k}{2}e^{q(l-d_0)}(\varphi_x(d_0) + \psi(d_0))^2 + \left(\frac{k}{2} + \frac{1}{2}kq\right)e^{q(l-d_0)}\varphi^2(d_0) \\ & + \left(b + \frac{1}{2} + \frac{k}{2}\right)\int_{d_0}^{l} e^{q(l-x)}\psi_x^2 \mathrm{d}x + \frac{3k}{2}\int_{d_0}^{l} e^{q(l-x)}(\varphi_x + \psi)^2 \mathrm{d}x \\ & + \left(\frac{1}{2} + \frac{q}{2}\right)\int_{d_0}^{l} e^{q(l-x)}\left(\int_0^t g(t-s)a(x)\left(\psi_x(t) - \psi_x(s)\right)\mathrm{d}s\right)^2 \mathrm{d}x \\ & - \int_{d_0}^{l} e^{q(l-x)}h(\psi)\psi \mathrm{d}x - \left(\frac{1}{2}kq^2 - kq - \frac{k}{2}\right)\int_{d_0}^{l} e^{q(l-x)}\varphi^2 \mathrm{d}x \\ & - \left(\frac{b_0 q^2 - \widehat{a}q}{2} - \frac{2k+1}{2}q - \frac{3k}{2}\right)\int_{d_0}^{l} e^{q(l-x)}\psi^2 \mathrm{d}x \\ & - \rho_2\int_{d_0}^{l} e^{q(l-x)}\psi_t^2 \mathrm{d}x - \rho_1\int_{d_0}^{l} e^{q(l-x)}\varphi_t^2 \mathrm{d}x. \end{aligned} \tag{5-20}$$

证明 由 (5-18) 和 (5-19) 得

$$\begin{aligned}\frac{\mathrm{d}}{\mathrm{d}t}H_1(t) = & -\int_{d_0}^{l} e^{q(l-x)}\rho_2\psi_{tt}\psi \mathrm{d}x - \int_{d_0}^{l} e^{q(l-x)}\rho_2\psi_t^2 \mathrm{d}x \\ & - \int_{d_0}^{l} e^{q(l-x)}\rho_1\varphi_{tt}\varphi \mathrm{d}x - \int_{d_0}^{l} e^{q(l-x)}\rho_1\varphi_t^2 \mathrm{d}x \\ = & -\int_{d_0}^{l} e^{q(l-x)}\left(\Lambda - k\varphi\right)_x \psi \mathrm{d}x + k\int_{d_0}^{l} e^{q(l-x)}\psi^2 \mathrm{d}x \\ & - \int_{d_0}^{l} e^{q(l-x)}h(\psi)\psi \mathrm{d}x - \rho_2\int_{d_0}^{l} e^{q(l-x)}\psi_t^2 \mathrm{d}x \\ & - \int_{d_0}^{l} e^{q(l-x)}k(\varphi_x + \psi)_x\varphi \mathrm{d}x - \rho_1\int_{d_0}^{l} e^{q(l-x)}\varphi_t^2 \mathrm{d}x \\ = & \, e^{q(l-d_0)}\left(\Lambda(d_0) - k\varphi(d_0)\right)\psi(d_0) + \int_{d_0}^{l} e^{q(l-x)}\left(\Lambda - k\varphi\right)\psi_x \mathrm{d}x \end{aligned}$$

$$-q\int_{d_0}^{l}e^{q(l-x)}\left(\Lambda-k\varphi\right)\psi\mathrm{d}x+k\int_{d_0}^{l}e^{q(l-x)}\psi^2\mathrm{d}x$$
$$-\int_{d_0}^{l}e^{q(l-x)}h(\psi)\psi\mathrm{d}x-\rho_2\int_{d_0}^{l}e^{q(l-x)}\psi_t^2\mathrm{d}x$$
$$+ke^{q(l-d_0)}(\varphi_x(d_0)+\psi(d_0))\varphi(d_0)+k\int_{d_0}^{l}e^{q(l-x)}(\varphi_x+\psi)\varphi_x\mathrm{d}x$$
$$-kq\int_{d_0}^{l}e^{q(l-x)}(\varphi_x+\psi)\varphi\mathrm{d}x-\rho_1\int_{d_0}^{l}e^{q(l-x)}\varphi_t^2\mathrm{d}x. \tag{5-21}$$

因此, 由 Young 不等式推出

$$\begin{aligned}&e^{q(l-d_0)}\left(\Lambda(d_0)-k\varphi(d_0)\right)\psi(d_0)\\&\leqslant\frac{1}{2}e^{q(l-d_0)}\left(\Lambda(d_0)-k\varphi(d_0)\right)^2+\frac{1}{2}e^{q(l-d_0)}\psi^2(d_0),\end{aligned}\tag{5-22}$$

$$\begin{aligned}&\int_{d_0}^{l}e^{q(l-x)}\left(\Lambda-k\varphi\right)\psi_x\mathrm{d}x\\&=\int_{d_0}^{l}e^{q(l-x)}\left(b-a(x)\int_0^t g(s)\mathrm{d}s\right)\psi_x^2\mathrm{d}x-k\int_{d_0}^{l}e^{q(l-x)}\varphi\psi_x\mathrm{d}x\\&\quad+\int_{d_0}^{l}e^{q(l-x)}\int_0^t g(t-s)a(x)\left(\psi_x(t)-\psi_x(s)\right)\mathrm{d}s\psi_x\mathrm{d}x\\&\leqslant\left(b+\frac{1}{2}+\frac{k}{2}\right)\int_{d_0}^{l}e^{q(l-x)}\psi_x^2\mathrm{d}x+\frac{k}{2}\int_{d_0}^{l}e^{q(l-x)}\varphi^2\mathrm{d}x\\&\quad+\frac{1}{2}\int_{d_0}^{l}e^{q(l-x)}\left(\int_0^t g(t-s)a(x)\left(\psi_x(t)-\psi_x(s)\right)\mathrm{d}s\right)^2\mathrm{d}x,\end{aligned}\tag{5-23}$$

$$\begin{aligned}&-q\int_{d_0}^{l}e^{q(l-x)}\left(\Lambda-k\varphi\right)\psi\mathrm{d}x\\&=-q\int_{d_0}^{l}e^{q(l-x)}\left(b-a(x)\int_0^t g(s)\mathrm{d}s\right)\psi_x\psi\mathrm{d}x\\&\quad-q\int_{d_0}^{l}e^{q(l-x)}\int_0^t g(t-s)a(x)\left(\psi_x(t)-\psi_x(s)\right)\mathrm{d}s\psi\mathrm{d}x+kq\int_{d_0}^{l}e^{q(l-x)}\varphi\psi\mathrm{d}x\\&\leqslant bqe^{q(l-d_0)}\psi^2(d_0)-\frac{b_0q^2-\widehat{a}q}{2}\int_{d_0}^{l}e^{q(l-x)}\psi^2\mathrm{d}x+\frac{q}{2}\int_{d_0}^{l}e^{q(l-x)}\psi^2\mathrm{d}x\\&\quad+\frac{q}{2}\int_{d_0}^{l}e^{q(l-x)}\left(\int_0^t g(t-s)a(x)\left(\psi_x(t)-\psi_x(s)\right)\mathrm{d}s\right)^2\mathrm{d}x\end{aligned}$$

$$
\begin{aligned}
&+\frac{kq}{2}\int_{d_0}^{l} e^{q(l-x)}\psi^2\mathrm{d}x+\frac{kq}{2}\int_{d_0}^{l} e^{q(l-x)}\varphi^2\mathrm{d}x\\
\leqslant\, & bqe^{q(l-d_0)}\psi^2(d_0)-\left(\frac{b_0q^2-\widehat{a}q}{2}-\frac{k+1}{2}q\right)\int_{d_0}^{l} e^{q(l-x)}\psi^2\mathrm{d}x\\
&+\frac{q}{2}\int_{d_0}^{l} e^{q(l-x)}\left(\int_0^t g(t-s)a(x)\left(\psi_x(t)-\psi_x(s)\right)\mathrm{d}s\right)^2\mathrm{d}x+\frac{kq}{2}\int_{d_0}^{l} e^{q(l-x)}\varphi^2\mathrm{d}x,
\end{aligned}
$$

$$
\begin{aligned}
&ke^{q(l-d_0)}(\varphi_x(d_0)+\psi(d_0))\varphi(d_0)\\
\leqslant\, & \frac{k}{2}e^{q(l-d_0)}(\varphi_x(d_0)+\psi(d_0))^2+\frac{k}{2}e^{q(l-d_0)}\varphi^2(d_0),
\end{aligned} \tag{5-24}
$$

$$
\begin{aligned}
&k\int_{d_0}^{l} e^{q(l-x)}(\varphi_x+\psi)\varphi_x\mathrm{d}x\\
=\, & k\int_{d_0}^{l} e^{q(l-x)}(\varphi_x+\psi)^2\mathrm{d}x-k\int_{d_0}^{l} e^{q(l-x)}(\varphi_x+\psi)\psi\mathrm{d}x\\
\leqslant\, & \frac{3k}{2}\int_{d_0}^{l} e^{q(l-x)}(\varphi_x+\psi)^2\mathrm{d}x+\frac{k}{2}\int_{d_0}^{l} e^{q(l-x)}\psi^2\mathrm{d}x
\end{aligned} \tag{5-25}
$$

和

$$
\begin{aligned}
&-kq\int_{d_0}^{l} e^{q(l-x)}(\varphi_x+\psi)\varphi\mathrm{d}x\\
=\, & -kq\int_{d_0}^{l} e^{q(l-x)}\varphi_x\varphi\mathrm{d}x-kq\int_{d_0}^{l} e^{q(l-x)}\psi\varphi\mathrm{d}x\\
=\, & -\frac{1}{2}kq\varphi^2(l)+\frac{1}{2}kqe^{q(l-d_0)}\varphi^2(d_0)-\frac{1}{2}kq^2\int_{d_0}^{l} e^{q(l-x)}\varphi^2\mathrm{d}x-kq\int_{d_0}^{l} e^{q(l-x)}\psi\varphi\mathrm{d}x\\
\leqslant\, & \frac{1}{2}kqe^{q(l-d_0)}\varphi^2(d_0)-\left(\frac{1}{2}kq^2-\frac{1}{2}kq\right)\int_{d_0}^{l} e^{q(l-x)}\varphi^2\mathrm{d}x+\frac{1}{2}kq\int_{d_0}^{l} e^{q(l-x)}\psi^2\mathrm{d}x.
\end{aligned}
$$

把(5-22)-(5-26) 代入 (5-21) 将得到我们所要的估计. 证毕. □

接下来, 为了得到负项

$$
-\int_{d_0}^{l} e^{q(l-x)}\left((\varphi_x+\psi)^2+\psi_x^2+\varphi_t^2+\psi_t^2\right)\mathrm{d}x,
$$

我们定义函数

$$
H_2(t):=\int_{d_0}^{l}\left(1-e^{q(l-x)}\right)\rho_2\psi_t\left(\Lambda-k\varphi-k\int_{d_0}^{x}\psi(y)\mathrm{d}y\right)\mathrm{d}x
$$

$$+b\int_{d_0}^{l}\left(1-e^{q(l-x)}\right)\rho_1\varphi_t\left(\varphi_x+\psi\right)\mathrm{d}x.$$

引理 5.4 对任意 $t\geqslant 0$,

$$\begin{aligned}\frac{\mathrm{d}}{\mathrm{d}t}H_2(t)\leqslant&\frac{e^{q(l-d_0)}-1}{2}\left(\Lambda(d_0)-k\varphi(d_0)\right)^2+\frac{b\rho_2(e^{q(l-d_0)}-1)}{2}\psi_t^2\left(d_0\right)\\&+\frac{bk\left(e^{q(l-d_0)}-1\right)}{2}\left(\varphi_x(d_0)+\psi(d_0)\right)^2+\frac{b\rho_1\left(e^{q(l-d_0)}-1\right)}{2}\varphi_t^2(d_0)\\&-\frac{b_0^2q}{4}\int_{d_0}^{l}e^{q(l-x)}\psi_x^2\mathrm{d}x-\left(\frac{bq\rho_2}{2}-\frac{kl\rho_2}{2}-2\rho_2\right)\int_{d_0}^{l}e^{q(l-x)}\psi_t^2\mathrm{d}x\\&-\frac{bkq}{2}\int_{d_0}^{l}e^{q(l-x)}\left(\varphi_x+\psi\right)^2\mathrm{d}x-\frac{b\rho_1q}{2}\int_{d_0}^{l}e^{q(l-x)}\varphi_t^2\mathrm{d}x\\&+\rho_2\int_{d_0}^{l}\left(e^{\frac{q}{2}(x-l)}-e^{\frac{q}{2}(l-x)}\right)^2\left(\int_0^t g'(t-s)a(x)\left(\psi_x(t)-\psi_x(s)\right)\mathrm{d}s\right)^2\mathrm{d}x\\&+2q\int_{d_0}^{l}e^{q(l-x)}\left(\int_0^t g(t-s)a(x)(\psi_x(t)-\psi_x(s))\mathrm{d}s\right)^2\mathrm{d}x\\&+\frac{\rho_2\bar{a}g(0)}{4}g(t)\int_{d_0}^{l}\left(e^{\frac{q}{2}(x-l)}-e^{\frac{q}{2}(l-x)}\right)^2a(x)\psi_x^2\mathrm{d}x\\&+2k^2q\int_{d_0}^{l}e^{q(l-x)}\varphi^2\mathrm{d}x+2k^2l\int_{d_0}^{l}e^{q(l-x)}\psi^2\mathrm{d}x\\&+\int_{d_0}^{l}\left(1-e^{q(l-x)}\right)h(\psi)\left(\Lambda-k\varphi-k\int_{d_0}^{x}\psi(y)\mathrm{d}y\right)\mathrm{d}x.\end{aligned}\tag{5-26}$$

证明 基于 (5-18)-(5-19)，计算可得到

$$\begin{aligned}&\frac{\mathrm{d}}{\mathrm{d}t}H_2(t)\\=&\int_{d_0}^{l}\left(1-e^{q(l-x)}\right)\rho_2\psi_{tt}\left(\Lambda-k\varphi-k\int_{d_0}^{x}\psi(y)\mathrm{d}y\right)\mathrm{d}x\\&+b\rho_2\int_{d_0}^{l}\left(1-e^{q(l-x)}\right)\psi_t\psi_{xt}\mathrm{d}x+\rho_2g(t)\int_{d_0}^{l}\left(1-e^{q(l-x)}\right)\psi_ta(x)\psi_x\mathrm{d}x\\&+\rho_2\int_{d_0}^{l}\left(1-e^{q(l-x)}\right)\psi_t\int_0^t g'(t-s)a(x)\left(\psi_x(t)-\psi_x(s)\right)\mathrm{d}s\mathrm{d}x\\&-k\rho_2\int_{d_0}^{l}\left(1-e^{q(l-x)}\right)\psi_t\varphi_t\mathrm{d}x\end{aligned}$$

$$
\begin{aligned}
&-k\rho_2\int_{d_0}^{l}\left(1-e^{q(l-x)}\right)\psi_t\int_{d_0}^{x}\psi_t(y)\mathrm{d}y\mathrm{d}x\\
&+b\int_{d_0}^{l}\left(1-e^{q(l-x)}\right)\rho_1\varphi_{tt}\left(\varphi_x+\psi\right)\mathrm{d}x\\
&+b\rho_1\int_{d_0}^{l}\left(1-e^{q(l-x)}\right)\varphi_t\varphi_{xt}\mathrm{d}x+b\rho_1\int_{d_0}^{l}\left(1-e^{q(l-x)}\right)\varphi_t\psi_t\mathrm{d}x\\
=&\int_{d_0}^{l}\left(1-e^{q(l-x)}\right)\left(\Lambda-k\varphi-k\int_{d_0}^{x}\psi(y)\mathrm{d}y\right)_x\left(\Lambda-k\varphi-k\int_{d_0}^{x}\psi(y)\mathrm{d}y\right)\mathrm{d}x\\
&+\int_{d_0}^{l}\left(1-e^{q(l-x)}\right)h(\psi)\left(\Lambda-k\varphi-k\int_{d_0}^{x}\psi(y)\mathrm{d}y\right)\mathrm{d}x\\
&+b\rho_2\int_{d_0}^{l}\left(1-e^{q(l-x)}\right)\psi_t\psi_{xt}\mathrm{d}x+\rho_2 g(t)\int_{d_0}^{l}\left(1-e^{q(l-x)}\right)\psi_t a(x)\psi_x\mathrm{d}x\\
&+\rho_2\int_{d_0}^{l}\left(1-e^{q(l-x)}\right)\psi_t\int_0^t g'(t-s)a(x)\left(\psi_x(t)-\psi_x(s)\right)\mathrm{d}s\mathrm{d}x\\
&-k\rho_2\int_{d_0}^{l}\left(1-e^{q(l-x)}\right)\psi_t\int_{d_0}^{x}\psi_t(y)\mathrm{d}y\mathrm{d}x\\
&+bk\int_{d_0}^{l}\left(1-e^{q(l-x)}\right)\left(\varphi_x+\psi\right)_x\left(\varphi_x+\psi\right)\mathrm{d}x\\
&+b\rho_1\int_{d_0}^{l}\left(1-e^{q(l-x)}\right)\varphi_t\varphi_{xt}\mathrm{d}x\\
&+\left(b\rho_1-k\rho_2\right)\int_{d_0}^{l}\left(1-e^{q(l-x)}\right)\psi_t\varphi_t\mathrm{d}x.
\end{aligned}\tag{5-27}
$$

利用分部积分以及不等式 $-(m+n)^2\leqslant-\dfrac{1}{2}m^2+n^2$ 可得

$$
\begin{aligned}
&\int_{d_0}^{l}\left(1-e^{q(l-x)}\right)\left(\Lambda-k\varphi-k\int_{d_0}^{x}\psi(y)\mathrm{d}y\right)_x\left(\Lambda-k\varphi-k\int_{d_0}^{x}\psi(y)\mathrm{d}y\right)\mathrm{d}x\\
=&\frac{e^{q(l-d_0)}-1}{2}\left(\Lambda(d_0)-k\varphi(d_0)\right)^2-\frac{q}{2}\int_{d_0}^{l}e^{q(l-x)}\left(\Lambda-k\varphi-k\int_{d_0}^{x}\psi(y)\mathrm{d}y\right)^2\mathrm{d}x\\
\leqslant&\frac{e^{q(l-d_0)}-1}{2}\left(\Lambda(d_0)-k\varphi(d_0)\right)^2-\frac{q}{4}\int_{d_0}^{l}e^{q(l-x)}\left(b-a(x)\int_0^t g(s)\mathrm{d}s\right)^2\psi_x^2\mathrm{d}x\\
&+\frac{q}{2}\int_{d_0}^{l}e^{q(l-x)}\left(\int_0^t g(t-s)a(x)(\psi_x(t)-\psi_x(s))\mathrm{d}s-k\varphi-k\int_{d_0}^{x}\psi(y)\mathrm{d}y\right)^2\mathrm{d}x
\end{aligned}
$$

$$
\begin{aligned}
&\leqslant \frac{e^{q(l-d_0)}-1}{2}\left(\Lambda(d_0)-k\varphi(d_0)\right)^2-\frac{q}{4}\int_{d_0}^{l} e^{q(l-x)}\left(b-a(x)\int_0^t g(s)\mathrm{d}s\right)^2\psi_x^2\mathrm{d}x\\
&+2q\int_{d_0}^{l} e^{q(l-x)}\left(\int_0^t g(t-s)a(x)(\psi_x(t)-\psi_x(s))\mathrm{d}s\right)^2\mathrm{d}x\\
&+2k^2q\int_{d_0}^{l} e^{q(l-x)}\varphi^2\mathrm{d}x+2k^2q\int_{d_0}^{l} e^{q(l-x)}\left(\int_{d_0}^{x}\psi(y)\mathrm{d}y\right)^2\mathrm{d}x. \qquad (5\text{-}28)
\end{aligned}
$$

因此, 由 Hölder 不等式得

$$
\begin{aligned}
&\int_{d_0}^{l} e^{q(l-x)}\left(\int_{d_0}^{x}\psi(y)\mathrm{d}y\right)^2\mathrm{d}x\\
\leqslant&\int_{d_0}^{l} e^{q(l-x)}\int_{d_0}^{x} e^{q(y-l)}\mathrm{d}y\int_{d_0}^{x} e^{q(l-y)}\psi^2(y)\mathrm{d}y\mathrm{d}x\\
\leqslant&\int_{d_0}^{l} e^{q(l-x)}\frac{1}{q}\left(e^{q(x-l)}-e^{q(d_0-l)}\right)\int_{d_0}^{x} e^{q(l-y)}\psi^2(y)\mathrm{d}y\mathrm{d}x\\
\leqslant&\frac{1}{q}\int_{d_0}^{l}\int_{d_0}^{x} e^{q(l-y)}\psi^2(y)\mathrm{d}y\mathrm{d}x\\
\leqslant&\frac{1}{q}\int_{d_0}^{l}\int_{d_0}^{l} e^{q(l-y)}\psi^2(y)\mathrm{d}y\mathrm{d}x\\
\leqslant&\frac{l}{q}\int_{d_0}^{l} e^{q(l-x)}\psi^2\mathrm{d}x. \qquad (5\text{-}29)
\end{aligned}
$$

于是, 把 (5-29) 代入 (5-28) 导出

$$
\begin{aligned}
&\int_{d_0}^{l}\left(1-e^{q(l-x)}\right)\left(\Lambda-k\varphi-k\int_{d_0}^{x}\psi(y)\mathrm{d}y\right)_x\left(\Lambda-k\varphi-k\int_{d_0}^{x}\psi(y)\mathrm{d}y\right)\mathrm{d}x\\
\leqslant&\frac{e^{q(l-d_0)}-1}{2}\left(\Lambda(d_0)-k\varphi(d_0)\right)^2-\frac{b_0^2q}{4}\int_{d_0}^{l} e^{q(l-x)}\psi_x^2\mathrm{d}x\\
&+2q\int_{d_0}^{l} e^{q(l-x)}\left(\int_0^t g(t-s)a(x)(\psi_x(t)-\psi_x(s))\mathrm{d}s\right)^2\mathrm{d}x\\
&+2k^2q\int_{d_0}^{l} e^{q(l-x)}\varphi^2\mathrm{d}x+2k^2l\int_{d_0}^{l} e^{q(l-x)}\psi^2\mathrm{d}x. \qquad (5\text{-}30)
\end{aligned}
$$

此外, 使用分部积分我们有

$$
b\rho_2\int_{d_0}^{l}\left(1-e^{q(l-x)}\right)\psi_t\psi_{xt}\mathrm{d}x=\frac{b\rho_2(e^{q(l-d_0)}-1)}{2}\psi_t^2(d_0)-\frac{bq\rho_2}{2}\int_{d_0}^{l} e^{q(l-x)}\psi_t^2\mathrm{d}x,
$$

$$
\begin{aligned}
&\rho_2 g(t)\int_{d_0}^{l}\left(1-e^{q(l-x)}\right)\psi_t a(x)\psi_x \mathrm{d}x\\
\leqslant\ &\rho_2\int_{d_0}^{l}e^{q(l-x)}\psi_t^2\mathrm{d}x+\frac{\rho_2\bar{a}g(0)}{4}g(t)\int_{d_0}^{l}\left(e^{\frac{q}{2}(x-l)}-e^{\frac{q}{2}(l-x)}\right)^2 a(x)\psi_x^2\mathrm{d}x,
\end{aligned}
$$

$$
\begin{aligned}
-k\rho_2\int_{d_0}^{l}\left(1-e^{q(l-x)}\right)\psi_t\int_{d_0}^{x}\psi_t(y)\mathrm{d}y\mathrm{d}x&=\frac{k\rho_2 q}{2}\int_{d_0}^{l}e^{q(l-x)}\left(\int_{d_0}^{x}\psi_t(y)dy\right)^2\mathrm{d}x\\
&\leqslant\frac{kl\rho_2}{2}\int_{d_0}^{l}e^{q(l-x)}\psi_t^2\mathrm{d}x,
\end{aligned}\tag{5-31}
$$

$$
\begin{aligned}
&bk\int_{d_0}^{l}\left(1-e^{q(l-x)}\right)(\varphi_x+\psi)_x(\varphi_x+\psi)\,\mathrm{d}x\\
=\ &\frac{bk\left(e^{q(l-d_0)}-1\right)}{2}(\varphi_x(d_0)+\psi(d_0))^2-\frac{bkq}{2}\int_{d_0}^{l}e^{q(l-x)}(\varphi_x+\psi)^2\mathrm{d}x,
\end{aligned}
$$

$$
\begin{aligned}
&b\rho_1\int_{d_0}^{l}\left(1-e^{q(x-l)}\right)\varphi_t\varphi_{xt}\mathrm{d}x\\
=\ &\frac{b\rho_1\left(e^{q(l-d_0)}-1\right)}{2}\varphi_t^2(d_0)-\frac{b\rho_1 q}{2}\int_{d_0}^{l}e^{q(l-x)}\varphi_t^2\mathrm{d}x
\end{aligned}
$$

和

$$
\begin{aligned}
&\rho_2\int_{d_0}^{l}\left(1-e^{q(l-x)}\right)\psi_t\int_0^t g'(t-s)a(x)\left(\psi_x(t)-\psi_x(s)\right)\mathrm{d}s\mathrm{d}x\\
\leqslant\ &\rho_2\int_{d_0}^{l}\left(e^{\frac{q}{2}(x-l)}-e^{\frac{q}{2}(l-x)}\right)^2\left(\int_0^t g'(t-s)a(x)\left(\psi_x(t)-\psi_x(s)\right)\mathrm{d}s\right)^2\mathrm{d}x\\
&+\rho_2\int_{d_0}^{l}e^{q(l-x)}\psi_t^2\mathrm{d}x.
\end{aligned}\tag{5-32}
$$

注意 $b\rho_1=k\rho_2$ (同波速), 并将 (5-30)-(5-32) 代入 (5-27), 则完成证明. □

为了给出负项

$$
-\int_{d_0}^{l}\left((\varphi_x+\psi)^2+\psi_x^2+\varphi_t^2+\psi_t^2\right)\mathrm{d}x,
$$

接下来我们合并引理 5.3 和引理 5.4.

引理 5.5 对任意 $t\geqslant 0$, 存在常数 $C_1,C_2>0$ 使得

$$
\frac{\mathrm{d}}{\mathrm{d}t}\left(H_1(t)+H_2(t)\right)
$$

$$
\begin{aligned}
&\leqslant C_1\left(\left(\Lambda(d_0)-k\varphi(d_0)\right)^2+\psi_t^2(d_0)+\psi^2(d_0)\right)\\
&\quad+C_1\left(\left(\varphi_x(d_0)+\psi(d_0)\right)^2+\varphi_t^2(d_0)+\varphi^2(d_0)\right)\\
&\quad+C_1\int_0^l a(x)\left(\int_0^t g(t-s)\left(\psi_x(t)-\psi_x(s)\right)\mathrm{d}s\right)^2\mathrm{d}x\\
&\quad+C_1\left(g(t)\int_0^l a(x)\psi_x^2\mathrm{d}x-\int_0^l\int_0^t g'(t-s)a(x)\left(\psi_x(t)-\psi_x(s)\right)^2\mathrm{d}s\mathrm{d}x\right)\\
&\quad+C_1\int_0^l |h(\psi)|\left(|\Lambda|+|\psi|+|\varphi|+\int_{d_0}^x|\psi(y)|\mathrm{d}y\right)\mathrm{d}x\\
&\quad-C_2\int_{d_0}^l\left(\psi_x^2+\psi_t^2+(\varphi_x+\psi)^2+\varphi_t^2\right)\mathrm{d}x. \qquad (5\text{-}33)
\end{aligned}
$$

证明 由 (5-20) 和 (5-26) 可推出

$$
\begin{aligned}
&\frac{\mathrm{d}}{\mathrm{d}t}\left(H_1(t)+H_2(t)\right)\\
\leqslant&\left(e^{q(l-d_0)}-\frac{1}{2}\right)\left(\Lambda(d_0)-k\varphi(d_0)\right)^2+\frac{b\rho_2(e^{q(l-d_0)}-1)}{2}\psi_t^2(d_0)\\
&+\left(\frac{1}{2}+bq\right)e^{q(l-d_0)}\psi^2(d_0)+\left(\frac{k}{2}e^{q(l-d_0)}+\frac{bk\left(e^{q(l-d_0)}-1\right)}{2}\right)\left(\varphi_x(d_0)+\psi(d_0)\right)^2\\
&+\frac{b\rho_1\left(e^{q(l-d_0)}-1\right)}{2}\varphi_t^2(d_0)+\left(\frac{k}{2}+\frac{1}{2}kq\right)e^{q(l-d_0)}\varphi^2(d_0)\\
&+\left(\frac{1}{2}+\frac{5q}{2}\right)\int_{d_0}^l e^{q(l-x)}\left(\int_0^t g(t-s)a(x)\left(\psi_x(t)-\psi_x(s)\right)\mathrm{d}s\right)^2\mathrm{d}x\\
&+\frac{\rho_2\bar{a}g(0)}{4}g(t)\int_{d_0}^l\left(e^{\frac{q}{2}(x-l)}-e^{\frac{q}{2}(l-x)}\right)^2a(x)\psi_x^2\mathrm{d}x\\
&+\rho_2\int_{d_0}^l\left(e^{\frac{q}{2}(l-x)}-e^{\frac{q}{2}(l-x)}\right)^2\left(\int_0^t g'(t-s)a(x)\left(\psi_x(t)-\psi_x(s)\right)\mathrm{d}s\right)^2\mathrm{d}x\\
&+\int_{d_0}^l\left(1-e^{q(l-x)}\right)h(\psi)\left(\Lambda-k\varphi-k\int_{d_0}^x\psi(y)\mathrm{d}y\right)\mathrm{d}x-\int_{d_0}^l e^{q(l-x)}h(\psi)\psi\mathrm{d}x\\
&-\left(\frac{b_0^2q}{4}-\left(b+\frac{1}{2}+\frac{k}{2}\right)\right)\int_{d_0}^l e^{q(l-x)}\psi_x^2\mathrm{d}x-\left(\frac{bkq}{2}-\frac{3k}{2}\right)\int_{d_0}^l e^{q(l-x)}(\varphi_x+\psi)^2\mathrm{d}x\\
&-\left(\frac{b_0q^2-\widehat{a}q}{2}-\frac{2k+1}{2}q-\frac{3k}{2}-2k^2l\right)\int_{d_0}^l e^{q(l-x)}\psi^2\mathrm{d}x
\end{aligned}
$$

$$-\left(\frac{1}{2}kq^2-kq-\frac{k}{2}-2k^2q\right)\int_{d_0}^{l}e^{q(l-x)}\varphi^2\mathrm{d}x$$
$$-\left(\frac{bq\rho_2}{2}-\frac{kl\rho_2}{2}-\rho_2\right)\int_{d_0}^{l}e^{q(l-x)}\psi_t^2\mathrm{d}x-\left(\frac{b\rho_1q}{2}+\rho_1\right)\int_{d_0}^{l}e^{q(l-x)}\varphi_t^2\mathrm{d}x.$$

回顾

$$q=4+4k+\frac{6}{b}+\frac{8}{b_0^2}\left(b+\frac{k+1}{2}\right)+\frac{2}{b}kl+\frac{1}{b_0}\left(\frac{1}{2}(\widehat{a}+2k+1)+6k+8k^2l\right),$$

则有

$$\frac{b_0^2q}{4}-\left(b+\frac{1}{2}+\frac{k}{2}\right)\geqslant b+\frac{1}{2}+\frac{k}{2},$$
$$\frac{bkq}{2}-\frac{3k}{2}\geqslant\frac{3k}{2},$$
$$\frac{b_0q^2-\widehat{a}q}{2}-\frac{2k+1}{2}q-\frac{3k}{2}-2k^2l\geqslant\frac{3k}{2}+2k^2l,$$
$$\frac{1}{2}kq^2-kq-\frac{k}{2}-2k^2q\geqslant\frac{k}{2},$$
$$\frac{bq\rho_2}{2}-\frac{kl\rho_2}{2}\geqslant\frac{kl\rho_2}{2}.$$

这样就完成了证明.　□

下面, 我们处理 (5-33) 中 $(\Lambda(d_0)-k\varphi(d_0))^2+\psi_t^2(d_0)+\psi^2(d_0)$ 和 $(\varphi_x(d_0)+\psi(d_0))^2+\varphi_t^2(d_0)+\varphi^2(d_0)$ 两项. 为此, 定义

$$H_3(t):=-\int_0^{d_0}x\rho_2\psi_t(\Lambda-k\varphi)\,\mathrm{d}x-b\int_0^{d_0}x\rho_1\varphi_t(\varphi_x+\psi)\,\mathrm{d}x$$
$$+\int_0^{d_0}(x-d_0)\rho_2\psi_t\psi\mathrm{d}x+\int_0^{d_0}(x-d_0)\rho_1\varphi_t\varphi\mathrm{d}x.$$

引理 5.6　对任意 $t\geqslant0$, 有常数 $C_3,C_4>0$ 使得

$$\frac{\mathrm{d}}{\mathrm{d}t}H_3(t)$$
$$\leqslant-C_3\left((\Lambda(d_0)-k\varphi(d_0))^2+\psi_t^2(d_0)+\psi^2(d_0)\right)$$
$$-C_3\left((\varphi_x(d_0)+\psi(d_0))^2+\varphi_t^2(d_0)+\varphi^2(d_0)\right)$$

$$+C_4 \int_0^l a(x) \left(\int_0^t g(t-s) \left(\psi_x(t) - \psi_x(s) \right) \mathrm{d}s \right)^2 \mathrm{d}x$$
$$+C_4 \left(g(t) \int_0^l a(x) \psi_x^2 \mathrm{d}x - \int_0^l \int_0^t g'(t-s) a(x) \left(\psi_x(t) - \psi_x(s) \right)^2 \mathrm{d}s\mathrm{d}x \right)$$
$$+C_4 \int_0^{d_0} \left(\psi_x^2 + \psi_t^2 + (\varphi_x + \psi)^2 + \varphi_t^2 \right) \mathrm{d}x$$
$$+C_4 \int_0^l |h(\psi)| \left(|\Lambda| + |\psi| + |\varphi| \right) \mathrm{d}x. \tag{5-34}$$

证明 利用 (5-18)-(5-19) 和 $b\rho_1 = k\rho_2$ 可得

$$\begin{aligned}
\frac{\mathrm{d}}{\mathrm{d}t} H_3(t) = & -\int_0^{d_0} x\rho_2 \psi_{tt} \left(\Lambda - k\varphi \right) \mathrm{d}x - b\rho_2 \int_0^{d_0} x\psi_t \psi_{xt} \mathrm{d}x \\
& + \rho_2 g(t) \int_0^{d_0} x\psi_t a(x) \psi_x \mathrm{d}x \\
& - \rho_2 \int_0^{d_0} x\psi_t \int_0^t g'(t-s) a(x) \left(\psi_x(t) - \psi_x(s) \right) \mathrm{d}s\mathrm{d}x \\
& + k\rho_2 \int_0^{d_0} x\psi_t \varphi_t \mathrm{d}x - b \int_0^{d_0} x\rho_1 \varphi_{tt} \left(\varphi_x + \psi \right) \mathrm{d}x \\
& - b\rho_1 \int_0^{d_0} x\varphi_t \varphi_{xt} \mathrm{d}x - b\rho_1 \int_0^{d_0} x\varphi_t \psi_t \mathrm{d}x \\
& + \int_0^{d_0} (x - d_0) \rho_2 \psi_{tt} \psi \mathrm{d}x + \rho_2 \int_0^{d_0} (x - d_0) \psi_t^2 \mathrm{d}x \\
& + \int_0^{d_0} (x - d_0) \rho_1 \varphi_{tt} \varphi \mathrm{d}x + \rho_1 \int_0^{d_0} (x - d_0) \varphi_t^2 \mathrm{d}x \\
= & -\int_0^{d_0} x \left(\Lambda - k\varphi \right)_x \left(\Lambda - k\varphi \right) \mathrm{d}x - \int_0^{d_0} xh(\psi) \left(\Lambda - k\varphi \right) \mathrm{d}x \\
& + \int_0^{d_0} xk\psi \left(\Lambda - k\varphi \right) \mathrm{d}x - b\rho_2 \int_0^{d_0} x\psi_t \psi_{xt} \mathrm{d}x + \rho_2 g(t) \int_0^{d_0} x\psi_t a(x) \psi_x \mathrm{d}x \\
& - \rho_2 \int_0^{d_0} x\psi_t \int_0^t g'(t-s) a(x) \left(\psi_x(t) - \psi_x(s) \right) \mathrm{d}s\mathrm{d}x \\
& - bk \int_0^{d_0} x \left(\varphi_x + \psi \right)_x \left(\varphi_x + \psi \right) \mathrm{d}x - b\rho_1 \int_0^{d_0} x\varphi_t \varphi_{xt} \mathrm{d}x \\
& + \int_0^{d_0} (x - d_0) \Lambda_x \psi \mathrm{d}x - k \int_0^{d_0} (x - d_0) (\varphi_x + \psi) \psi \mathrm{d}x
\end{aligned}$$

$$+\int_0^{d_0}(x-d_0)h(\psi)\psi\mathrm{d}x+\rho_2\int_0^{d_0}(x-d_0)\psi_t^2\mathrm{d}x$$

$$+k\int_0^{d_0}(x-d_0)(\varphi_x+\psi)_x\varphi\mathrm{d}x+\rho_1\int_0^{d_0}(x-d_0)\varphi_t^2\mathrm{d}x. \tag{5-35}$$

另外, 利用 Young 不等式有

$$\begin{aligned}
&-\int_0^{d_0}x\left(\Lambda-k\varphi\right)_x\left(\Lambda-k\varphi\right)\mathrm{d}x\\
=&-\frac{1}{2}d_0\left(\Lambda(d_0)-k\varphi(d_0)\right)^2+\frac{1}{2}\int_0^{d_0}\left(\Lambda-k\varphi\right)^2\mathrm{d}x\\
\leqslant&-\frac{1}{2}d_0\left(\Lambda(d_0)-k\varphi(d_0)\right)^2+2b^2\int_0^{d_0}\psi_x^2\mathrm{d}x+2k^2\int_0^{d_0}\varphi^2\mathrm{d}x\\
&+2\int_0^{d_0}\left(\int_0^t g(t-s)a(x)\left(\psi_x(t)-\psi_x(s)\right)\mathrm{d}s\right)^2\mathrm{d}x,
\end{aligned}$$

$$-b\rho_2\int_0^{d_0}x\psi_t\psi_{xt}\mathrm{d}x=-\frac{1}{2}b\rho_2d_0\psi_t^2(d_0)+\frac{1}{2}b\rho_2\int_0^{d_0}\psi_t^2\mathrm{d}x,$$

$$\begin{aligned}
&-bk\int_0^{d_0}x\left(\varphi_x+\psi\right)_x\left(\varphi_x+\psi\right)\mathrm{d}x\\
=&-\frac{1}{2}bkd_0\left(\varphi_x(d_0)+\psi(d_0)\right)^2+\frac{1}{2}bk\int_0^{d_0}\left(\varphi_x+\psi\right)^2\mathrm{d}x,
\end{aligned}$$

$$-b\rho_1\int_0^{d_0}x\varphi_t\varphi_{xt}\mathrm{d}x=-\frac{1}{2}b\rho_1d_0\varphi_t^2(d_0)+\frac{1}{2}b\rho_1\int_0^{d_0}\varphi_t^2\mathrm{d}x,$$

$$\begin{aligned}
&\int_0^{d_0}xk\psi\left(\Lambda-k\varphi\right)\mathrm{d}x\\
\leqslant&\frac{1}{2}\int_0^{d_0}x(k\psi)^2\mathrm{d}x+\frac{1}{2}\int_0^{d_0}x\left(\Lambda-k\varphi\right)^2\mathrm{d}x\\
\leqslant&d_0k^2\int_0^{d_0}\psi^2\mathrm{d}x+2d_0b^2\int_0^{d_0}\psi_x^2\mathrm{d}x+2d_0k^2\int_0^{d_0}\varphi^2\mathrm{d}x\\
&+2d_0\int_0^{d_0}\left(\int_0^t g(t-s)a(x)\left(\psi_x(t)-\psi_x(s)\right)\mathrm{d}s\right)^2\mathrm{d}x,
\end{aligned}$$

$$\begin{aligned}
&-\rho_2\int_0^{d_0}x\psi_t\int_0^t g'(t-s)a(x)\left(\psi_x(t)-\psi_x(s)\right)\mathrm{d}s\mathrm{d}x\\
\leqslant&\frac{1}{2}\rho_2\int_0^{d_0}x\psi_t^2\mathrm{d}x+\frac{1}{2}\rho_2\int_0^{d_0}x\left(\int_0^t g'(t-s)a(x)\left(\psi_x(t)-\psi_x(s)\right)\mathrm{d}s\right)^2\mathrm{d}x
\end{aligned}$$

$$\leqslant \frac{d_0\rho_2}{2}\int_0^{d_0}\psi_t^2\mathrm{d}x-\frac{g(0)\bar{a}d_0\rho_2}{2}\int_0^{d_0}\int_0^t g'(t-s)a(x)\left(\psi_x(t)-\psi_x(s)\right)^2\mathrm{d}s\mathrm{d}x,$$

$$\rho_2 g(t)\int_0^{d_0}x\psi_t a(x)\psi_x\mathrm{d}x\leqslant\frac{1}{2}\rho_2 g(0)d_0\int_0^{d_0}\psi_t^2\mathrm{d}x+\frac{1}{2}\rho_2 d_0\bar{a}g(t)\int_0^{d_0}a(x)\psi_x^2\mathrm{d}x$$

和

$$\begin{aligned}
&\int_0^{d_0}(x-d_0)\Lambda_x\psi\mathrm{d}x\\
=&-\int_0^{d_0}\Lambda\psi\mathrm{d}x-\int_0^{d_0}(x-d_0)\Lambda\psi_x\mathrm{d}x\\
=&-b\int_0^{d_0}\psi_x\psi\mathrm{d}x+\int_0^{d_0}\left(a(x)\int_0^t g(s)\mathrm{d}s\right)\psi_x\psi\mathrm{d}x\\
&-\int_0^{d_0}\int_0^t g(t-s)a(x)\left(\psi_x(t)-\psi_x(s)\right)\mathrm{d}s\psi\mathrm{d}x\\
&-\int_0^{d_0}(x-d_0)\left(b-a(x)\int_0^t g(s)\mathrm{d}s\right)\psi_x^2\mathrm{d}x\\
&-\int_0^{d_0}(x-d_0)\int_0^t g(t-s)a(x)\left(\psi_x(t)-\psi_x(s)\right)\mathrm{d}s\psi_x\mathrm{d}x\\
\leqslant&-\frac{1}{2}b\psi^2(d_0)+\frac{1}{2}\left(\bar{a}G_0\right)\int_0^{d_0}\psi_x^2\mathrm{d}x+\frac{1}{2}\left(\bar{a}G_0\right)\int_0^{d_0}\psi^2\mathrm{d}x\\
&+\frac{1}{2}\int_0^{d_0}\left(\int_0^t g(t-s)a(x)\left(\psi_x(t)-\psi_x(s)\right)\mathrm{d}s\right)^2\mathrm{d}x+\frac{1}{2}\int_0^{d_0}\psi^2\mathrm{d}x\\
&+\int_0^{d_0}|x-d_0|b\psi_x^2\mathrm{d}x+\frac{1}{2}\int_0^{d_0}|x-d_0|\left(\int_0^t g(t-s)a(x)\left(\psi_x(t)-\psi_x(s)\right)\mathrm{d}s\right)^2\mathrm{d}x\\
&+\frac{1}{2}\int_0^{d_0}|x-d_0|\psi_x^2\mathrm{d}x\\
\leqslant&-\frac{1}{2}b\psi^2(d_0)+\left(\frac{1}{2}b+bd_0+\frac{1}{2}d_0\right)\int_0^{d_0}\psi_x^2\mathrm{d}x+\left(\frac{1}{2}b+\frac{1}{2}\right)\int_0^{d_0}\psi^2\mathrm{d}x\\
&+\left(\frac{1}{2}+\frac{1}{2}d_0\right)\int_0^{d_0}\left(\int_0^t g(t-s)a(x)\left(\psi_x(t)-\psi_x(s)\right)\mathrm{d}s\right)^2\mathrm{d}x,
\end{aligned}$$

上面我们已经使用了条件 $\bar{a}G_0<b$ (见假设 (I_2)). 而且, 我们也有

$$k\int_0^{d_0}(x-d_0)(\varphi_x+\psi)_x\varphi\mathrm{d}x-k\int_0^{d_0}(x-d_0)(\varphi_x+\psi)\psi\mathrm{d}x$$

$$
\begin{aligned}
&= -k\int_0^{d_0}(\varphi_x+\psi)\varphi\mathrm{d}x - k\int_0^{d_0}(x-d_0)(\varphi_x+\psi)^2\mathrm{d}x \\
&= -\frac{1}{2}k\varphi^2(d_0) - k\int_0^{d_0}\psi\varphi\mathrm{d}x - k\int_0^{d_0}(x-d_0)(\varphi_x+\psi)^2\mathrm{d}x \\
&\leqslant -\frac{1}{2}k\varphi^2(d_0) + \frac{1}{2}k\int_0^{d_0}\psi^2\mathrm{d}x + \frac{1}{2}k\int_0^{d_0}\varphi^2\mathrm{d}x \\
&\quad + kd_0\int_0^{d_0}(\varphi_x+\psi)^2\mathrm{d}x. \qquad (5\text{-}36)
\end{aligned}
$$

此外, 因为 $\varphi(0,t)=0,\ \psi(0,t)=0$, 所以我们可以应用 Poincaré 不等式可得

$$
\int_0^{d_0}\psi^2\mathrm{d}x \leqslant \mu_1\int_0^{d_0}\psi_x^2\mathrm{d}x \qquad (5\text{-}37)
$$

和

$$
\begin{aligned}
\int_0^{d_0}\varphi^2\mathrm{d}x &\leqslant \mu_2\int_0^{d_0}\varphi_x^2\mathrm{d}x \\
&\leqslant 2\mu_2\int_0^{d_0}(\varphi_x+\psi)^2\mathrm{d}x + 2\mu_2\int_0^{d_0}\psi^2\mathrm{d}x \\
&\leqslant 2\mu_2\int_0^{d_0}(\varphi_x+\psi)^2\mathrm{d}x + 2\mu_1\mu_2\int_0^{d_0}\psi_x^2\mathrm{d}x, \qquad (5\text{-}38)
\end{aligned}
$$

$\mu_1,\mu_2>0$ 为常数. 因此, 合并 (5-32)-(5-38) 将得到最后的估计. 证毕. □

现在, 我们将 H_1,H_2,H_3 组合在一起并定义

$$
H(t) := C_3(H_1(t)+H_2(t)) + C_1H_3(t),
$$

这将带给我们负项

$$
-\int_0^l\left((\varphi_x+\psi)^2+\psi_x^2+\varphi_t^2+\psi_t^2\right)\mathrm{d}x.
$$

引理 5.7 对任意 $t\geqslant 0$, 存在常数 $D_1,D_2>0$ 使得

$$
\begin{aligned}
&\frac{\mathrm{d}}{\mathrm{d}t}H(t) \\
&\leqslant -D_1\int_0^l\left(\varphi_t^2+\psi_t^2+(\varphi_x+\psi)^2+\psi_x^2\right)\mathrm{d}x \\
&\quad + D_2\int_0^l a(x)\left(\int_0^t g(t-s)(\psi_x(t)-\psi_x(s))\mathrm{d}s\right)^2\mathrm{d}x
\end{aligned}
$$

$$+D_2\left(g(t)\int_0^l a(x)\psi_x^2\mathrm{d}x-\int_0^l\int_0^t g'(t-s)a(x)\left(\psi_x(t)-\psi_x(s)\right)^2\mathrm{d}s\mathrm{d}x\right)$$

$$+D_2\int_0^{d_0}\left(\psi_x^2+(\varphi_x+\psi)^2+\psi_t^2+\varphi_t^2\right)\mathrm{d}x$$

$$+D_2\int_0^l |h(\psi)|\left(|\Lambda|+|\psi|+|\varphi|+\int_0^x|\psi(y)|\mathrm{d}y\right)\mathrm{d}x. \tag{5-39}$$

证明 借助 (5-33) 和 (5-34)，我们有

$$\begin{aligned}
&\frac{\mathrm{d}}{\mathrm{d}t}H(t)\\
\leqslant& -C_3C_2\int_{d_0}^l\left(\varphi_t^2+\psi_t^2+(\varphi_x+\psi)^2+\psi_x^2\right)\mathrm{d}x\\
&+C_4C_1\int_0^{d_0}\left(\psi_x^2+(\varphi_x+\psi)^2+\psi_t^2+\varphi_t^2\right)\mathrm{d}x\\
&+(C_4C_1+C_3C_1)\int_0^l a(x)\left(\int_0^t g(t-s)(\psi_x(t)-\psi_x(s))\mathrm{d}s\right)^2\mathrm{d}x\\
&+(C_4C_1+C_3C_1)\left(g(t)\int_0^l a(x)\psi_x^2\mathrm{d}x-\int_0^l\int_0^t g'(t-s)a(x)(\psi_x(t)-\psi_x(s))^2\mathrm{d}s\mathrm{d}x\right)\\
&+2(C_4C_1+C_3C_1)\int_0^l|h(\psi)|\left(|\Lambda|+|\psi|+|\varphi|+\int_{d_0}^x|\psi(y)|\mathrm{d}y\right)\mathrm{d}x\\
\leqslant& -C_3C_2\int_0^l\left(\varphi_t^2+\psi_t^2+(\varphi_x+\psi)^2+\psi_x^2\right)\mathrm{d}x\\
&+(C_3C_2+C_4C_1)\int_0^{d_0}\left(\varphi_t^2+\psi_t^2+(\varphi_x+\psi)^2+\psi_x^2\right)\mathrm{d}x\\
&+(C_4C_1+C_3C_1)\int_0^l a(x)\left(\int_0^t g(t-s)(\psi_x(t)-\psi_x(s))\mathrm{d}s\right)^2\mathrm{d}x\\
&+(C_4C_1+C_3C_1)\left(g(t)\int_0^l a(x)\psi_x^2\mathrm{d}x-\int_0^l\int_0^t g'(t-s)a(x)(\psi_x(t)-\psi_x(s))^2\mathrm{d}s\mathrm{d}x\right)\\
&+2(C_4C_1+C_3C_1)\int_0^l|h(\psi)|\left(|\Lambda|+|\psi|+|\varphi|+\int_{d_0}^x|\psi(y)|\mathrm{d}y\right)\mathrm{d}x.
\end{aligned}$$

这将给出需要的估计式. □

5.3.2 $[0,d_0]$ 上能量估计

定义两个辅助函数:

$$F_1(t):=-\int_0^{d_0}\left(x-\frac{d_0}{2}\right)\rho_2\psi_t\Lambda\mathrm{d}x$$

和

$$F_2(t):=-\int_0^{d_0}\left(x-\frac{d_0}{2}\right)\rho_1\varphi_t(\varphi_x+\psi)\mathrm{d}x.$$

引理 5.8 对任意 $\zeta_1>0$, 存在常数 $C(\zeta_1)>0$ 和 $C_5>0$, 使得对 $t\geqslant 0$ 成立

$$\begin{aligned}
&\frac{\mathrm{d}}{\mathrm{d}t}F_1(t)\\
\leqslant&-\frac{d_0}{4}\left(b\rho_2\psi_t^2\left(d_0\right)+\Lambda^2(d_0)+\ \Lambda^2(0)\right)+\zeta_1\int_0^{d_0}(\varphi_x+\psi)^2\mathrm{d}x+C(\zeta_1)\int_0^{d_0}\psi_x^2\mathrm{d}x\\
&+C(\zeta_1)\int_0^l\left(\int_0^t g(t-s)a(x)\left(\psi_x(t)-\psi_x(s)\right)\mathrm{d}s\right)^2\mathrm{d}x+C_5\int_0^{d_0}\psi_t^2\mathrm{d}x\\
&-C_5\int_0^l\int_0^t g'(t-s)a(x)\left(\psi_x(t)-\psi_x(s)\right)^2\mathrm{d}s\mathrm{d}x.
\end{aligned}\tag{5-40}$$

证明 利用 (5-19) 可得

$$\begin{aligned}
\frac{\mathrm{d}}{\mathrm{d}t}F_1(t)=&-\int_0^{d_0}\left(x-\frac{d_0}{2}\right)\rho_2\psi_{tt}\Lambda\mathrm{d}x-\int_0^{d_0}\left(x-\frac{d_0}{2}\right)\rho_2\psi_t b\psi_{xt}\mathrm{d}x\\
&+\int_0^{d_0}\left(x-\frac{d_0}{2}\right)\rho_2\psi_t g(t)a(x)\psi_x(t)\mathrm{d}x\\
&-\int_0^{d_0}\left(x-\frac{d_0}{2}\right)\rho_2\psi_t\int_0^t g'(t-s)a(x)\left(\psi_x(t)-\psi_x(s)\right)\mathrm{d}s\mathrm{d}x\\
=&-\int_0^{d_0}\left(x-\frac{d_0}{2}\right)\Lambda_x\Lambda\mathrm{d}x-\int_0^{d_0}\left(x-\frac{d_0}{2}\right)\left(h(\psi)-k(\varphi_x+\psi)\right)\Lambda\mathrm{d}x\\
&-\int_0^{d_0}\left(x-\frac{d_0}{2}\right)\rho_2\psi_t b\psi_{xt}\mathrm{d}x+\int_0^{d_0}\left(x-\frac{d_0}{2}\right)\rho_2\psi_t g(t)a(x)\psi_x(t)\mathrm{d}x\\
&-\int_0^{d_0}\left(x-\frac{d_0}{2}\right)\rho_2\psi_t\int_0^t g'(t-s)a(x)\left(\psi_x(t)-\psi_x(s)\right)\mathrm{d}s\mathrm{d}x.
\end{aligned}\tag{5-41}$$

另外, 可以导出

$$
\begin{aligned}
&-\int_0^{d_0}\left(x-\frac{d_0}{2}\right)\Lambda_x\Lambda\mathrm{d}x\\
=&-\frac{d_0}{4}\left(\Lambda^2(d_0)+\ \Lambda^2(0)\right)+\frac{1}{2}\int_0^{d_0}\Lambda^2\mathrm{d}x\\
\leqslant&-\frac{d_0}{4}\left(\Lambda^2(d_0)+\ \Lambda^2(0)\right)+b^2\int_0^{d_0}\psi_x^2\mathrm{d}x\\
&+\int_0^{d_0}\left(\int_0^t g(t-s)a(x)\left(\psi_x(t)-\psi_x(s)\right)\mathrm{d}s\right)^2\mathrm{d}x
\end{aligned}\tag{5-42}
$$

和

$$
-\int_0^{d_0}\left(x-\frac{d_0}{2}\right)\rho_2\psi_t b\psi_{xt}\mathrm{d}x=-\frac{b\rho_2 d_0}{4}\psi_t^2\left(d_0\right)+\frac{b\rho_2}{2}\int_0^{d_0}\psi_t^2\mathrm{d}x.\tag{5-43}
$$

此外, 也有

$$
\begin{aligned}
&-\int_0^{d_0}\left(x-\frac{d_0}{2}\right)\left(h(\psi)-k(\varphi_x+\psi)\right)\Lambda\mathrm{d}x\\
=&-\int_0^{d_0}\left(x-\frac{d_0}{2}\right)h(\psi)\Lambda\mathrm{d}x+\int_0^{d_0}\left(x-\frac{d_0}{2}\right)k(\varphi_x+\psi)\left(b-a(x)\int_0^t g(s)\mathrm{d}s\right)\psi_x\mathrm{d}x\\
&+\int_0^{d_0}\left(x-\frac{d_0}{2}\right)k(\varphi_x+\psi)\int_0^t g(t-s)a(x)\left(\psi_x(t)-\psi_x(s)\right)\mathrm{d}s\mathrm{d}x\\
\leqslant& d_0\int_0^{d_0}|h(\psi)\Lambda|\mathrm{d}x+\zeta_1\int_0^{d_0}(\varphi_x+\psi)^2\mathrm{d}x+\frac{d_0^2k^2b^2}{8\zeta_1}\int_0^{d_0}\psi_x^2\mathrm{d}x\\
&+\frac{d_0^2k^2}{8\zeta_1}\int_0^{d_0}\left(\int_0^t g(t-s)a(x)\left(\psi_x(t)-\psi_x(s)\right)\mathrm{d}s\right)^2\mathrm{d}x
\end{aligned}\tag{5-44}
$$

和

$$
\begin{aligned}
&\int_0^{d_0}\left(x-\frac{d_0}{2}\right)\rho_2\psi_t g(t)a(x)\psi_x(t)\mathrm{d}x\\
&-\int_0^{d_0}\left(x-\frac{d_0}{2}\right)\rho_2\psi_t\int_0^t g'(t-s)a(x)\left(\psi_x(t)-\psi_x(s)\right)\mathrm{d}s\mathrm{d}x\\
\leqslant&\frac{d_0}{2}\int_0^{d_0}\psi_t^2 dx+\frac{d_0\rho_2^2g^2(0)\bar{a}^2}{4}\int_0^{d_0}\psi_x^2\mathrm{d}x\\
&-\frac{\bar{a}g(0)d_0\rho_2^2}{4}\int_0^{d_0}\int_0^t g'(t-s)a(x)\left(\psi_x(t)-\psi_x(s)\right)^2\mathrm{d}s\mathrm{d}x.
\end{aligned}\tag{5-45}
$$

因此, 将 (5-42)-(5-45) 代入 (5-41) 将得到最后的估计式. □

引理 5.9 对任意 $t \geqslant 0$, 我们有

$$\begin{aligned}\frac{\mathrm{d}}{\mathrm{d}t}F_2(t)\leqslant &-\frac{kd_0}{4}\left(\frac{\rho_1}{k}\varphi_t^2(d_0)+(\varphi_x(d_0)+\psi(d_0))^2+\varphi_x^2(0)\right)\\&+\frac{k}{2}\int_0^{d_0}(\varphi_x+\psi)^2\mathrm{d}x+\rho_1\int_0^{d_0}\varphi_t^2\mathrm{d}x\\&+\frac{d_0^2\rho_1}{8}\int_0^{d_0}\psi_t^2\mathrm{d}x.\end{aligned}\tag{5-46}$$

证明 由 (5-1) 可得

$$\begin{aligned}\frac{\mathrm{d}}{\mathrm{d}t}F_2(t)=&-\int_0^{d_0}\left(x-\frac{d_0}{2}\right)\rho_1\varphi_{tt}(\varphi_x+\psi)\mathrm{d}x-\int_0^{d_0}\left(x-\frac{d_0}{2}\right)\rho_1\varphi_t\varphi_{xt}\mathrm{d}x\\&-\int_0^{d_0}\left(x-\frac{d_0}{2}\right)\rho_1\varphi_t\psi_t\mathrm{d}x\\=&-\int_0^{d_0}\left(x-\frac{d_0}{2}\right)k(\varphi_x+\psi)_x(\varphi_x+\psi)\mathrm{d}x-\int_0^{d_0}\left(x-\frac{d_0}{2}\right)\rho_1\varphi_t\varphi_{xt}\mathrm{d}x\\&-\int_0^{d_0}\left(x-\frac{d_0}{2}\right)\rho_1\varphi_t\psi_t\mathrm{d}x.\end{aligned}\tag{5-47}$$

因此,

$$-\int_0^{d_0}\left(x-\frac{d_0}{2}\right)\rho_1\varphi_t\varphi_{xt}\mathrm{d}x=-\frac{\rho_1d_0}{4}\varphi_t^2(d_0)+\frac{\rho_1}{2}\int_0^{d_0}\varphi_t^2\mathrm{d}x\tag{5-48}$$

和

$$\begin{aligned}&-\int_0^{d_0}\left(x-\frac{d_0}{2}\right)k(\varphi_x+\psi)_x(\varphi_x+\psi)\mathrm{d}x\\=&-\frac{kd_0}{4}\left((\varphi_x(d_0)+\psi(d_0))^2+\varphi_x^2(0)\right)+\frac{k}{2}\int_0^{d_0}(\varphi_x+\psi)^2\mathrm{d}x.\end{aligned}$$

上式与 (5-47) 和 (5-48) 合并可得

$$\begin{aligned}\frac{\mathrm{d}}{\mathrm{d}t}F_2(t)=&-\frac{kd_0}{4}\left(\frac{\rho_1}{k}\varphi_t^2(d_0)+(\varphi_x(d_0)+\psi(d_0))^2+\varphi_x^2(0)\right)\\&+\frac{k}{2}\int_0^{d_0}(\varphi_x+\psi)^2\mathrm{d}x+\frac{\rho_1}{2}\int_0^{d_0}\varphi_t^2\mathrm{d}x\end{aligned}$$

$$
\begin{aligned}
&-\int_0^{d_0}\left(x-\frac{d_0}{2}\right)\rho_1\varphi_t\psi_t\mathrm{d}x\\
\leqslant&-\frac{kd_0}{4}\left(\frac{\rho_1}{k}\varphi_t^2(d_0)+(\varphi_x(d_0)+\psi(d_0))^2+\varphi_x^2(0)\right)\\
&+\frac{k}{2}\int_0^{d_0}(\varphi_x+\psi)^2\mathrm{d}x+\rho_1\int_0^{d_0}\varphi_t^2\mathrm{d}x\\
&+\frac{d_0^2\rho_1}{8}\int_0^{d_0}\psi_t^2\mathrm{d}x.
\end{aligned}
$$

□

接下来, 我们介绍辅助函数

$$
I_1(t):=-\int_0^{d_0}e^{p(d_0-x)}\rho_1\varphi_t\varphi\mathrm{d}x,
$$

这将产生负项 $-\int_0^{d_0}e^{p(d_0-x)}\varphi_t^2\mathrm{d}x$ (参见后面引理 5.11), 其中 $p:=\dfrac{256}{d_0}$ 为常数.

引理 5.10 对 $t\geqslant 0$,

$$
\begin{aligned}
\frac{\mathrm{d}}{\mathrm{d}t}I_1(t)\leqslant&\frac{k}{p}(\varphi_x(d_0)+\psi(d_0))^2-\rho_1\int_0^{d_0}e^{p(d_0-x)}\varphi_t^2\mathrm{d}x\\
&+\frac{129}{128}k\int_0^{d_0}e^{p(d_0-x)}(\varphi_x+\psi)^2\mathrm{d}x+33ke^{pd_0}\mu_1\int_0^{d_0}\psi_x^2\mathrm{d}x. \quad (5\text{-}49)
\end{aligned}
$$

证明 由 (5-1) 和 Young 不等式, 我们可得

$$
\begin{aligned}
\frac{\mathrm{d}}{\mathrm{d}t}I_1(t)=&-\int_0^{d_0}e^{p(d_0-x)}\rho_1\varphi_{tt}\varphi\mathrm{d}x-\int_0^{d_0}e^{p(d_0-x)}\rho_1\varphi_t\varphi_t\mathrm{d}x\\
=&-\int_0^{d_0}e^{p(d_0-x)}k(\varphi_x+\psi)_x\varphi\mathrm{d}x-\rho_1\int_0^{d_0}e^{p(d_0-x)}\varphi_t^2\mathrm{d}x\\
=&-k(\varphi_x(d_0)+\psi(d_0))\varphi(d_0)+k\int_0^{d_0}e^{p(d_0-x)}(\varphi_x+\psi)\varphi_x\mathrm{d}x\\
&-kp\int_0^{d_0}e^{p(d_0-x)}(\varphi_x+\psi)\varphi\mathrm{d}x-\rho_1\int_0^{d_0}e^{p(d_0-x)}\varphi_t^2\mathrm{d}x\\
=&-k(\varphi_x(d_0)+\psi(d_0))\varphi(d_0)+k\int_0^{d_0}e^{p(d_0-x)}(\varphi_x+\psi)^2\mathrm{d}x\\
&-k\int_0^{d_0}e^{p(d_0-x)}(\varphi_x+\psi)\psi\mathrm{d}x-\frac{kp}{2}\varphi^2(d_0)-\frac{kp^2}{2}\int_0^{d_0}e^{p(d_0-x)}\varphi^2\mathrm{d}x
\end{aligned}
$$

$$
\begin{aligned}
&-kp\int_0^{d_0} e^{p(d_0-x)}\psi\varphi\mathrm{d}x-\rho_1\int_0^{d_0} e^{p(d_0-x)}\varphi_t^2\mathrm{d}x\\
\leqslant&\frac{k}{p}(\varphi_x(d_0)+\psi(d_0))^2-\rho_1\int_0^{d_0} e^{p(d_0-x)}\varphi_t^2\mathrm{d}x+\frac{129}{128}k\int_0^{d_0} e^{p(d_0-x)}(\varphi_x+\psi)^2\mathrm{d}x\\
&+33k\int_0^{d_0} e^{p(d_0-x)}\psi^2\mathrm{d}x-\frac{kp}{4}\varphi^2(d_0)-\frac{kp^2}{4}\int_0^{d_0} e^{p(d_0-x)}\varphi^2\mathrm{d}x\\
\leqslant&\frac{k}{p}(\varphi_x(d_0)+\psi(d_0))^2-\rho_1\int_0^{d_0} e^{p(d_0-x)}\varphi_t^2\mathrm{d}x\\
&+\frac{129}{128}k\int_0^{d_0} e^{p(d_0-x)}(\varphi_x+\psi)^2\mathrm{d}x+33k\mu_1 e^{pd_0}\int_0^{d_0}\psi_x^2\mathrm{d}x. \qquad \square
\end{aligned}
$$

现在定义

$$
J_1(t):=I_1(t)+\frac{4}{d_0p}F_2(t).
$$

引理 5.11 对任意 $t\geqslant 0$, 存在常数 $C_6>0$ 使得

$$
\begin{aligned}
\frac{\mathrm{d}}{\mathrm{d}t}J_1(t)\leqslant&-\frac{63}{64}\rho_1\int_0^{d_0} e^{p(d_0-x)}\varphi_t^2\mathrm{d}x+\frac{65}{64}k\int_0^{d_0} e^{p(d_0-x)}(\varphi_x+\psi)^2\mathrm{d}x\\
&+C_6\int_0^{d_0}\psi_x^2\mathrm{d}x+C_6\int_0^{d_0}\psi_t^2\mathrm{d}x. \qquad (5\text{-}50)
\end{aligned}
$$

证明 由 (5-46) 和 (5-49) 可得

$$
\begin{aligned}
\frac{\mathrm{d}}{\mathrm{d}t}J_1(t)\leqslant&-\left(\rho_1-\frac{4\rho_1}{d_0p}\right)\int_0^{d_0} e^{p(d_0-x)}\varphi_t^2\mathrm{d}x\\
&+\left(\frac{129}{128}k+\frac{2k}{d_0p}\right)\int_0^{d_0} e^{p(d_0-x)}(\varphi_x+\psi)^2\mathrm{d}x\\
&+33ke^{pd_0}\mu_1\int_0^{d_0}\psi_x^2\mathrm{d}x+\frac{d_0\rho_1}{2p}\int_0^{d_0}\psi_t^2\mathrm{d}x. \qquad (5\text{-}51)
\end{aligned}
$$

注意到 $p=\dfrac{256}{d_0}$, 我们有

$$
-\left(\rho_1-\frac{4\rho_1}{d_0p}\right)\leqslant-\frac{63}{64}\rho_1,
$$

$$\left(\frac{129}{128}k+\frac{2k}{d_0p}\right)\leqslant\frac{65}{64}k.$$

这与 (5-51) 一起将给出 (5-50) . □

再定义

$$I_2(t):=\int_0^{d_0}e^{p(d_0-x)}\rho_2\psi_t(\varphi_x+\psi)\mathrm{d}x+\frac{1}{k}\int_0^{d_0}e^{p(d_0-x)}\Lambda\rho_1\varphi_t\mathrm{d}x,$$

这将给出负项 $-\int_0^{d_0}e^{p(d_0-x)}(\varphi_x+\psi)^2\mathrm{d}x$ (见后面引理 5.13).

引理 5.12 对任意 $\zeta_2,\zeta_3,\zeta_4>0$, 存在常数 $C(\zeta_3,\zeta_4)>0$ 使得对 $t\geqslant 0$, 成立

$$\begin{aligned}\frac{\mathrm{d}}{\mathrm{d}t}I_2(t)\leqslant&-(k-\zeta_3)\int_0^{d_0}e^{p(d_0-x)}(\varphi_x+\psi)^2\mathrm{d}x\\&+\zeta_2\left(\frac{\rho_1}{k}\varphi_t^2(d_0)+(\varphi_x(d_0)+\psi(d_0))^2+\varphi_x^2(0)\right)\\&+\frac{1}{4\zeta_2}e^{2pd_0}\left(b\rho_2\psi_t^2(d_0)+\Lambda^2(d_0)+\Lambda^2(0)\right)+\zeta_4\int_0^{d_0}e^{p(d_0-x)}\varphi_t^2\mathrm{d}x\\&+C(\zeta_3,\zeta_4)\int_0^{d_0}\psi_x^2\mathrm{d}x+C(\zeta_3,\zeta_4)\int_0^{d_0}h^2(\psi)\mathrm{d}x+C(\zeta_3,\zeta_4)\int_0^{d_0}\psi_t^2\mathrm{d}x\\&+C(\zeta_3,\zeta_4)\int_0^{d_0}\left(\int_0^t g(t-s)a(x)(\psi_x(t)-\psi_x(s))\mathrm{d}s\right)^2\mathrm{d}x\\&-C(\zeta_3,\zeta_4)\int_0^l\int_0^t g'(t-s)a(x)(\psi_x(t)-\psi_x(s))^2\mathrm{d}s\mathrm{d}x.\end{aligned}\tag{5-52}$$

证明 由 (5-18) 和 (5-19) , 我们有

$$\begin{aligned}&\frac{\mathrm{d}}{\mathrm{d}t}I_2(t)\\=&\int_0^{d_0}e^{p(d_0-x)}\rho_2\psi_{tt}(\varphi_x+\psi)\mathrm{d}x+\rho_2\int_0^{d_0}e^{p(d_0-x)}\psi_t^2\mathrm{d}x+\rho_2\int_0^{d_0}e^{p(d_0-x)}\psi_t\varphi_{xt}\mathrm{d}x\\&+\frac{1}{k}\int_0^{d_0}e^{p(d_0-x)}\Lambda\rho_1\varphi_{tt}\mathrm{d}x+\frac{b\rho_1}{k}\int_0^{d_0}e^{p(d_0-x)}\psi_{xt}\varphi_t\mathrm{d}x\\&+\frac{\rho_1}{k}\int_0^{d_0}e^{p(d_0-x)}\int_0^t g'(t-s)a(x)(\psi_x(t)-\psi_x(s))\mathrm{d}s\varphi_t\mathrm{d}x\\&-\frac{\rho_1}{k}\int_0^{d_0}e^{p(d_0-x)}g(t)a(x)\psi_x\varphi_t\mathrm{d}x\end{aligned}$$

$$
\begin{aligned}
&= \int_0^{d_0} e^{p(d_0-x)}\Lambda_x(\varphi_x+\psi)\mathrm{d}x - k\int_0^{d_0} e^{p(d_0-x)}(\varphi_x+\psi)^2\mathrm{d}x \\
&\quad + \int_0^{d_0} e^{p(d_0-x)}h(\psi)(\varphi_x+\psi)\mathrm{d}x + \rho_2\int_0^{d_0} e^{p(d_0-x)}\psi_t^2\mathrm{d}x \\
&\quad + \rho_2\psi_t(d_0)\varphi_t(d_0) + \left(\frac{b\rho_1}{k}-\rho_2\right)\int_0^{d_0} e^{p(d_0-x)}\psi_{xt}\varphi_t\mathrm{d}x \\
&\quad + \rho_2 p\int_0^{d_0} e^{p(d_0-x)}\psi_t\varphi_t\mathrm{d}x + \int_0^{d_0} e^{p(d_0-x)}\Lambda(\varphi_x+\psi)_x\mathrm{d}x \\
&\quad + \frac{\rho_1}{k}\int_0^{d_0} e^{p(d_0-x)}\int_0^t g'(t-s)a(x)(\psi_x(t)-\psi_x(s))\mathrm{d}s\varphi_t\mathrm{d}x \\
&\quad - \frac{\rho_1}{k}\int_0^{d_0} e^{p(d_0-x)}g(t)a(x)\psi_x\varphi_t\mathrm{d}x. \qquad (5\text{-}53)
\end{aligned}
$$

由于同波速 $\dfrac{\rho_1}{k}=\dfrac{\rho_2}{b}$，于是有 $\dfrac{b\rho_1}{k}-\rho_2=0$．因此, 利用 (5-53) 可得

$$
\begin{aligned}
\frac{\mathrm{d}}{\mathrm{d}t}I_2(t) &= \Lambda(d_0)(\varphi_x(d_0)+\psi(d_0)) - e^{pd_0}\Lambda(0)\varphi_x(0) + \rho_2\psi_t(d_0)\varphi_t(d_0) \\
&\quad + p\int_0^{d_0} e^{p(d_0-x)}\Lambda(\varphi_x+\psi)\mathrm{d}x - k\int_0^{d_0} e^{p(d_0-x)}(\varphi_x+\psi)^2\mathrm{d}x \\
&\quad + \int_0^{d_0} e^{p(d_0-x)}h(\psi)(\varphi_x+\psi)\mathrm{d}x + \rho_2\int_0^{d_0} e^{p(d_0-x)}\psi_t^2\mathrm{d}x \\
&\quad + \frac{\rho_1}{k}\int_0^{d_0} e^{p(d_0-x)}\int_0^t g'(t-s)a(x)(\psi_x(t)-\psi_x(s))\mathrm{d}s\varphi_t\mathrm{d}x \\
&\quad - \frac{\rho_1}{k}\int_0^{d_0} e^{p(d_0-x)}g(t)a(x)\psi_x\varphi_t\mathrm{d}x + \rho_2 p\int_0^{d_0} e^{p(d_0-x)}\psi_t\varphi_t\mathrm{d}x \\
&\leqslant \zeta_2\left(\frac{\rho_1}{k}\varphi_t^2(d_0) + (\varphi_x(d_0)+\psi(d_0))^2 + \varphi_x^2(0)\right) \\
&\quad + \frac{1}{4\zeta_2}\left(\frac{k\rho_2^2}{\rho_1}\psi_t^2(d_0) + \Lambda^2(d_0) + e^{2pd_0}\Lambda^2(0)\right) \\
&\quad - (k-\zeta_3)\int_0^{d_0} e^{p(d_0-x)}(\varphi_x+\psi)^2\mathrm{d}x \\
&\quad + \frac{p^2}{2\zeta_3}\int_0^{d_0} e^{p(d_0-x)}\Lambda^2\mathrm{d}x + \frac{1}{2\zeta_3}\int_0^{d_0} e^{p(d_0-x)}h^2(\psi)\mathrm{d}x \\
&\quad + \zeta_4\int_0^{d_0} e^{p(d_0-x)}\varphi_t^2\mathrm{d}x + \frac{3g^2(0)\bar{a}^2}{4\zeta_4}\frac{\rho_1^2}{k^2}\int_0^{d_0} e^{p(d_0-x)}\psi_x^2\mathrm{d}x
\end{aligned}
$$

$$+\left(\frac{3}{4\zeta_4}\rho_2^2p^2+\rho_2\right)\int_0^{d_0}e^{p(d_0-x)}\psi_t^2\mathrm{d}x$$
$$+\frac{3}{4\zeta_4}\frac{\rho_1^2}{k^2}\int_0^{d_0}e^{p(d_0-x)}\left(\int_0^t g'(t-s)a(x)(\psi_x(t)-\psi_x(s))\mathrm{d}s\right)^2\mathrm{d}x.$$

再利用

$$\Lambda^2\leqslant 2b\psi_x^2+2\left(\int_0^t g(t-s)a(x)(\psi_x(t)-\psi_x(s))\mathrm{d}s\right)^2 \quad 和 \quad \frac{k\rho_2}{\rho_1}=b,$$

则可立即得到需要的估计式 (5-52). 证毕. □

现在, 我们定义

$$J_2(t):=I_2(t)+\frac{4\zeta_2}{kd_0}F_2(t)+\frac{e^{2pd_0}}{d_0\zeta_2}F_1(t).$$

引理 5.13 对任意 $t\geqslant 0$, 存在常数 $C_7>0$ 使得

$$\frac{\mathrm{d}}{\mathrm{d}t}J_2(t)\leqslant -\frac{61}{64}k\int_0^{d_0}e^{p(d_0-x)}(\varphi_x+\psi)^2\mathrm{d}x+\frac{1}{16}\rho_1\int_0^{d_0}e^{p(d_0-x)}\varphi_t^2\mathrm{d}x$$
$$+C_7\int_0^{d_0}\psi_x^2\mathrm{d}x+C_7\int_0^{d_0}\psi_t^2\mathrm{d}x+C_7\int_0^{d_0}h^2(\psi)\mathrm{d}x$$
$$+C_7\int_0^l\left(\int_0^t g(t-s)a(x)(\psi_x(t)-\psi_x(s))\mathrm{d}s\right)^2\mathrm{d}x$$
$$-C_7\int_0^l\int_0^t g'(t-s)a(x)(\psi_x(t)-\psi_x(s))^2\mathrm{d}s\mathrm{d}x. \tag{5-54}$$

证明 合并 (5-52), (5-40) 和 (5-46) 可得

$$\frac{\mathrm{d}}{\mathrm{d}t}J_2(t)$$
$$\leqslant -\left(k-\zeta_3-\frac{2\zeta_2}{d_0}-\frac{e^{2pd_0}}{d_0\zeta_2}\zeta_1\right)\int_0^{d_0}e^{p(d_0-x)}(\varphi_x+\psi)^2\mathrm{d}x$$
$$+\left(\zeta_4+\frac{4\rho_1\zeta_2}{kd_0}\right)\int_0^{d_0}e^{p(d_0-x)}\varphi_t^2\mathrm{d}x+C(\zeta_1,\zeta_2,\zeta_3,\zeta_4)\int_0^{d_0}\psi_x^2\mathrm{d}x$$
$$+C(\zeta_1,\zeta_2,\zeta_3,\zeta_4)\int_0^l\left(\int_0^t g(t-s)a(x)(\psi_x(t)-\psi_x(s))\mathrm{d}s\right)^2\mathrm{d}x$$
$$-C(\zeta_1,\zeta_2,\zeta_3,\zeta_4)\int_0^l\int_0^t g'(t-s)a(x)(\psi_x(t)-\psi_x(s))^2\mathrm{d}s\mathrm{d}x$$

$$+C(\zeta_1,\zeta_2,\zeta_3,\zeta_4)\int_0^{d_0}\psi_t^2\mathrm{d}x+C(\zeta_1,\zeta_2,\zeta_3,\zeta_4)\int_0^{d_0}h^2(\psi)\mathrm{d}x.$$

取

$$\zeta_2=\frac{kd_0}{128},\qquad \zeta_3=\frac{k}{64},\qquad \zeta_4=\frac{\rho_1}{32},\qquad \zeta_1=\frac{kd_0\zeta_2}{64e^{2pd_0}}=\frac{k^2d_0^2}{64\times 256e^{2pd_0}},$$

则

$$-\left(k-\zeta_3-\frac{2\zeta_2}{d_0}-\frac{e^{2pd_0}}{d_0\zeta_2}\zeta_1\right)=-\frac{61}{64}k,$$
$$\left(\zeta_4+\frac{4\rho_1\zeta_2}{kd_0}\right)=\frac{1}{16}\rho_1.$$

这给出了所需的估计 (5-54) . □

以下引理是引理 5.12 和引理 5.13 合并所得.

引理 5.14　对任意 $t\geqslant 0$, 存在常数 $D_3>0$ 使得

$$\begin{aligned}\frac{\mathrm{d}}{\mathrm{d}t}(J_1(t)+2J_2(t))\leqslant&-\frac{57}{64}k\int_0^{d_0}(\varphi_x+\psi)^2\mathrm{d}x-\frac{55}{64}\rho_1\int_0^{d_0}\varphi_t^2\mathrm{d}x\\&+D_3\int_0^{d_0}\psi_x^2\mathrm{d}x+D_3\int_0^{d_0}\psi_t^2\mathrm{d}x+D_3\int_0^{l}h^2(\psi)\mathrm{d}x\\&+D_3\int_0^{l}a(x)\left(\int_0^t g(t-s)(\psi_x(t)-\psi_x(s))\mathrm{d}s\right)^2\mathrm{d}x\\&-D_3\int_0^{l}\int_0^t g'(t-s)a(x)(\psi_x(t)-\psi_x(s))^2\mathrm{d}s\mathrm{d}x.\end{aligned}\tag{5-55}$$

证明　由 (5-50) 和 (5-54) 立即可得. □

接下来定义函数

$$J_3(t):=-\int_0^{l_0}\left(2-\frac{2x}{l_0}\right)\rho_2\psi_t\int_0^t g(t-s)(\psi(t)-\psi(s))\mathrm{d}s\mathrm{d}x,$$

此将帮助我们得到负项 $-\int_0^{d_0}\psi_t^2\mathrm{d}x$.

引理 5.15　对任意 $\xi>0$, 存在常数 $C(\xi)>0$ 和 $C_8>0$ 使得

$$\frac{\mathrm{d}}{\mathrm{d}t}J_3(t)\leqslant-\frac{1}{2}G_0\rho_2\int_0^{d_0}\psi_t^2\mathrm{d}x$$

$$+\xi\int_0^l \psi_x^2\mathrm{d}x+\xi\int_0^l(\varphi_x+\psi)^2\mathrm{d}x+\xi\int_0^l h^2(\psi)\mathrm{d}x$$
$$+C(\xi)\int_0^l a(x)\left(\int_0^t g(t-s)(\psi_x(t)-\psi_x(s))\mathrm{d}s\right)^2\mathrm{d}x$$
$$+C(\xi)\int_0^l a(x)\left(\int_0^t g(t-s)(\psi(t)-\psi(s))\mathrm{d}s\right)^2\mathrm{d}x$$
$$-C_8\int_0^l\int_0^t g'(t-s)a(x)(\psi_x(t)-\psi_x(s))^2\mathrm{d}s\mathrm{d}x,\quad t\geqslant t_0,\tag{5-56}$$

其中 t_0 为正常数, 并且满足

$$\int_0^{t_0} g(s)\mathrm{d}s=\frac{3}{4}G_0.$$

证明 借助于 (5-19) , 计算可得

$$\begin{aligned}
&\frac{\mathrm{d}}{\mathrm{d}t}J_3(t)\\
=&-\int_0^{l_0}\left(2-\frac{2x}{l_0}\right)\rho_2\psi_{tt}\int_0^t g(t-s)(\psi(t)-\psi(s))\mathrm{d}s\mathrm{d}x\\
&-\int_0^{l_0}\left(2-\frac{2x}{l_0}\right)\rho_2\psi_t\int_0^t g'(t-s)(\psi(t)-\psi(s))\mathrm{d}s\mathrm{d}x\\
&-\int_0^t g(s)\mathrm{d}s\int_0^{l_0}\left(2-\frac{2x}{l_0}\right)\rho_2\psi_t^2\mathrm{d}x\\
=&-\int_0^{l_0}\left(2-\frac{2x}{l_0}\right)\Lambda_x\int_0^t g(t-s)(\psi(t)-\psi(s))\mathrm{d}s\mathrm{d}x\\
&+k\int_0^{l_0}\left(2-\frac{2x}{l_0}\right)(\varphi_x+\psi)\int_0^t g(t-s)(\psi(t)-\psi(s))\mathrm{d}s\mathrm{d}x\\
&-\int_0^{l_0}\left(2-\frac{2x}{l_0}\right)h(\psi)\int_0^t g(t-s)(\psi(t)-\psi(s))\mathrm{d}s\mathrm{d}x\\
&-\int_0^{l_0}\left(2-\frac{2x}{l_0}\right)\rho_2\psi_t\int_0^t g'(t-s)(\psi(t)-\psi(s))\mathrm{d}s\mathrm{d}x\\
&-\int_0^t g(s)\mathrm{d}s\int_0^{l_0}\left(2-\frac{2x}{l_0}\right)\rho_2\psi_t^2\mathrm{d}x\\
=&\int_0^{l_0}\left(2-\frac{2x}{l_0}\right)\left(b-a(x)\int_0^t g(s)\mathrm{d}s\right)\psi_x\int_0^t g(t-s)(\psi_x(t)-\psi_x(s))\mathrm{d}s\mathrm{d}x
\end{aligned}$$

$$
\begin{aligned}
&+\int_0^{l_0}\left(2-\frac{2x}{l_0}\right)a(x)\left(\int_0^t g(t-s)(\psi_x(t)-\psi_x(s))\mathrm{d}s\right)^2\mathrm{d}x\\
&-\frac{2}{l_0}\int_0^{l_0}\left(b-a(x)\int_0^t g(s)\mathrm{d}s\right)\psi_x\int_0^t g(t-s)(\psi(t)-\psi(s))\mathrm{d}s\mathrm{d}x\\
&-\frac{2}{l_0}\int_0^{l_0}a(x)\left(\int_0^t g(t-s)(\psi_x(t)-\psi_x(s))\mathrm{d}s\right)\int_0^t g(t-s)(\psi(t)-\psi(s))\mathrm{d}s\mathrm{d}x\\
&+k\int_0^{l_0}\left(2-\frac{2x}{l_0}\right)(\varphi_x+\psi)\int_0^t g(t-s)(\psi(t)-\psi(s))\mathrm{d}s\mathrm{d}x\\
&-\int_0^{l_0}\left(2-\frac{2x}{l_0}\right)h(\psi)\int_0^t g(t-s)(\psi(t)-\psi(s))\mathrm{d}s\mathrm{d}x\\
&-\int_0^{l_0}\left(2-\frac{2x}{l_0}\right)\rho_2\psi_t\int_0^t g'(t-s)(\psi(t)-\psi(s))\mathrm{d}s\mathrm{d}x\\
&-\int_0^t g(s)\mathrm{d}s\int_0^{l_0}\left(2-\frac{2x}{l_0}\right)\rho_2\psi_t^2\mathrm{d}x.
\end{aligned}
$$

因此, 对任意 $\xi>0$ 和某些 $\widetilde{C}(\xi)>0$,

$$
\begin{aligned}
\frac{\mathrm{d}}{\mathrm{d}t}J_3(t)\leqslant&-\left(\int_0^t g(s)\mathrm{d}s-\frac{1}{4}G_0\right)\int_0^{l_0}\left(2-\frac{2x}{l_0}\right)\rho_2\psi_t^2\mathrm{d}x\\
&+\frac{1}{G_0}\int_0^{l_0}\rho_2\left(2-\frac{2x}{l_0}\right)\left(\int_0^t g'(t-s)(\psi(t)-\psi(s))\mathrm{d}s\right)^2\mathrm{d}x\\
&+\xi\int_0^{l_0}\psi_x^2\mathrm{d}x+\xi\int_0^{l_0}(\varphi_x+\psi)^2\mathrm{d}x+\xi\int_0^{l_0}h^2(\psi)\mathrm{d}x\\
&+\widetilde{C}(\xi)\int_0^{l_0}a(x)\left(\int_0^t g(t-s)(\psi_x(t)-\psi_x(s))\mathrm{d}s\right)^2\mathrm{d}x\\
&+\widetilde{C}(\xi)\int_0^{l_0}a(x)\left(\int_0^t g(t-s)(\psi(t)-\psi(s))\mathrm{d}s\right)^2\mathrm{d}x\\
&+\widetilde{C}(\xi)\int_0^{l_0}\left(\int_0^t g(t-s)(\psi_x(t)-\psi_x(s))\mathrm{d}s\right)^2\mathrm{d}x\\
&+\widetilde{C}(\xi)\int_0^{l_0}\left(\int_0^t g(t-s)(\psi(t)-\psi(s))\mathrm{d}s\right)^2\mathrm{d}x.
\end{aligned}\tag{5-57}
$$

取 $t\geqslant t_0$ 并且注意到 $d_0=\dfrac{l_0}{2}$, 则有

$$
-\left(\int_0^t g(s)\mathrm{d}s-\frac{1}{4}G_0\right)\int_0^{l_0}\left(2-\frac{2x}{l_0}\right)\rho_2\psi_t^2\mathrm{d}x
$$

$$
\begin{aligned}
&\leqslant -\frac{1}{2}G_0\int_0^{l_0}\left(2-\frac{2x}{l_0}\right)\rho_2\psi_t^2\mathrm{d}x\\
&\leqslant -\frac{1}{2}G_0\int_0^{d_0}\left(2-\frac{2x}{l_0}\right)\rho_2\psi_t^2\mathrm{d}x\\
&\leqslant -\frac{1}{2}G_0\rho_2\int_0^{d_0}\psi_t^2\mathrm{d}x. \qquad (5\text{-}58)
\end{aligned}
$$

此外, 由于在 $[0,l_0]$ 上, $a(x)\geqslant a_0>0$, 于是有

$$
\begin{aligned}
&\int_0^{l_0}\left(\int_0^t g(t-s)(\psi_x(t)-\psi_x(s))\mathrm{d}s\right)^2\mathrm{d}x\\
\leqslant &\frac{1}{a_0}\int_0^l a(x)\left(\int_0^t g(t-s)(\psi_x(t)-\psi_x(s))\mathrm{d}s\right)^2\mathrm{d}x
\end{aligned}
$$

和

$$
\begin{aligned}
&\int_0^{l_0}\left(\int_0^t g(t-s)(\psi(t)-\psi(s))\mathrm{d}s\right)^2\mathrm{d}x\\
\leqslant &\frac{1}{a_0}\int_0^l a(x)\left(\int_0^t g(t-s)(\psi(t)-\psi(s))\mathrm{d}s\right)^2\mathrm{d}x.
\end{aligned}
$$

这与 (5-57)-(5-58) 一起将完成证明. □

为了得到负项 $-\int_0^{d_0}\psi_x^2\mathrm{d}x$, 我们介绍辅助函数

$$
\omega(x):=\int_0^x a(y)\psi_y(y)\mathrm{d}y-\frac{x}{l}\int_0^l a(y)\psi_y(y)\mathrm{d}y, \qquad (5\text{-}59)
$$

并利用它定义下述函数

$$
\begin{aligned}
J_4(t):=&\int_0^t g(s)\mathrm{d}s\int_0^l \rho_2\psi_t\omega\mathrm{d}x-\int_0^t g(s)\mathrm{d}s\int_0^l\int_x^l \rho_1\varphi_t(y)\mathrm{d}y\omega\mathrm{d}x\\
&+\int_0^l \rho_2\psi_t\int_0^t g(t-s)\left(\omega(s)-\omega(t)\right)\mathrm{d}s\mathrm{d}x\\
&-\int_0^l\int_x^l \rho_1\varphi_t(y)\mathrm{d}y\int_0^t g(t-s)\left(\omega(s)-\omega(t)\right)\mathrm{d}s\mathrm{d}x.
\end{aligned}
$$

显而易见

$$
\omega_x=a(x)\psi_x(x)-\frac{1}{l}\int_0^l a(y)\psi_y(y)\mathrm{d}y, \quad \omega(0)=\omega(l)=0,
$$

并且存在常数 $\mu_3,\mu_4>0$, 成立

$$\int_0^l \omega^2 \mathrm{d}x \leqslant \mu_3 \int_0^l a(x)\psi_x^2 \mathrm{d}x, \tag{5-60}$$

$$\int_0^l \omega_x^2 \mathrm{d}x \leqslant \mu_4 \int_0^l a(x)\psi_x^2 \mathrm{d}x. \tag{5-61}$$

引理 5.16 对任意 $\gamma > 0$, 存在常数 $C(\gamma) > 0$ 使得

$$\begin{aligned}
&\frac{\mathrm{d}}{\mathrm{d}t} J_4(t) \\
\leqslant & -\frac{1}{2} a_0 b_0 G_0 \int_0^{d_0} \psi_x^2 \mathrm{d}x + 2\gamma \int_0^l \psi_x^2 \mathrm{d}x + 2\gamma \int_0^l (\varphi_x + \psi)^2 \mathrm{d}x \\
& +2\gamma \int_0^l \psi_t^2 \mathrm{d}x + 2\gamma \int_0^l \varphi_t^2 \mathrm{d}x + \gamma \int_0^l h^2(\psi) \mathrm{d}x \\
& +C(\gamma) \int_0^l \left(\int_0^t g(t-s) \left(\omega_x(s) - \omega_x(t) \right) \mathrm{d}s \right)^2 \mathrm{d}x \\
& +C(\gamma) \int_0^l a(x) \left(\int_0^t g(t-s) \left(\psi_x(t) - \psi_x(s) \right) \mathrm{d}s \right)^2 \mathrm{d}x \\
& +C(\gamma) \int_0^l \left(\int_0^t g(t-s) \left(\omega(s) - \omega(t) \right) \mathrm{d}s \right)^2 \mathrm{d}x \\
& -C(\gamma) \int_0^l \int_0^t g'(t-s) a(x) \left(\psi_x(t) - \psi_x(s) \right)^2 \mathrm{d}s \mathrm{d}x \\
& +C(\gamma) g(t) \int_0^l a(x) \psi_x^2 \mathrm{d}x + G_0 \int_0^l |h(\psi)\omega| \mathrm{d}x, \qquad t \geqslant t_0.
\end{aligned} \tag{5-62}$$

证明 由 (5-1) 以及边界条件 $\varphi_x(l,t) = \psi(l,t) = 0$ 可得

$$k(\varphi_x(x) + \psi(x)) = -\int_x^l \rho_1 \varphi_{tt}(y) \mathrm{d}y.$$

于是我们有

$$\begin{aligned}
&\frac{\mathrm{d}}{\mathrm{d}t} \left(\int_0^t g(s) \mathrm{d}s \int_0^l \rho_2 \psi_t \omega \mathrm{d}x \right) \\
=& g(t) \int_0^l \rho_2 \psi_t \omega \mathrm{d}x + \int_0^t g(s) \mathrm{d}s \int_0^l \rho_2 \psi_{tt} \omega \mathrm{d}x + \int_0^t g(s) \mathrm{d}s \int_0^l \rho_2 \psi_t \omega_t \mathrm{d}x \\
=& \int_0^t g(s) \mathrm{d}s \int_0^l \Lambda_x \omega \mathrm{d}x + \int_0^t g(s) \mathrm{d}s \int_0^l h(\psi) \omega \mathrm{d}x - \int_0^t g(s) \mathrm{d}s \int_0^l k(\varphi_x + \psi) \omega \mathrm{d}x \\
& + \int_0^t g(s) \mathrm{d}s \int_0^l \rho_2 \psi_t \omega_t \mathrm{d}x + g(t) \int_0^l \rho_2 \psi_t \omega \mathrm{d}x
\end{aligned}$$

$$
\begin{aligned}
&=\int_0^t g(s)\mathrm{d}s\int_0^l \Lambda_x\omega\mathrm{d}x+\int_0^t g(s)\mathrm{d}s\int_0^l h(\psi)\omega\mathrm{d}x+\int_0^t g(s)\mathrm{d}s\int_0^l\int_x^l \rho_1\varphi_{tt}(y)\mathrm{d}y\omega\mathrm{d}x\\
&\quad+\int_0^t g(s)\mathrm{d}s\int_0^l \rho_2\psi_t\omega_t\mathrm{d}x+g(t)\int_0^l \rho_2\psi_t\omega\mathrm{d}x \qquad (5\text{-}63)
\end{aligned}
$$

和

$$
\begin{aligned}
&\frac{\mathrm{d}}{\mathrm{d}t}\left(-\int_0^t g(s)\mathrm{d}s\int_0^l\int_x^l \rho_1\varphi_t(y)\mathrm{d}y\omega\mathrm{d}x\right)\\
&=-\int_0^t g(s)\mathrm{d}s\int_0^l\int_0^x \rho_1\varphi_{tt}(y)\mathrm{d}y\omega\mathrm{d}x-\int_0^t g(s)\mathrm{d}s\int_0^l\int_x^l \rho_1\varphi_t(y)\mathrm{d}y\omega_t\mathrm{d}x\\
&\quad-g(t)\int_0^l\int_x^l \rho_1\varphi_t(y)\mathrm{d}y\omega\mathrm{d}x. \qquad (5\text{-}64)
\end{aligned}
$$

于是, 合并 (5-63) 和 (5-64) 导出

$$
\begin{aligned}
&\frac{\mathrm{d}}{\mathrm{d}t}\left(\int_0^t g(s)\mathrm{d}s\int_0^l \rho_2\psi_t\omega\mathrm{d}x-\int_0^t g(s)\mathrm{d}s\int_0^l\int_x^l \rho_1\varphi_t(y)\mathrm{d}y\omega\mathrm{d}x\right)\\
&=\int_0^t g(s)\mathrm{d}s\int_0^l \Lambda_x\omega\mathrm{d}x+\int_0^t g(s)\mathrm{d}s\int_0^l h(\psi)\omega\mathrm{d}x\\
&\quad+\int_0^t g(s)\mathrm{d}s\int_0^l \rho_2\psi_t\omega_t\mathrm{d}x-\int_0^t g(s)\mathrm{d}s\int_0^l\int_x^l \rho_1\varphi_t(y)\mathrm{d}y\omega_t\mathrm{d}x\\
&\quad+g(t)\int_0^l \rho_2\psi_t\omega\mathrm{d}x-g(t)\int_0^l\int_x^l \rho_1\varphi_t(y)\mathrm{d}y\omega\mathrm{d}x. \qquad (5\text{-}65)
\end{aligned}
$$

因此有

$$
\begin{aligned}
&\int_0^l \Lambda_x\omega\mathrm{d}x=-\int_0^l \Lambda\omega_x\mathrm{d}x\\
&=-\int_0^l\left(\left(b-a(x)\int_0^t g(s)\mathrm{d}s\right)\psi_x\right)\left(a(x)\psi_x(x)-\frac{1}{l}\int_0^l a(y)\psi_y(y)\mathrm{d}y\right)\mathrm{d}x\\
&\quad-\int_0^l\left(\int_0^t g(t-s)a(x)\left(\psi_x(t)-\psi_x(s)\right)\mathrm{d}s\right)\omega_x\mathrm{d}x\\
&=-\int_0^l\left(b-a(x)\int_0^t g(s)\mathrm{d}s\right)a(x)\psi_x^2\mathrm{d}x
\end{aligned}
$$

$$
\begin{aligned}
&+\int_0^l\left(\left(b-a(x)\int_0^t g(s)\mathrm{d}s\right)\psi_x\right)\left(\frac{1}{l}\int_0^l a(y)\psi_y(y)\mathrm{d}y\right)\mathrm{d}x\\
&-\int_0^l\left(\int_0^t g(t-s)a(x)\left(\psi_x(t)-\psi_x(s)\right)\mathrm{d}s\right)\omega_x\mathrm{d}x\\
=&-\int_0^l\left(b-a(x)\int_0^t g(s)\mathrm{d}s\right)a(x)\psi_x^2\mathrm{d}x-\frac{1}{l}\int_0^t g(s)\mathrm{d}s\left(\int_0^l a(x)\psi_x\mathrm{d}x\right)^2\\
&-\int_0^l\left(\int_0^t g(t-s)a(x)\left(\psi_x(t)-\psi_x(s)\right)\mathrm{d}s\right)\omega_x\mathrm{d}x\\
\leqslant&-b_0\int_0^l a(x)\psi_x^2\mathrm{d}x+\frac{b_0}{3\mu_4}\int_0^l\omega_x^2\mathrm{d}x\\
&+\frac{3\mu_4}{4b_0}\int_0^l\left(\int_0^t g(t-s)a(x)\left(\psi_x(t)-\psi_x(s)\right)\mathrm{d}s\right)^2\mathrm{d}x\\
\leqslant&-\frac{2b_0}{3}\int_0^l a(x)\psi_x^2\mathrm{d}x+\frac{3\mu_4}{4b_0}\int_0^l\left(\int_0^t g(t-s)a(x)\left(\psi_x(t)-\psi_x(s)\right)\mathrm{d}s\right)^2\mathrm{d}x.
\end{aligned}
\tag{5-66}
$$

另一方面, 我们可以推出

$$
\begin{aligned}
&\frac{\mathrm{d}}{\mathrm{d}t}\left(\int_0^l\rho_2\psi_t\int_0^t g(t-s)\left(\omega(s)-\omega(t)\right)\mathrm{d}s\mathrm{d}x\right)\\
=&\int_0^l\rho_2\psi_{tt}\int_0^t g(t-s)\left(\omega(s)-\omega(t)\right)\mathrm{d}s\mathrm{d}x\\
&+\int_0^l\rho_2\psi_t\int_0^t g'(t-s)\left(\omega(s)-\omega(t)\right)\mathrm{d}s\mathrm{d}x\\
&-\int_0^t g(s)\mathrm{d}s\int_0^l\rho_2\psi_t\omega_t\mathrm{d}x\\
=&\int_0^l\left(\Lambda_x-k(\varphi_x+\psi)+h(\psi)\right)\int_0^t g(t-s)\left(\omega(s)-\omega(t)\right)\mathrm{d}s\mathrm{d}x\\
&+\int_0^l\rho_2\psi_t\int_0^t g'(t-s)\left(\omega(s)-\omega(t)\right)\mathrm{d}s\mathrm{d}x\\
&-\int_0^t g(s)\mathrm{d}s\int_0^l\rho_2\psi_t\omega_t\mathrm{d}x\\
\leqslant&\,\gamma\int_0^l\psi_x^2\mathrm{d}x+\left(\frac{b^2}{4\gamma}+\frac{1}{2}\right)\int_0^l\left(\int_0^t g(t-s)\left(\omega_x(s)-\omega_x(t)\right)\mathrm{d}s\right)^2\mathrm{d}x
\end{aligned}
$$

$$
\begin{aligned}
&+\frac{1}{2}\int_0^l\left(\int_0^t g(t-s)a(x)\left(\psi_x(t)-\psi_x(s)\right)\mathrm{d}s\right)^2\mathrm{d}x\\
&+\gamma\int_0^l\left((\varphi_x+\psi)^2+h^2(\psi)\right)\mathrm{d}x+\frac{1}{4\gamma}(k^2+1)\int_0^l\left(\int_0^t g(t-s)(\omega(s)-\omega(t))\,\mathrm{d}s\right)^2\mathrm{d}x\\
&+\gamma\int_0^l\psi_t^2\mathrm{d}x+\frac{\rho_2^2}{4\gamma}\int_0^l\left(\int_0^t g'(t-s)\left(\omega(s)-\omega(t)\right)\mathrm{d}s\right)^2\mathrm{d}x\\
&-\int_0^t g(s)\mathrm{d}s\int_0^l\rho_2\psi_t\omega_t\mathrm{d}x,
\end{aligned}
\tag{5-67}
$$

$$
\begin{aligned}
&\frac{\mathrm{d}}{\mathrm{d}t}\left(-\int_0^l\int_x^l\rho_1\varphi_t(y)\mathrm{d}y\int_0^t g(t-s)\left(\omega(s)-\omega(t)\right)\mathrm{d}s\mathrm{d}x\right)\\
=&-\int_0^l\int_x^l\rho_1\varphi_{tt}(y)\mathrm{d}y\int_0^t g(t-s)\left(\omega(s)-\omega(t)\right)\mathrm{d}s\mathrm{d}x\\
&-\int_0^l\int_x^l\rho_1\varphi_t(y)\mathrm{d}y\int_0^t g'(t-s)\left(\omega(s)-\omega(t)\right)\mathrm{d}s\mathrm{d}x\\
&+\int_0^t g(s)\mathrm{d}s\int_0^l\int_x^l\rho_1\varphi_t(y)\mathrm{d}y\omega_t\mathrm{d}x\\
=&-\int_0^l\int_x^l k(\varphi_y(y)+\psi(y))_y\mathrm{d}y\int_0^t g(t-s)\left(\omega(s)-\omega(t)\right)\mathrm{d}s\mathrm{d}x\\
&-\int_0^l\int_x^l\rho_1\varphi_t(y)\mathrm{d}y\int_0^t g'(t-s)\left(\omega(s)-\omega(t)\right)\mathrm{d}s\mathrm{d}x\\
&+\int_0^t g(s)\mathrm{d}s\int_0^l\int_x^l\rho_1\varphi_t(y)\mathrm{d}y\omega_t\mathrm{d}x\\
=&\int_0^l k(\varphi_x+\psi)\int_0^t g(t-s)\left(\omega(s)-\omega(t)\right)\mathrm{d}s\mathrm{d}x\\
&-\int_0^l\int_x^l\rho_1\varphi_t(y)\mathrm{d}y\int_0^t g'(t-s)\left(\omega(s)-\omega(t)\right)\mathrm{d}s\mathrm{d}x\\
&+\int_0^t g(s)\mathrm{d}s\int_0^l\int_x^l\rho_1\varphi_t(y)\mathrm{d}y\omega_t\mathrm{d}x\\
\leqslant&\ \gamma\int_0^l(\varphi_x+\psi)^2\mathrm{d}x+\frac{k^2}{4\gamma}\int_0^l\left(\int_0^t g(t-s)\left(\omega(s)-\omega(t)\right)\mathrm{d}s\right)^2\mathrm{d}x\\
&+\gamma\int_0^l\varphi_t^2\mathrm{d}x+\frac{l^2}{4\gamma}\int_0^l\left(\int_0^t g'(t-s)\left(\omega(s)-\omega(t)\right)\mathrm{d}s\right)^2\mathrm{d}x
\end{aligned}
$$

$$
+\int_0^t g(s)\mathrm{d}s\int_0^l\int_x^l \rho_1\varphi_t(y)\mathrm{d}y\omega_t\mathrm{d}x \tag{5-68}
$$

和

$$
\begin{aligned}
&g(t)\int_0^l \rho_2\psi_t\omega\mathrm{d}x - g(t)\int_0^l\int_x^l \rho_1\varphi_t(y)\mathrm{d}y\omega\mathrm{d}x\\
\leqslant &\left(\frac{1}{4\gamma}\rho_2^2 g^2(t)+\frac{l^2}{4\gamma}\rho_1^2 g^2(t)\right)\int_0^l\omega^2\mathrm{d}x+\gamma\int_0^l\psi_t^2\mathrm{d}x+\frac{\gamma}{l^2}\int_0^l\left(\int_x^l\varphi_t(y)\mathrm{d}y\right)^2\mathrm{d}x\\
\leqslant &\frac{1}{4\gamma}g(0)\mu_3\left(\rho_2^2+l^2\rho_1^2\right)g(t)\int_0^l a(x)\psi_x^2\mathrm{d}x+\gamma\int_0^l\psi_t^2\mathrm{d}x+\gamma\int_0^l\varphi_t^2\mathrm{d}x.
\end{aligned} \tag{5-69}
$$

这样, 对 $t\geqslant t_0$, 由 (5-65)-(5-69) 可得

$$
\begin{aligned}
&\frac{\mathrm{d}}{\mathrm{d}t}J_4(t)\\
\leqslant &-\frac{b_0}{2}G_0\int_0^l a(x)\psi_x^2\mathrm{d}x+\gamma\int_0^l\psi_x^2\mathrm{d}x+2\gamma\int_0^l(\varphi_x+\psi)^2\mathrm{d}x+2\gamma\int_0^l\psi_t^2\mathrm{d}x\\
&+2\gamma\int_0^l\varphi_t^2\mathrm{d}x+C(\gamma)\int_0^l\left(\int_0^t g(t-s)\left(\omega_x(s)-\omega_x(t)\right)\mathrm{d}s\right)^2\mathrm{d}x\\
&+C(\gamma)\int_0^l a(x)\left(\int_0^t g(t-s)\left(\psi_x(t)-\psi_x(s)\right)\mathrm{d}s\right)^2\mathrm{d}x\\
&+C(\gamma)\int_0^l\left(\int_0^t g(t-s)\left(\omega(s)-\omega(t)\right)\mathrm{d}s\right)^2\mathrm{d}x\\
&+C(\gamma)\int_0^l\left(\int_0^t g'(t-s)\left(\omega(s)-\omega(t)\right)\mathrm{d}s\right)^2\mathrm{d}x\\
&+C(\gamma)g(t)\int_0^l a(x)\psi_x^2\mathrm{d}x+\gamma\int_0^l h^2(\psi)\mathrm{d}x+G_0\int_0^l|h(\psi)\omega|\mathrm{d}x.
\end{aligned}
$$

这与条件 $a(x)\geqslant a_0>0$ (在 $[0,d_0]$ 上) 以及 (5-60) 一起将完成此引理证明. □

最后, 组合 $J_1(t), J_2(t), J_3(t), J_4(t)$ 并定义

$$
J(t):=J_1(t)+2J_2(t)+N_1J_3(t)+N_2J_4(t),
$$

其中 N_1 和 N_2 是待定正常数.

引理 5.17 对任意 $\varepsilon>0$, 存在常数 $C(\varepsilon)>0$ 和 $D_4,D_5>0$ 使得对 $t\geqslant t_0$, 成立

$$
\begin{aligned}
\frac{\mathrm{d}}{\mathrm{d}t}J(t)\leqslant&-D_4\int_0^{d_0}\left(\psi_x^2+\psi_t^2+(\varphi_x+\psi)^2+\varphi_t^2\right)\mathrm{d}x\\
&+\varepsilon\int_0^l\left(\psi_x^2+(\varphi_x+\psi)^2+\psi_t^2+\varphi_t^2\right)\mathrm{d}x\\
&+C(\varepsilon)\int_0^l a(x)\left(\int_0^t g(t-s)\left(\psi_x(t)-\psi_x(s)\right)\mathrm{d}s\right)^2\mathrm{d}x\\
&+C(\varepsilon)\int_0^l a(x)\left(\int_0^t g(t-s)(\psi(t)-\psi(s))\mathrm{d}s\right)^2\mathrm{d}x\\
&+C(\varepsilon)\int_0^l\left(\int_0^t g(t-s)\left(\omega_x(s)-\omega_x(t)\right)\mathrm{d}s\right)^2\mathrm{d}x\\
&+C(\varepsilon)\int_0^l\left(\int_0^t g(t-s)\left(\omega(s)-\omega(t)\right)\mathrm{d}s\right)^2\mathrm{d}x\\
&+C(\varepsilon)\left(g(t)\int_0^l a(x)\psi_x^2\mathrm{d}x-\int_0^l\int_0^t g'(t-s)a(x)(\psi_x(t)-\psi_x(s))^2\mathrm{d}s\mathrm{d}x\right)\\
&+(\varepsilon+D_5)\int_0^l h^2(\psi)\mathrm{d}x+D_5\int_0^l|h(\psi)\omega|\mathrm{d}x.
\end{aligned}
\tag{5-70}
$$

证明 由 (5-55), (5-56) 和 (5-62) 得

$$
\begin{aligned}
\frac{\mathrm{d}}{\mathrm{d}t}J(t)\leqslant&-\left(\frac{1}{2}a_0b_0G_0N_2-D_3\right)\int_0^{d_0}\psi_x^2\mathrm{d}x-\left(\frac{1}{2}G_0\rho_2N_1-D_3\right)\int_0^{d_0}\psi_t^2\mathrm{d}x\\
&-\frac{57}{64}k\int_0^{d_0}(\varphi_x+\psi)^2\mathrm{d}x-\frac{55}{64}\rho_1\int_0^{d_0}\varphi_t^2\mathrm{d}x\\
&+(2N_2\gamma+N_1\xi)\int_0^l\left(\psi_x^2+(\varphi_x+\psi)^2+\psi_t^2+\varphi_t^2\right)\mathrm{d}x\\
&+(N_2C(\gamma)+N_1C(\xi)+D_3)\int_0^l a(x)\left(\int_0^t g(t-s)\left(\psi_x(t)-\psi_x(s)\right)\mathrm{d}s\right)^2\mathrm{d}x\\
&+N_1C(\xi)\int_0^l a(x)\left(\int_0^t g(t-s)(\psi(t)-\psi(s))\mathrm{d}s\right)^2\mathrm{d}x\\
&+N_2C(\gamma)\int_0^l\left(\int_0^t g(t-s)\left(\omega_x(s)-\omega_x(t)\right)\mathrm{d}s\right)^2\mathrm{d}x
\end{aligned}
$$

$$
\begin{aligned}
&+N_2C(\gamma)\int_0^l\left(\int_0^t g(t-s)\left(\omega(s)-\omega(t)\right)\mathrm{d}s\right)^2\mathrm{d}x\\
&-(D_3+C_8N_1+C(\gamma)N_2)\int_0^l\int_0^t g'(t-s)a(x)(\psi_x(t)-\psi_x(s))^2\mathrm{d}s\mathrm{d}x\\
&+N_2C(\gamma)g(t)\int_0^l a(x)\psi_x^2\mathrm{d}x\\
&+(N_1\xi+N_2\gamma+D_3)\int_0^l h^2(\psi)\mathrm{d}x+N_2G_0\int_0^l|h(\psi)\omega|\mathrm{d}x.
\end{aligned}
$$

取

$$
N_1=\frac{2D_3+1}{G_0\rho_2},\quad N_2=\frac{2D_3+1}{a_0b_0G_0},
$$

则

$$
\begin{aligned}
-\left(\frac{1}{2}a_0b_0G_0N_2-D_3\right)&\leqslant-\frac{1}{2},\\
-\left(\frac{1}{2}G_0\rho_2N_1-D_3\right)&\leqslant-\frac{1}{2}.
\end{aligned}
$$

另外, 对任意 $\varepsilon>0$, 不妨取 $\gamma=\dfrac{\varepsilon}{4N_2}$ 和 $\xi=\dfrac{\varepsilon}{2N_1}$. 这将完成证明. □

5.4　主要定理的证明

定理 5.1 的证明

设

$$
R(t):=H(t)+NJ(t),
$$

其中 N 为待定正常数.

通过 (5-39) 和 (5-70) 得到

$$
\begin{aligned}
&\frac{\mathrm{d}}{\mathrm{d}t}R(t)\\
\leqslant&-(D_1-N\varepsilon)\int_0^l\left(\varphi_t^2+\psi_t^2+(\varphi_x+\psi)^2+\psi_x^2\right)\mathrm{d}x\\
&-(ND_4-D_2)\int_0^{d_0}\left(\psi_x^2+(\varphi_x+\psi)^2+\psi_t^2+\varphi_t^2\right)\mathrm{d}x\\
&+D_2\int_0^l|h(\psi)|\left(|\Lambda|+|\psi|+|\varphi|+\int_0^x|\psi(y)|\mathrm{d}y\right)\mathrm{d}x
\end{aligned}
$$

$$+ (NC(\varepsilon) + D_2) \int_0^l a(x) \left(\int_0^t g(t-s) \left(\psi_x(t) - \psi_x(s) \right) \mathrm{d}s \right)^2 \mathrm{d}x$$
$$+NC(\varepsilon) \int_0^l a(x) \left(\int_0^t g(t-s)(\psi(t) - \psi(s))\mathrm{d}s \right)^2 \mathrm{d}x$$
$$+NC(\varepsilon) \int_0^l \left(\int_0^t g(t-s) \left(\omega_x(s) - \omega_x(t) \right) \mathrm{d}s \right)^2 \mathrm{d}x$$
$$+NC(\varepsilon) \int_0^l \left(\int_0^t g(t-s) \left(\omega(s) - \omega(t) \right) \mathrm{d}s \right)^2 \mathrm{d}x$$
$$+ (NC(\varepsilon)+D_2) \left(g(t) \int_0^l a(x)\psi_x^2 \mathrm{d}x - \int_0^l \int_0^t g'(t-s)a(x)(\psi_x(t)-\psi_x(s))^2 \mathrm{d}s\mathrm{d}x \right)$$
$$+N\left(\varepsilon + D_5\right) \int_0^l h^2(\psi)\mathrm{d}x + ND_5 \int_0^l |h(\psi)\omega|\mathrm{d}x.$$

取

$$N = \frac{2D_2}{D_4}, \quad \varepsilon = \frac{D_1}{2N} = \frac{D_1 D_4}{4D_2},$$

则

$$-(D_1 - N\varepsilon) = -\frac{D_1}{2}, \ -(ND_4 - D_2) = -D_2.$$

因此, 我们得到存在两个常数 $D_6, D_7 > 0$ 使得对于 $t \geqslant t_0$, 有

$$\frac{\mathrm{d}}{\mathrm{d}t} R(t) \leqslant -D_6 \int_0^l \left(\psi_x^2 + (\varphi_x + \psi)^2 + \psi_t^2 + \varphi_t^2 \right) \mathrm{d}x$$
$$+D_7 \int_0^l a(x) \left(\int_0^t g(t-s) \left(\psi_x(t) - \psi_x(s) \right) \mathrm{d}s \right)^2 \mathrm{d}x$$
$$+D_7 \int_0^l a(x) \left(\int_0^t g(t-s)(\psi(t) - \psi(s))\mathrm{d}s \right)^2 \mathrm{d}x$$
$$+D_7 \int_0^l \left(\int_0^t g(t-s) \left(\omega_x(s) - \omega_x(t) \right) \mathrm{d}s \right)^2 \mathrm{d}x$$
$$+D_7 \int_0^l \left(\int_0^t g(t-s) \left(\omega(s) - \omega(t) \right) \mathrm{d}s \right)^2 \mathrm{d}x$$
$$+D_7 \left(g(t) \int_0^l a(x)\psi_x^2 \mathrm{d}x - \int_0^l \int_0^t g'(t-s)a(x)(\psi_x(t) - \psi_x(s))^2 \mathrm{d}s\mathrm{d}x \right)$$

$$
\begin{aligned}
&+D_7\int_0^l |h(\psi)|\left(|\omega|+|\Lambda|+|\psi|+|\varphi|+\int_0^x|\psi(y)|\mathrm{d}y\right)\mathrm{d}x\\
&+D_7\int_0^l h^2(\psi)\mathrm{d}x. \qquad (5\text{-}71)
\end{aligned}
$$

现在, 我们设

$$
W_1(t):=\int_0^l\int_0^t G(t-s)a(x)\psi_x^2(s)\mathrm{d}s\mathrm{d}x,
$$

$$
W_2(t):=M(\delta)\left(\delta\int_0^l\int_0^t G(t-s)a(x)\psi_x^2(s)\mathrm{d}s\mathrm{d}x+E(t)\right),
$$

其中

$$
G(t)=\int_t^{+\infty}g(s)\mathrm{d}s,\quad M(\delta):=\int_0^{+\infty}\frac{g(s)}{K_\delta(s)}\mathrm{d}s,\quad K_\delta(s):=\frac{-g'(s)}{g(s)}+\delta,
$$

$\delta\in(0,1)$ 是一个将在后面具体给定数值的常量.

对 $t\geqslant 0$, 我们知道 (参见 [85])

$$
\begin{aligned}
\frac{\mathrm{d}}{\mathrm{d}t}W_1(t)\leqslant&-\frac{1}{2}\int_0^l\int_0^t g(t-s)a(x)(\psi_x(t)-\psi_x(s))^2\mathrm{d}s\mathrm{d}x\\
&+2G_0\int_0^l a(x)\psi_x^2\mathrm{d}x, \qquad (5\text{-}72)
\end{aligned}
$$

$$
\begin{aligned}
\frac{\mathrm{d}}{\mathrm{d}t}W_2(t)\leqslant&-\frac{1}{2}M(\delta)\int_0^l\int_0^t K_\delta(t-s)g(t-s)a(x)(\psi_x(t)-\psi_x(s))^2\mathrm{d}s\mathrm{d}x\\
&+2\delta M(\delta)G_0\int_0^l a(x)\psi_x^2\mathrm{d}x \qquad (5\text{-}73)
\end{aligned}
$$

和

$$
\delta M(\delta)\to 0,\ \text{当}\ \delta\to 0\ \text{时}. \qquad (5\text{-}74)
$$

另外由 Poincaré 不等式知, 存在常数 $\mu_5>0$ 使得

$$
\int_0^l\psi^2\mathrm{d}x\leqslant\mu_5\int_0^l\psi_x^2\mathrm{d}x. \qquad (5\text{-}75)
$$

因此, 借助于 (5-60), (5-61), (5-75) 和 Hölder 不等式, 我们得到

$$
\int_0^l a(x)\left(\int_0^t g(t-s)\left(\psi_x(t)-\psi_x(s)\right)\mathrm{d}s\right)^2\mathrm{d}x
$$

$$\leqslant M(\delta)\int_0^l\int_0^t K_\delta(t-s)g(t-s)a(x)\left(\psi_x(t)-\psi_x(s)\right)^2\mathrm{d}s\mathrm{d}x,$$

$$\int_0^l a(x)\left(\int_0^t g(t-s)\left(\psi(t)-\psi(s)\right)\mathrm{d}s\right)^2\mathrm{d}x$$
$$\leqslant \mu_5 M(\delta)\int_0^l\int_0^t K_\delta(t-s)g(t-s)a(x)\left(\psi_x(t)-\psi_x(s)\right)^2\mathrm{d}s\mathrm{d}x,$$

$$\int_0^l \left(\int_0^t g(t-s)\left(\omega(t)-\omega(s)\right)\mathrm{d}s\right)^2\mathrm{d}x$$
$$\leqslant \mu_3 M(\delta)\int_0^l\int_0^t K_\delta(t-s)g(t-s)a(x)\left(\psi_x(t)-\psi_x(s)\right)^2\mathrm{d}s\mathrm{d}x$$

和

$$\int_0^l \left(\int_0^t g(t-s)\left(\omega_x(t)-\omega_x(s)\right)\mathrm{d}s\right)^2\mathrm{d}x$$
$$\leqslant \mu_4 M(\delta)\int_0^l\int_0^t K_\delta(t-s)g(t-s)a(x)\left(\psi_x(t)-\psi_x(s)\right)^2\mathrm{d}s\mathrm{d}x.$$

再者, 当 $h\equiv 0$ 时, 由 (5-71) 可知, 对 $t\geqslant t_0$, 有

$$\begin{aligned}\frac{\mathrm{d}}{\mathrm{d}t}R(t)\leqslant &-D_6\int_0^l\left(\psi_x^2+(\varphi_x+\psi)^2+\psi_t^2+\varphi_t^2\right)\mathrm{d}x\\&+C_9M(\delta)\int_0^l\int_0^t K_\delta(t-s)g(t-s)a(x)\left(\psi_x(t)-\psi_x(s)\right)^2\mathrm{d}s\mathrm{d}x\\&+C_9\left(g(t)\int_0^l a(x)\psi_x^2\mathrm{d}x-\int_0^l\int_0^t g'(t-s)a(x)\left(\psi_x(t)-\psi_x(s)\right)^2\mathrm{d}s\mathrm{d}x\right),\end{aligned}\tag{5-76}$$

其中 $C_9>0$ 为常数. 定义

$$L(t):=R(t)+\frac{D_6}{4G_0}W_1(t)+4C_9W_2(T)+2C_9E(t),$$

则 (5-12), (5-72), (5-73) 和 (5-76) 表明

$$\begin{aligned}\frac{\mathrm{d}}{\mathrm{d}t}L(t)\leqslant &-\frac{D_6}{2}\int_0^l\left(\psi_x^2+(\varphi_x+\psi)^2+\psi_t^2+\varphi_t^2\right)\mathrm{d}x\\&-\frac{D_6}{8G_0}\int_0^l\int_0^t g(t-s)a(x)(\psi_x(t)-\psi_x(s))^2\mathrm{d}s\mathrm{d}x\end{aligned}$$

$$+8C_9G_0\delta M(\delta)\int_0^l a(x)\psi_x^2\mathrm{d}x,\quad t\geqslant t_0. \tag{5-77}$$

又由 (5-74) 可知, 存在 $\delta>0$ 使得

$$\delta M(\delta)\leqslant\frac{D_6}{32C_9G_0}.$$

这与 (5-77) 一起推出

$$\begin{aligned}\frac{\mathrm{d}}{\mathrm{d}t}L(t)\leqslant&-\frac{D_6}{8}\int_0^l\left(\psi_x^2+(\varphi_x+\psi)^2+\psi_t^2+\varphi_t^2\right)\mathrm{d}x\\&-\frac{D_6}{16G_0}\int_0^l\int_0^t g(t-s)a(x)(\psi_x(t)-\psi_x(s))^2\mathrm{d}s\mathrm{d}x,\quad t\geqslant t_0.\end{aligned} \tag{5-78}$$

对 $t\geqslant t_0$, 上式和 (5-11) 导出

$$\int_{t_0}^t E(s)\mathrm{d}t\leqslant C_{10}\left(L(t_0)-L(t)\right), \tag{5-79}$$

其中 $C_{10}>0$ 为常数. 并且由定义显然可得

$$W_1(t),W_2(t)\geqslant 0,\quad |R(t)|\leqslant C_{11}E(t),\qquad L(t_0)\leqslant C_{12}E(0),$$

其中 $C_{11},C_{12}>0$ 为常数. 这与 (5-79) 一起给出

$$\int_0^{+\infty}E(t)\mathrm{d}t\leqslant CE(0). \tag{5-80}$$

又 $E'(t)\leqslant 0$, 因此 (5-80) 将导出 (5-14) 和 (5-15) (可参见 [85]).

对非线性情形 $h\not\equiv 0$, 注意到引理 5.2, 对任意 $\epsilon>0$, 如果取初值满足

$$\int_0^l\psi_1^2\mathrm{d}x,\ \int_0^l(\psi_0)_x^2\,\mathrm{d}x,\ \int_0^l\varphi_1^2\mathrm{d}x,\ \int_0^l(\varphi_0)_x^2\,\mathrm{d}x\leqslant\varrho_\epsilon\leqslant\varrho.$$

则有

$$\int_0^l h^2(\psi)\mathrm{d}x\leqslant\epsilon\int_0^l\psi_x^2\mathrm{d}x$$

和

$$\int_0^l|h(\psi)|\left(|\omega|+|\Lambda|+|\psi|+|\varphi|+\int_0^x|\psi(y)|\mathrm{d}y\right)\mathrm{d}x$$

$$\leqslant C_{13}\sqrt{\epsilon}\int_0^l\left(\psi_x+(\varphi_x+\psi)^2+\int_0^t g(t-s)a(x)(\psi_x(t)-\psi_x(s))^2\mathrm{d}s\right)\mathrm{d}x,$$

其中 $C_{13}>0$ 为常数. 因此, 根据以上两个估计, 我们可以证明存在 $\varrho'\leqslant\varrho$ 使得对

$$\int_0^l\psi_1^2\mathrm{d}x,\ \int_0^l(\psi_0)_x^2\,\mathrm{d}x,\ \int_0^l\varphi_1^2\mathrm{d}x,\ \int_0^l(\varphi_0)_x^2\,\mathrm{d}x\leqslant\varrho',$$

(5-78) 和 (5-80) 在非线性情形时也成立. 于是完成了证明. □

定理 5.2 的证明

首先, 由定理 5.1 可以得到 (5-13) 和 (5-14), 即

$$\int_0^{+\infty}E(t)\leqslant CE(0),\quad E(t)\leqslant CE(0)(t+1)^{-1},\quad t\geqslant 0.$$

另一方面, 我们有

$$\begin{aligned}&\int_0^l a(x)\left(\int_0^t g(t-s)\left(\psi_x(t)-\psi_x(s)\right)\mathrm{d}s\right)^2\mathrm{d}x\\ \leqslant\ &G_0\int_0^l\int_0^t g(t-s)a(x)\left(\psi_x(t)-\psi_x(s)\right)^2\mathrm{d}s\mathrm{d}x,\\ &\int_0^l a(x)\left(\int_0^t g(t-s)\left(\psi(t)-\psi(s)\right)\mathrm{d}s\right)^2\mathrm{d}x\\ \leqslant\ &\mu_5G_0\int_0^l\int_0^t g(t-s)a(x)\left(\psi_x(t)-\psi_x(s)\right)^2\mathrm{d}s\mathrm{d}x,\\ &\int_0^l\left(\int_0^t g(t-s)\left(\omega(t)-\omega(s)\right)\mathrm{d}s\right)^2\mathrm{d}x\\ \leqslant\ &\mu_3G_0\int_0^l\int_0^t g(t-s)a(x)\left(\psi_x(t)-\psi_x(s)\right)^2\mathrm{d}s\mathrm{d}x\end{aligned}$$

和

$$\begin{aligned}&\int_0^l\left(\int_0^t g(t-s)\left(\omega_x(t)-\omega_x(s)\right)\mathrm{d}s\right)^2\mathrm{d}x\\ \leqslant\ &\mu_4G_0\int_0^l\int_0^t g(t-s)a(x)\left(\psi_x(t)-\psi_x(s)\right)^2\mathrm{d}s\mathrm{d}x.\end{aligned}$$

因此, 由 (5-71) 知, 当 $h\equiv 0$ 和 $t\geqslant t_0$ 时,

$$\frac{\mathrm{d}}{\mathrm{d}t}R(t)$$

$$
\begin{aligned}
&\leqslant -D_6\int_0^l \left(\psi_x^2+(\varphi_x+\psi)^2+\psi_t^2+\varphi_t^2\right)\mathrm{d}x\\
&\quad +D_8\int_0^l\int_0^t g(t-s)a(x)\left(\psi_x(t)-\psi_x(s)\right)^2\mathrm{d}s\mathrm{d}x\\
&\quad +D_8\left(g(t)\int_0^l a(x)\psi_x^2\mathrm{d}x-\int_0^l\int_0^t g'(t-s)a(x)\left(\psi_x(t)-\psi_x(s)\right)^2\mathrm{d}s\mathrm{d}x\right)\\
&\leqslant -D_6\widetilde{E}(t)+(D_6+D_8)\int_0^l\int_0^t g(t-s)a(x)\left(\psi_x(t)-\psi_x(s)\right)^2\mathrm{d}s\mathrm{d}x\\
&\quad +D_8\left(g(t)\int_0^l a(x)\psi_x^2\mathrm{d}x-\int_0^l\int_0^t g'(t-s)a(x)\left(\psi_x(t)-\psi_x(s)\right)^2\mathrm{d}s\mathrm{d}x\right),
\end{aligned}
\tag{5-81}
$$

其中 $D_8>0$ 为常数.

定义 $\widetilde{L}(t)$ 为

$$
\widetilde{L}(t):=R(t)+\widetilde{N}E(t),
$$

并且取 $\widetilde{N}>2D_8$ 足够大使得存在常数 $D_9,D_{10}>0$ 满足

$$
D_9E(t)\leqslant \widetilde{L}(t)\leqslant D_{10}E(t),\quad t\geqslant 0. \tag{5-82}
$$

因此, 根据 (5-11), (5-81) 和 (5-82) , 存在常数 $D_{11},D_{12}>0$ 满足

$$
\frac{\mathrm{d}}{\mathrm{d}t}\widetilde{L}(t)\leqslant -D_{11}\widetilde{L}(t)+D_{12}\int_0^l\int_0^t g(t-s)a(x)\left(\psi_x(t)-\psi_x(s)\right)^2\mathrm{d}s\mathrm{d}x,\quad t\geqslant t_0. \tag{5-83}
$$

另外,

$$
\begin{aligned}
&\int_0^l\int_0^t g(t-s)a(x)\left(\psi_x(t)-\psi_x(s)\right)^2\mathrm{d}s\mathrm{d}x\\
&\leqslant \int_0^t g(t-s)\int_0^l a(x)\left(\psi_x(t)-\psi_x(s)\right)^2\mathrm{d}x\mathrm{d}s\\
&\leqslant \left(\int_0^t\int_0^l a(x)\left(\psi_x(t)-\psi_x(s)\right)^2\mathrm{d}x\mathrm{d}s\right)^{\frac{\lambda-1}{\lambda}}\\
&\quad \times\left(\int_0^t g^{\lambda}(t-s)\int_0^l a(x)\left(\psi_x(t)-\psi_x(s)\right)^2\mathrm{d}x\mathrm{d}s\right)^{\frac{1}{\lambda}}
\end{aligned}
$$

$$
\begin{aligned}
&\leqslant \left(\int_0^t 2\left(\int_0^l a(x)\psi_x^2(t)\mathrm{d}x + \int_0^l a(x)\psi_x^2(s)\mathrm{d}x\right)\mathrm{d}s\right)^{\frac{\lambda-1}{\lambda}} \\
&\quad \times \left(\int_0^t g^\lambda(t-s)\int_0^l a(x)\left(\psi_x(t)-\psi_x(s)\right)^2\mathrm{d}x\mathrm{d}s\right)^{\frac{1}{\lambda}} \\
&\leqslant \left(C_{15}tE(t) + C_{15}\int_0^t E(s)\mathrm{d}s\right)^{\frac{\lambda-1}{\lambda}} \\
&\quad \times \left(-\frac{1}{\sigma}\int_0^t g'(t-s)\int_0^l a(x)\left(\psi_x(t)-\psi_x(s)\right)^2\mathrm{d}x\mathrm{d}s\right)^{\frac{1}{\lambda}} \\
&\leqslant C_{16}E^{\frac{\lambda-1}{\lambda}}(0)\left(-\frac{2}{\sigma}E'(t)\right)^{\frac{1}{\lambda}},
\end{aligned}
\tag{5-84}
$$

其中 $C_{15}, C_{16} > 0$ 为常数.

(5-83) 乘以 $\widetilde{L}^{\lambda-1}(t)$ 并在 $[t, +\infty)$ 积分可得, 对 $t \geqslant t_0$,

$$
\begin{aligned}
&\int_t^{+\infty} \widetilde{L}^\lambda(\tau)\mathrm{d}\tau \\
&\leqslant D_{13}\widetilde{L}^\lambda(t) + D_{14}\int_t^{+\infty} \widetilde{L}^{\lambda-1}(\tau)\int_0^l\int_0^\tau g(\tau-s)a(x)\left(\psi_x(\tau)-\psi_x(s)\right)^2\mathrm{d}s\mathrm{d}x\mathrm{d}\tau \\
&\leqslant D_{13}\widetilde{L}^\lambda(t) + \frac{1}{2}\int_t^{+\infty} \widetilde{L}^\lambda(\tau)\mathrm{d}\tau \\
&\quad + D_{15}\int_t^{+\infty}\left(\int_0^l\int_0^\tau g(\tau-s)a(x)\left(\psi_x(\tau)-\psi_x(s)\right)^2\mathrm{d}s\mathrm{d}x\right)^\lambda\mathrm{d}\tau.
\end{aligned}
$$

注意到 (5-82) 和 (5-84) 我们得到

$$
\begin{aligned}
\int_t^{+\infty} \widetilde{L}^\lambda(\tau)\mathrm{d}\tau &\leqslant 2D_{13}\widetilde{L}^{\lambda-1}(0)\widetilde{L}(t) - \frac{4D_{15}C_{16}^\lambda}{\sigma}E^{\lambda-1}(0)\int_t^{+\infty} E'(\tau)\mathrm{d}\tau \\
&\leqslant D_{16}\widetilde{L}^{\lambda-1}(0)\widetilde{L}(t).
\end{aligned}
\tag{5-85}
$$

这里 $D_{13}, D_{14}, D_{15}, D_{16}$ 为正常数. 因此, 借助于 (5-85) 和 (5-82), 我们导出 (5-16) 和 (5-17) 成立.

对于非线性情况, 我们以与定理 5.1 的证明相同的方式进行论证, 并可获得 (5-83) 和 (5-85).

这样, 我们完成了证明. □

第 6 章 具有任意局部记忆阻尼和摩擦阻尼的半线性波动方程的一致稳定性

本章研究具有互补摩擦阻尼和记忆阻尼的半线性波动方程的混合初边值问题. 在记忆阻尼核函数及其所在的几何区域的假设非常弱的条件下, 我们成功地为该初边值问题的解建立了一致的指数和多项式形式的衰减率. 更具体地讲, 在移除记忆阻尼影响区域必须包含系统边界的一部分这一基本条件后, 我们获得了指数和多项式衰减率, 而此几何控制条件在几乎所有研究系统稳定性的先前文献中是必需的. 此外, 对于所获得的多项式衰减率, 我们仅假设记忆核函数 g 非负递减这一基本条件, 即: 记忆核函数仅需满足此问题适定性成立这一基本条件, 而没有假设核函数的导数 g' 被核函数本身 g 所控制, 而此条件在以往文献中为了获得系统能量的衰减率也是必不可少的. 从本章后面的内容可以看出, 本章所得结论不仅覆盖了之前的相关结论, 而且从本质上拓展了此问题的应用范围, 在更弱的条件下, 建立了更一般 (更强) 的稳定性理论, 在极大程度上改进了此领域的原有结果.

6.1 相关文献回顾

本章我们考察同时具有记忆阻尼和摩擦阻尼 (混合型阻尼) 的半线性波动方程:

$$u_{tt} - \Delta u + \int_0^t g(t-s)\operatorname{div}(a(x)\nabla u(s))\,\mathrm{d}s + b(x)h(u_t) = 0,$$

$$(x,t) \in \Omega \times (0,+\infty), \tag{6-1}$$

初值条件为

$$u(\cdot,0) = u_0, u_t(\cdot,0) = u_1, \quad x \in \Omega, \tag{6-2}$$

以及齐次 Dirichlet 边界条件

$$u = 0, \quad (x,t) \in \Gamma \times (0,+\infty). \tag{6-3}$$

上述系统中 Ω 为 n 空间 $\mathbb{R}^n$ 中的有界区域, 并且具有光滑边界 Γ. 模型中 $g(t)$ 表示记忆核函数, 系数 $a(x), b(x)$ 非负且仅仅依赖空间变量. 本章的目的是深入研究上述系统的稳定性并且建立一系列更为理想的稳定性结论.

上述模型 (6-1) 和许多其他相关的波动方程或系统已在大量工作中得到了广泛研究, 例如 [1,2,19,24,30,31,33,34,51,56,62,72,85,94,134,172,174,178,181] 及其相关文献. 在文献 [31] 中, 记忆核函数满足假设条件

$$g(0) > 0, \quad g(t) \geqslant 0, \quad g'(t) \leqslant -kg^p(t), \quad 1 \leqslant p < \frac{3}{2}, \tag{6-4}$$

并且 $a \in C^1(\overline{\Omega})$, $b \in L^\infty(\Omega)$ 是非负函数满足下面几何控制条件

$$a(x) + b(x) \geqslant \delta > 0, \ \forall x \in \Omega, \ 且 \ \text{meas}\{x \in \partial\Omega : a(x) > 0\} > 0. \tag{6-5}$$

也即: 记忆阻尼在包含部分边界的某些 $\overline{\Omega}$ 子集上起作用, 剩余的部分由摩擦阻尼弥补, 记忆阻尼和摩擦阻尼合起来覆盖整个系统区域. 在上述条件下, 作者 Cavalcanti 和 Oquendo 利用乘子方法以及能量估计方法获得了相应的衰减结果 (详情见 [31, Theorems 2.1 和 3.1]). 最近, Dias Silva, Nascimento 和 Rodrigues[51] 在一个无界但具有有限测度的区域上研究了模型 (6-1). 在几何控制条件 (6-5) 成立, 并且存在严格单调递增的凸函数 $H_1 \in C^1(\mathbb{R}^+)$ 和 $H_1(0) = 0$ 使得核函数满足

$$g'(t) \leqslant H_1(g(t)), \quad t \geqslant 0 \tag{6-6}$$

的条件下, 一些衰减性结果被获得 (具体细节参见 [51, Theorem 3.1] 等). 此外, 在 [30] 中, Cavalcanti 等在一个紧 Riemannian 流形 $(M; g)$ 上研究了模型 (6-1). 同样在假设条件 (6-5) 和 (6-6) 下, 一些相应的稳定性结论被建立 (细节参见 [30, Theorem 1.4]).

最近, 假设初值在适当的函数空间中, Mustafa 和 Abusharkh 在 [139] 中考虑了具有齐次边界条件的 plate 方程:

$$u_{tt} + \Delta^2 u(t) - \int_0^t g(t-s)\Delta[a(x)\Delta u(s)]\mathrm{d}s + \theta(t)b(x)h(u_t) = 0, \ (x,t) \in \Omega \times \mathbb{R}^+.$$

同样在上述条件 (6-5) 和 (6-6) 成立时, 作者建立了相应的稳定性结果, 具体细节参见 [139, Theorem 2.2].

另一方面, Guesmia 和 Messaoudi 在 [72] 中研究了下述具有互补摩擦阻尼和黏弹性有限历史记忆阻尼的 Timoshenko 系统 (对于无穷记忆的情形参见 [75]):

$$\rho_1 \varphi_{tt} - k_1 (\varphi_x + \psi)_x = 0,$$

$$\rho_2 \psi_{tt} - k_2 \psi_{xx} + \int_0^t g(t-s) (a(x)\psi_x(s))_x \mathrm{d}s + b(x)h(\varphi_t) + k_1 (\varphi_x + \psi) = 0,$$

这里 $(x,t) \in (0,L) \times \mathbb{R}^+$, $g(t)$ 是一个单调不增可微函数并且满足: 或者存在一正的单调不增可微函数 $k(t)$ 成立

$$g'(t) \leqslant -k(t)g(t); \tag{6-7}$$

或者存在定义在 $[0,g(0)]$ 上的单调增加的严格凸且连续可微的函数 $\widetilde{G}$, 且满足 $\widetilde{G}(0) = \widetilde{G}'(0) = 0$ 和 $\lim\limits_{t\to+\infty} \widetilde{G}'(t) = +\infty$ 使得

$$\int_0^{+\infty} \frac{g(s)}{\widetilde{G}^{-1}(-g'(s))}\mathrm{d}s + \sup_{s\in R^+} \frac{g(s)}{\widetilde{G}^{-1}(-g'(s))} < +\infty. \tag{6-8}$$

另外 $a \in C^1(\overline{\Omega})$, $b \in L^\infty(\Omega)$ 是非负函数满足假设条件

$$a = 0 \text{ 或 } a(0) + a(L) > 0, \quad \inf_{x\in[0,L]}\{a(x) + b(x)\} > 0. \tag{6-9}$$

即记忆阻尼在至少包含一个端点的子区间上有效, 其余部分由摩擦阻尼弥补, 两部分阻尼共同存在且覆盖整个区间 $[0,L]$. 在假设条件 (6-7)-(6-9) 下, 一些衰减性估计被建立, 具体详细内容参见文献 [72, Theorem 2.2] (对于无穷记忆阻尼的情形, 相关的衰减性结果也可参见文献 [75, Theorems 2.1, 2.2, 和 2.3]).

此外, 具有互补的摩擦阻尼和无限记忆阻尼的耦合 wave 和 Petrovsky 系统

$$\begin{gathered} u_{tt}(t) + Au(t) + Du_t - \int_0^{+\infty} g(s)Bu(t-s)\mathrm{d}s + \widetilde{B}v(t) = 0, \\ v_{tt}(t) + \widetilde{A}v(t) + \widetilde{B}u(t) = 0 \end{gathered}$$

在 [29] 中被研究. 其中算子 $B = -\mathrm{div}(a(x)\nabla)$ 或 $\Delta(a(x)\Delta)$, $D = b(x)I$ (这里 I 表示单位算子) 分别代表区域 Ω 上的无穷记忆阻尼算子和摩擦阻尼算子. 这两种阻尼以互补的方式对整个系统起到耗散的作用. 在核函数满足条件 (6-7) (相对应在条件 (6-8) 下) 以及记忆阻尼满足几何控制条件 (6-5) 时, 系统能量衰减率 t^{-1} (相应的一个更弱的衰减率估计) 被获得, 对于详细信息请参考文献 [29, Theorem 3.1].

现在我们对上面的文献回顾做一个总结, 从上述可知, 先前的研究具有三个特征: 其一, 先前研究主要集中在具有互补摩擦阻尼和记忆阻尼的单个 (耦合) 系统; 其二, 对于记忆阻尼中的关键核函数的讨论主要集中在非负递减的函数类, 并且对于核函数的导数 $g'(t)$ 赋予了一些控制条件 (例如 [29, 31, 70, 85, 94, 131, 134, 181] 等文献以及所引用文献中对于核函数的一些控制条件); 其三, 从前述文

献回顾可知, 先前文献中对于记忆阻尼起作用的区域必须具备相应的 Boundary-related 条件, 也即记忆阻尼影响区域必须包括一部分系统边界 (一维情形时也至少含有一个端点). 在先前文献中为了获得系统能量的衰减率估计, 记忆阻尼影响域的 Boundary-related 条件以及记忆核函数的控制条件是必不可少的. 据我们所知, 当记忆阻尼区域是任意的子区域 (不一定包括边界的一部分) 时, 对于具有摩擦和记忆阻尼的半线性波动方程 (6-1) 系统能量的衰减估计目前没有任何结果. 为了给读者更清晰的视觉效果, 下面我们用几个示意图以示区分. 在图 6.1 中 $a(x) > 0$ 的闭包 (灰色部分), 即代表记忆阻尼存在的部分, 可以看出此时记忆阻尼影响域包括边界的一部分, 因此图 6.1 中这三种情况满足 Boundary-related 条件. 先前的文献中主要讨论的是这类的几何情形. 在图 6.2 中, 记忆阻尼影响域 (灰色部分), 完全位于整个系统区域的内部远离系统区域的边界, 图 6.2 中这三种情形明显不满足 Boundary-related 这个几何控制条件, 这种情形先前文献中没有任何涉及.

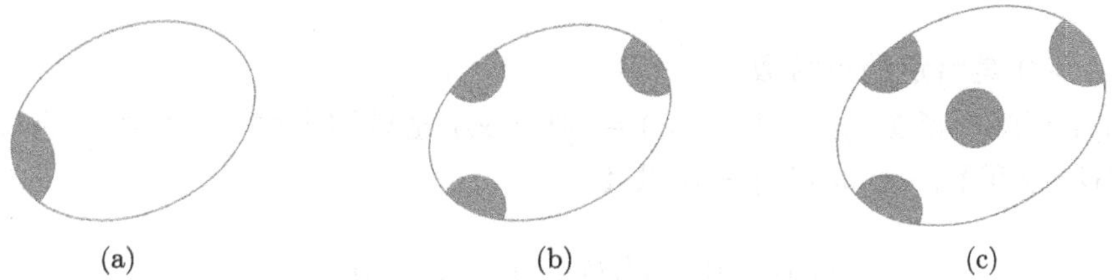

图 6.1 满足 Boundary-related 几何条件的三种情形

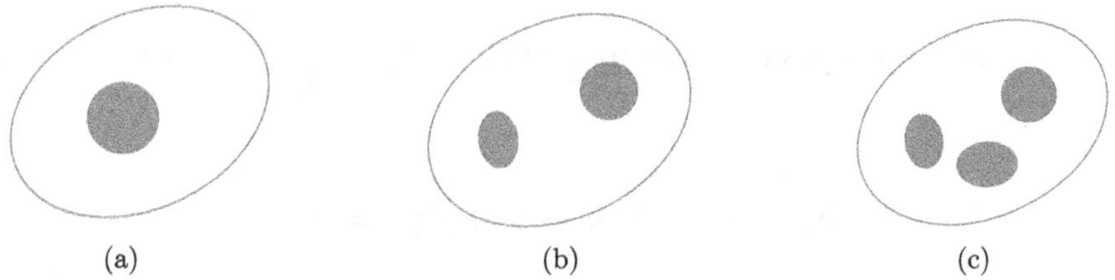

图 6.2 不满足 Boundary-related 几何条件的三种情形

在本章中, 我们考虑半线性系统 (6-1)-(6-3) 的所有混合阻尼情形, 即我们致力于对任意局部的记忆阻尼情形进行讨论, 因此本章中所研究的情形既包含图 6.1 中的三种情形, 也包含图 6.2 中的三种情形. 在本章接下来部分我们仅假设记忆阻尼和摩擦阻尼这两种阻尼一起覆盖整个系统区域, 但是去掉了记忆阻尼影响域包含系统一部分边界的假设 (不同于所有先前的文献). 在研究过程中, 我们针对此问题特别设计了一些分析方法并成功地应用到我们的证明中, 最终在记忆核函数和摩擦阻尼项满足最基本条件下, 针对该系统的解建立了精准多项式形式或指数形式衰减率的理想稳定性定理. 后面将看到, 我们所建立的这些结果, 对记忆阻尼影响区域几乎没有任何限制, 并且对记忆阻尼核函数的条件要更弱, 但这些定理给出的结论比先前文献中的更强.

本章节的结构如下. 在 6.2 节中, 我们介绍了系统 (6-1)-(6-3) 的主要衰减结果. 在 6.3 节中, 我们证明了一系列引理, 这些引理将在接下来主要定理的证明中使用. 在 6.4 节中我们给出主要结果的完整证明.

6.2 主要稳定性结论

首先, 给出本章接下来需要的一些假设条件.

(I_1) 变系数 $a(x), b(x)$ 是两个非负函数, 且满足

$$\begin{aligned} &a(x) \in C^1(\bar{\Omega}), \quad b(x) \in L^\infty(\Omega), \\ &a(x) + b(x) \geqslant c_0, \quad \forall x \in \Omega, \end{aligned}$$

其中 $c_0 > 0$ 是给定的正常数.

(I_2) 记忆核函数 $g(t) : [0, +\infty) \to [0, +\infty)$ 是单调不增、局部绝对连续函数, 并且满足测度条件 $\mathrm{meas}(\mathfrak{J}_\circ) = 0$ 以及

$$g(0) > 0, \quad g'(t) \leqslant 0, \quad \mu_0 > 0, \tag{6-10}$$

这里

$$\mu_0 := 1 - \overline{a} G_0, \quad \overline{a} := \max_{x \in \overline{\Omega}} a(x), \quad G_0 := \int_0^{+\infty} g(t)\mathrm{d}t,$$

以及

$$\mathfrak{J}_\circ := \{s \geqslant 0;\ g(s) > 0, g'(s) = 0\}.$$

(I_3) 摩擦阻尼项 $h : \mathbb{R} \to \mathbb{R}$ 满足

$$h(s)s \geqslant 0, \quad \forall s \in \mathbb{R}$$

和

$$\begin{cases} c_1|s| \leqslant |h(s)| \leqslant c_2|s|, & |s| > 1, \\ c_3|s|^q \leqslant |h(s)| \leqslant c_4|s|^{\frac{1}{q}}, & |s| \leqslant 1, \end{cases} \tag{6-11}$$

其中 $q \geqslant 1$, $c_i > 0$ $(i = 1, \cdots, 4)$ 为给定的常数.

接下来, 我们对上述几个假设条件做一些注记解释和说明.

注 6.1 从假设 (I_1) 可以看出，我们仅仅要求记忆阻尼以及摩擦阻尼这两种阻尼合起来覆盖整个系统区域 Ω，而并没有要求记忆阻尼影响域包含一部分边界. 也就是说，记忆阻尼可以位于系统区域 Ω 的任意子集中. 例如，图 6.1 和图 6.2 的所有情形都符合上述的假设条件 (I_1). 而在以往的所有相关文献中仅仅图 6.1 所示几何情形被研究，对于图 6.2 情形目前仍没有任何相关的稳定性结论.

注 6.2 可以注意到，在 (I_2) 中，我们摒弃了记忆核函数 $g(t)$ 控制其导数 $g'(t)$ 的假设条件 (例如条件 (6-4))，这种类型的假设条件在以往研究黏弹性系统稳定性时是非常常用的基本条件，常用来控制系统能量中的记忆能量项. 由于去除了这一条件，很明显此时对于记忆核函数的假设条件 (I_2) 可以包含更多的函数类. 另外，在假设 (I_2) 中有一个测度条件 $\mathrm{meas}(\mathfrak{J}_\circ)=0$，这一测度条件将被用来保证不等式 (6-36) 的成立.

注 6.3 假设条件 (I_3) 是关于摩擦阻尼项的一类更一般性的常用限制形式，此假设条件曾经在 [31, p1313, p1319], [72, p2108], [139, p1170], 和 [51, p3125] 等文献中被提及和使用.

我们定义系统 (6-1)-(6-3) 解 u 的一阶能量为

$$E(t):=\frac{1}{2}\int_\Omega\left(|u_t|^2+\left(1-a(x)\int_0^t g(s)\mathrm{d}s\right)|\nabla u|^2\right)\mathrm{d}x$$
$$+\frac{1}{2}\int_\Omega\int_0^t g(t-s)a(x)\left|\nabla u(t)-\nabla u(s)\right|^2\mathrm{d}s\mathrm{d}x.$$

接下来，为了保持完整性，我们将陈述系统 (6-1)-(6-3) 解的存在唯一性而不加证明，其详细信息可参考 [31] 等文献及其所引文献.

定理 6.1 假设 (I_1)-(I_3) 成立. 则对任意的初值 $u_0\in H_0^1(\Omega)$, $u_1\in L^2(\Omega)$，系统 (6-1)-(6-3) 在 $[0,\infty)$ 上存在唯一的温和解，且其解具有正则性

$$u\in C^1\left(\mathbb{R}^+;L^2(\Omega)\right)\cap C\left(\mathbb{R}^+;H_0^1(\Omega)\right).$$

更进一步，如果初值满足 $u_0\in H^2(\Omega)\cap H_0^1(\Omega)$, $u_1\in H_0^1(\Omega)$，则此唯一解为经典解，且满足正则性

$$u\in C^2\left(\mathbb{R}^+;L^2(\Omega)\right)\cap C^1\left(\mathbb{R}^+;H_0^1(\Omega)\right)\cap C\left(\mathbb{R}^+;H^2(\Omega)\cap H_0^1(\Omega)\right).$$

另外，系统能量 $E(t)$ 成立，对任意 $t\geqslant 0$,

$$\vartheta_1\widetilde{E}(t)\leqslant E(t)\leqslant\vartheta_2\widetilde{E}(t) \tag{6-12}$$

和

$$\frac{\mathrm{d}}{\mathrm{d}t}E(t)=-\ \frac{1}{2}g(t)\int_\Omega a(x)|\nabla u|^2\mathrm{d}x-\int_\Omega b(x)h(u_t)u_t\mathrm{d}x$$

$$+\frac{1}{2}\int_{\Omega}\int_{0}^{t}g'(t-s)a(x)\left|\nabla u(t)-\nabla u(s)\right|^{2}\mathrm{d}s\mathrm{d}x, \tag{6-13}$$

其中 $\vartheta_1,\vartheta_2>0$ 是两个正常数, 及

$$\widetilde{E}(t):=\int_{\Omega}\left(|u_t|^2+|\nabla u|^2\right)\mathrm{d}x+\int_{\Omega}\int_{0}^{t}g(t-s)a(x)\left|\nabla u(t)-\nabla u(s)\right|^{2}\mathrm{d}s\mathrm{d}x.$$

下面我们给出关于系统 (6-1)-(6-3) 解能量的几个主要的一致衰减性定理. 具体证明参见后续的几个小节.

定理 6.2 假设条件 (I_1)-(I_3) 成立. 则系统 (6-1)-(6-3) 的解能量 $E(t)$ 满足

$$\int_{0}^{+\infty}E^{\frac{q+1}{2}}(t)\leqslant CE(0),\quad t\geqslant 0, \tag{6-14}$$

$$E(t)\leqslant CE(0)(t+1)^{-\frac{2}{q+1}},\quad t\geqslant 0 \tag{6-15}$$

和

$$t^{\frac{2}{q+1}}E(t)\to 0,\quad \text{当 } t\to+\infty \text{ 时}, \tag{6-16}$$

这里 $C>0$ 是一个正常数.

此外, 如果我们有更多的有关记忆核函数 $g(t)$ 及其原函数 $G(t):=\int_{t}^{+\infty}g(s)\mathrm{d}s$ 的已知信息, 我们可得下述更为精确的衰减性结论.

定理 6.3 如果定理 6.2 中的假设条件成立以及

$$G(t)\leqslant k_0g^p(t),\quad t\geqslant 0,$$

这里 $k_0>0$, $p\in(0,1]$ 是给定常数, 则

(1) 若 $p=1$, 则存在常数 $C,\eta>0$ 使得对于任意 $t\geqslant 0$, 系统能量 $E(t)$ 满足

$$E(t)\leqslant\begin{cases}CE(0)e^{-\eta t}, & q=1,\\ CE(0)(t+1)^{-\frac{2}{q-1}}, & q>1.\end{cases} \tag{6-17}$$

(2) 若 $q=1$ 且 $0<p<1$, 则存在常数 $C>0$ 使得对 $t\geqslant 0$, 系统能量 $E(t)$ 满足

$$E(t)\leqslant CE(0)(t+1)^{-\max\left\{1,\frac{p}{1-p}\right\}}. \tag{6-18}$$

此外, 如果我们有核函数导数 $g'(s)$ 的一些控制条件, 则我们可以获得如下的衰减性估计.

定理 6.4 如果定理 6.2 中假设条件成立, 并且对于给定常数 $k_1 > 0$, 成立

$$g'(t) \leqslant -k_1 g(t), \quad t \geqslant 0, \tag{6-19}$$

则存在常数 $C, \eta > 0$ 使得对于任意 $t \geqslant 0$, 系统能量 $E(t)$ 满足

$$E(t) \leqslant \begin{cases} CE(0)e^{-\eta t}, & q = 1, \\ CE(0)(t+1)^{-\frac{2}{q-1}}, & q > 1. \end{cases} \tag{6-20}$$

下面我们对于上述的三个衰减性定理给予一些解释和说明.

注 6.4 定理 6.2-定理 6.4 揭示和表明了一个非常重要的科学现象: 对于半线性波动方程 (6-1), 任意局部记忆阻尼与互补的摩擦阻尼足以使系统产生整体的耗散机制 (上述定理 6.2-定理 6.4 中, 记忆阻尼影响区域并没有要求包括系统边界的一部分), 并且此时在如此弱的条件下获得的衰减率与先前相关文献中在额外附加条件下给出的衰减率相同.

注 6.5 如定理 6.2 和定理 6.3 所示, 与先前有关记忆阻尼的文献中工作相比, 此处关于记忆阻尼核函数的条件更弱, 但我们建立了更强的衰减性结论. 更具体的在定理 6.2 和定理 6.3 中, 虽然我们并没有附加先前常用的记忆核函数导数 $g'(t)$ 的控制条件 (例如 (6-4), (6-6), (6-8) 等形式的控制条件), 仅仅假定了核函数 $g(t)$ 的可积性等基本条件, 但我们仍然获得了指数以及多项式形式的衰减率估计.

注 6.6 定理 6.4 完善了文献 [31, Theorem 2.1] 中相关的稳定性结论, [31, Theorem 2.1] 中摩擦阻尼项 $h(s)$ 被假定为线性形式 (即满足 (6-11) 且 $q = 1$). 而定理 6.4 中所得衰减性结论对任意的参数 $q \geqslant 1$ 都成立.

注 6.7 本章中, 我们假定摩擦阻尼项函数 $h(s)$ 满足条件 (6-11). 事实上, 如果 $h(s)$ 满足一些其他的条件, 例如文献 [72] 中的一种类型的条件形式: 存在常数 $\varepsilon', c_5, c_6 > 0$ 及一个 $C^1([0,+\infty)) \cap C^2((0,+\infty))$ 类的单调递增的凸函数 $H : [0,+\infty) \to [0,+\infty)$ 且满足 $H(0) = 0$, H 在 $[0,\varepsilon']$ 是线性的 (或在 $(0,\varepsilon']$ 上 $H'(0) = 0$, $H'' > 0$), 并且

$$\begin{cases} c_5|s| \leqslant |h(s)| \leqslant c_6|s|, & \forall |s| \geqslant \varepsilon', \\ s^2 + h^2(s) \leqslant H_2^{-1}(sh(s)), & \forall |s| \leqslant \varepsilon', \end{cases}$$

应用 6.3 节与 6.4 节中类似的分析过程, 我们仍能获得相应的衰减结果 (同样需要假设条件 (I_1) 和 (I_2) 成立).

6.3 引理以及证明

为了证明上节中给出的主要衰减性结论, 本节中, 在定理 6.2 的假设条件下, 我们先来建立一系列的引理. 后面的一些小节中, 我们记 $C, C_i, C(\cdot) > 0, i = 1, 2, \cdots$ 表示某些正常数 (为了符号的简洁, 在某些上下文中这些符号代表的常数可能是不等的).

我们记 $H = L^2(\Omega)$, 定义算子 A 为

$$A = -\Delta,\ \ B_1 = -\mathrm{div}\,(a(x)\nabla)\,,\ B_2 = -\mathrm{div}\left(\widetilde{b}(x)\nabla\right),$$

其定义域为

$$\mathcal{D}(A) = \mathcal{D}(B_1) = \mathcal{D}(B_2) = H^2(\Omega) \cap H_0^1(\Omega),$$

其中 $\widetilde{b}(x) \in C^2(\bar{\Omega})$ 且满足

$$\begin{cases} \widetilde{b}(x) = 0, & \text{如果} a(x) \geqslant \dfrac{c_0}{2}, \\ 0 \leqslant \widetilde{b}(x) \leqslant \dfrac{c_0}{4}, & \text{如果} \dfrac{c_0}{4} < a(x) < \dfrac{c_0}{2}, \\ \widetilde{b}(x) = \dfrac{c_0}{4}, & \text{如果} a(x) \leqslant \dfrac{c_0}{4}. \end{cases}$$

因此, 模型 (6-1) 可以写为

$$\begin{aligned} &u_{tt}(t) + (A - G_0B_1)\,u(t) + G(t)B_1u(t) \\ &\quad + \int_0^t g(t-s)\,(B_1u(t) - B_1u(s))\,\mathrm{d}s + b(x)h(u_t(t)) = 0. \end{aligned} \tag{6-21}$$

由假设 (I_1) 和 (I_2) 容易得出, A 为 Hilbert 空间 H 中的自伴线性算子. 另外, 假设 (I_1) 表明 $a(x) + b(x) \geqslant c_0$ ($\forall x \in \Omega$), 因此从 $\widetilde{b}(x)$ 的定义可以看出

$$a(x) + \widetilde{b}(x) \geqslant \frac{c_0}{4}, \quad 0 \leqslant \widetilde{b}(x) \leqslant b(x), \quad |\nabla\widetilde{b}(x)| \leqslant Cb(x), \quad \forall x \in \Omega. \tag{6-22}$$

引理 6.1 对任意给定 $\varepsilon_1 > 0$, 存在一个依赖 ε_1 的常数 $C(\varepsilon_1) > 0$ 使得, 对 $u_t(t) \in H^2(\Omega) \cap H_0^1(\Omega)$ 成立

$$\begin{aligned} &\left|\left\langle u_t(t), (A - G_0B_1)^{-1} B_2u_t(t)\right\rangle\right| \\ &\leqslant \varepsilon_1 \int_\Omega |u_t(t)|^2\,\mathrm{d}x + C(\varepsilon_1)\int_\Omega b(x)\,|u_t(t)|^2\,\mathrm{d}x. \end{aligned} \tag{6-23}$$

这里

$$\langle u,v\rangle := \int_\Omega uv\mathrm{d}x, \quad u,v\in H.$$

证明 根据假设 (I_2) 可知

$$1-\max_{x\in\overline{\Omega}} a(x)G_0 > 0,$$

因此算子 $A-G_0B_1 = -\mathrm{div}\,((1-a(x)G_0)\nabla)$ 是 H 上的正定自伴线性算子.

记

$$\varpi(x,t) := (A-G_0B_1)^{-1}\,u_t(t),$$

则显然可得 $\varpi(x,t)\in H^2(\Omega)\cap H_0^1(\Omega)$. 计算可知

$$\begin{aligned}
\left\langle u_t,(A-G_0B_1)^{-1}\,B_2u_t\right\rangle &= \left\langle (A-G_0B_1)^{-1}\,u_t,B_2u_t\right\rangle \\
&= -\left\langle \varpi,\mathrm{div}\left(\widetilde{b}(x)\nabla u_t\right)\right\rangle \\
&= \int_\Omega \nabla\varpi\cdot\left(\widetilde{b}(x)\nabla u_t\right)\mathrm{d}x \\
&= -\left\langle A\varpi,\widetilde{b}(x)u_t\right\rangle - \int_\Omega \nabla\varpi\cdot\nabla\widetilde{b}(x)u_t\mathrm{d}x \\
&= -\left\langle A\,(A-G_0B_1)^{-1}\,u_t,\widetilde{b}(x)u_t\right\rangle \\
&\quad - \int_\Omega \nabla\left((A-G_0B_1)^{-1}u_t\right)\cdot\nabla\widetilde{b}(x)u_t\mathrm{d}x.
\end{aligned} \tag{6-24}$$

显然, $A\,(A-G_0B_1)^{-1}$ 和 $\sqrt{A}\,(A-G_0B_1)^{-1}$ 是 H 上的有界线性算子, 并且

$$|||\nabla\,(A-G_0B_1)^{-1}\,u_t|||^2 = \|\sqrt{A}\,(A-G_0B_1)^{-1}\,u_t\|^2.$$

因此成立

$$\|A\,(A-G_0B_1)^{-1}\,u_t\|, \quad |||\nabla\,(A-G_0B_1)^{-1}\,u_t||| \leqslant C\|u_t\|.$$

于是, 应用 Young 不等式, 从(6-22)和(6-24), 我们立即得到需要的估计 (6-23). □

现在我们介绍辅助函数

$$I_1(t) := \langle u_t(t),(A-G_0B_1)^{-1}\,B_2u(t)\rangle,$$

它将帮助我们导出负项 $-\|\sqrt{B_2}u(t)\|^2$, 也即负项 $-\int_\Omega \widetilde{b}(x)|\nabla u(t)|^2\mathrm{d}x$ 的估计.

引理 6.2 对任意给定的 $\varepsilon_1 \geqslant 0$, 存在常数 $C(\varepsilon_1)>0$ 使得对于任意 $t\geqslant 0$,

$$
\begin{aligned}
\frac{\mathrm{d}}{\mathrm{d}t}I_1(t) \leqslant & -\frac{1}{2}\int_\Omega \widetilde{b}(x)|\nabla u(t)|^2\mathrm{d}x + \varepsilon_1\int_\Omega |u_t|^2\mathrm{d}x + C(\varepsilon_1)\int_\Omega b(x)|u_t(t)|^2\mathrm{d}x \\
& + C_1M(\delta)\int_\Omega\int_0^t K_\delta(t-s)g(t-s)a(x)|\nabla u(t)-\nabla u(s)|^2\mathrm{d}s\mathrm{d}x \\
& + C_1\int_\Omega b(x)h^2(u_t(t))\mathrm{d}x + C_1G^2(t)\int_\Omega |\nabla u(t)|^2\mathrm{d}x,
\end{aligned} \tag{6-25}
$$

其中 C_1 是一个正常数,

$$
M(\delta) := \int_0^{+\infty}\frac{g(s)}{K_\delta(s)}\mathrm{d}s, \quad K_\delta(s) := \frac{-g'(s)}{g(s)} + \delta,
$$

以及 $\delta\in(0,1)$ 是一个常数, 稍后我们具体给定.

上述定理中的两个辅助函数 $M(\delta)$ 和 $K_\delta(s)$ 首次出现在文献 [85, p1512] 中.

证明 由 (6-21) 可以得出

$$
\begin{aligned}
& \frac{\mathrm{d}}{\mathrm{d}t}I_1(t) \\
= & \langle u_{tt}(t), (A-G_0B_1)^{-1}B_2u(t)\rangle + \langle u_t(t), (A-G_0B_1)^{-1}B_2u_t(t)\rangle \\
= & -\|\sqrt{B_2}u(t)\|^2 - \left\langle \int_0^t g(t-s)\left(B_1u(t)-B_1u(s)\right)\mathrm{d}s, (A-G_0B_1)^{-1}B_2u(t)\right\rangle \\
& -\langle G(t)B_1u(t), (A-G_0B_1)^{-1}B_2u(t)\rangle - \langle b(x)h(u_t(t)), (A-G_0B_1)^{-1}B_2u(t)\rangle \\
& +\langle u_t(t), (A-G_0B_1)^{-1}B_2u_t(t)\rangle \\
= & -\|\sqrt{B_2}u(t)\|^2 - \left\langle \int_0^t g(t-s)\left(\Lambda\sqrt{B_1}u(t)-\Lambda\sqrt{B_1}u(s)\right)\mathrm{d}s, \sqrt{B_2}u(t)\right\rangle \\
& -\langle G(t)\Lambda\sqrt{B_1}u(t), \sqrt{B_2}u(t)\rangle - \langle\sqrt{B_2}(A-G_0B_1)^{-1}(b(x)h(u_t(t))), \sqrt{B_2}u(t)\rangle \\
& +\langle u_t(t), (A-G_0B_1)^{-1}B_2u_t(t)\rangle,
\end{aligned}
$$

其中 $\Lambda := \sqrt{B_2}(A-G_0B_1)^{-1}\sqrt{B_1}$.

显然, Λ 和 $\sqrt{B_2}(A-G_0B_1)^{-1}$ 是 H 上的两个有界线性算子. 于是由 Hölder

不等式可得

$$
\begin{aligned}
&-\left\langle\int_0^t g(t-s)\left(\Lambda\sqrt{B_1}u(t)-\Lambda\sqrt{B_1}u(s)\right)\mathrm{d}s,\sqrt{B_2}u(t)\right\rangle\\
\leqslant&\ \frac{1}{6}\|\sqrt{B_2}u(t)\|^2+\frac{3}{2}\left\|\int_0^t g(t-s)\left(\Lambda\sqrt{B_1}u(t)-\Lambda\sqrt{B_1}u(s)\right)\mathrm{d}s\right\|^2\\
\leqslant&\ \frac{1}{6}\|\sqrt{B_2}u(t)\|^2\\
&+\frac{3}{2}\left\|\int_0^t \frac{g^{\frac{1}{2}}(t-s)}{K_\delta^{\frac{1}{2}}(t-s)}K_\delta^{\frac{1}{2}}(t-s)g^{\frac{1}{2}}(t-s)\left(\Lambda\sqrt{B_1}u(t)-\Lambda\sqrt{B_1}u(s)\right)\mathrm{d}s\right\|^2\\
\leqslant&\ \frac{1}{6}\|\sqrt{B_2}u(t)\|^2\\
&+\frac{3}{2}\left(\int_0^t\frac{g(s)}{K_\delta(s)}\mathrm{d}s\right)\int_0^t K_\delta(t-s)g(t-s)\|\Lambda\sqrt{B_1}u(t)-\Lambda\sqrt{B_1}u(s)\|^2\mathrm{d}s\\
\leqslant&\ \frac{1}{6}\|\sqrt{B_2}u(t)\|^2+CM(\delta)\int_0^t K_\delta(t-s)g(t-s)\|\sqrt{B_1}u(t)-\sqrt{B_1}u(s)\|^2\mathrm{d}s
\end{aligned}
$$

和

$$
\begin{aligned}
-\langle G(t)\Lambda\sqrt{B_1}u(t),\sqrt{B_2}u(t)\rangle&\leqslant\frac{1}{6}\|\sqrt{B_2}u(t)\|^2+\frac{3}{2}\|G(t)\Lambda\sqrt{B_1}u(t)\|^2\\
&\leqslant\frac{1}{6}\|\sqrt{B_2}u(t)\|^2+CG^2(t)\|\sqrt{B_1}u(t)\|^2\\
&\leqslant\frac{1}{6}\|\sqrt{B_2}u(t)\|^2+CG^2(t)\|\sqrt{A}u(t)\|^2,
\end{aligned}
$$

在上面式子估计中我们已经使用了 $\|\sqrt{B_1}u(t)\|^2\leqslant C\|\sqrt{A}u(t)\|^2$.

类似地,

$$
\begin{aligned}
&-\langle\sqrt{B_2}\left(A-G_0B_1\right)^{-1}\left(b(x)h(u_t(t))\right),\sqrt{B_2}u(t)\rangle\\
\leqslant&\ \frac{1}{6}\|\sqrt{B_2}u(t)\|^2+C\|b(x)h(u_t(t))\|^2.
\end{aligned}
$$

因此, 合并上面四个式子可得

$$
\frac{\mathrm{d}}{\mathrm{d}t}I_1(t)
$$

$$\leqslant -\frac{1}{2}\|\sqrt{B_2}u(t)\|^2 + CM(\delta)\int_0^t K_\delta(t-s)g(t-s)\|\sqrt{B_1}u(t)-\sqrt{B_1}u(s)\|^2\mathrm{d}s$$
$$+CG^2(t)\|\sqrt{A}u(t)\|^2 + C\|b(x)h(u_t(t))\|^2$$
$$+|\langle u_t(t),(A-G_0B_1)^{-1}B_2u_t(t)\rangle|. \tag{6-26}$$

这与 (6-23) 及 (6-26) 一起给出估计 (6-25). □

为了获得负项

$$-\int_\Omega |u_t(t)|^2\mathrm{d}x$$

的估计, 接下来我们引出辅助函数

$$I_2(t) := -\int_\Omega u_t(t)\int_0^t g(t-s)(u(t)-u(s))\mathrm{d}s\mathrm{d}x.$$

引理 6.3 对任意给定 $\varepsilon_2 \geqslant 0$, 存在一个仅依赖 ε_2 的常数 $C(\varepsilon_2)>0$ 使得对 $t\geqslant t_0$, 成立

$$\frac{\mathrm{d}}{\mathrm{d}t}I_2(t) \leqslant -\frac{G_0}{4}\int_\Omega |u_t(t)|^2\mathrm{d}x + \varepsilon_2\int_\Omega |\nabla u(t)|^2\mathrm{d}x + \int_\Omega b(x)h^2(u_t(t))\mathrm{d}x$$
$$+C(\varepsilon_2)M(\delta)\int_\Omega\int_0^t K_\delta(t-s)g(t-s)a(x)|\nabla u(t)-\nabla u(s)|^2\mathrm{d}s\mathrm{d}x$$
$$+C(\varepsilon_2)\int_\Omega\int_0^t g(t-s)\widetilde{b}(x)|\nabla u(s)|^2\mathrm{d}s\mathrm{d}x + C(\varepsilon_2)\int_\Omega \widetilde{b}(x)|\nabla u(t)|^2\mathrm{d}x$$
$$-C_2\int_\Omega\int_0^t g'(t-s)a(x)|\nabla u(t)-\nabla u(s)|^2\mathrm{d}s\mathrm{d}x$$
$$-C_2\int_\Omega\int_0^t g'(t-s)\widetilde{b}(x)|\nabla u(s)|^2\mathrm{d}s\mathrm{d}x, \tag{6-27}$$

其中 $C_2>0$ 为一常数, t_0 为一足够大的常数满足

$$\int_0^{t_0} g(s)\mathrm{d}s = \frac{G_0}{2}.$$

证明 注意到模型 (6-1) 和假设 (I_2), 应用 Young 及 Poincaré 不等式可得

$$\frac{\mathrm{d}}{\mathrm{d}t}I_2(t) = -\int_0^t g(s)\mathrm{d}s\int_\Omega |u_t(t)|^2\mathrm{d}x - \int_\Omega u_{tt}(t)\int_0^t g(t-s)(u(t)-u(s))\mathrm{d}s\mathrm{d}x$$

$$
\begin{aligned}
&-\int_\Omega u_t(t)\int_0^t g'(t-s)(u(t)-u(s))\mathrm{d}s\mathrm{d}x\\
=&-\int_0^t g(s)\mathrm{d}s\int_\Omega |u_t(t)|^2\mathrm{d}x-\int_\Omega \Delta u(t)\int_0^t g(t-s)(u(t)-u(s))\mathrm{d}s\mathrm{d}x\\
&+\int_\Omega\int_0^t g(t-s)\mathrm{div}(a(x)\nabla u(s))\mathrm{d}s\int_0^t g(t-s)(u(t)-u(s))\mathrm{d}s\mathrm{d}x\\
&+\int_\Omega b(x)h(u_t(t))\int_0^t g(t-s)(u(t)-u(s))\mathrm{d}s\mathrm{d}x\\
&-\int_\Omega u_t(t)\int_0^t g'(t-s)(u(t)-u(s))\mathrm{d}s\mathrm{d}x\\
=&-\int_0^t g(s)\mathrm{d}s\int_\Omega |u_t(t)|^2\mathrm{d}x\\
&-\int_\Omega \mathrm{div}\left(\left(1-a(x)\int_0^t g(s)\mathrm{d}s\right)\nabla u(t)\right)\int_0^t g(t-s)(u(t)-u(s))\mathrm{d}s\mathrm{d}x\\
&-\int_\Omega\int_0^t g(t-s)\mathrm{div}(a(x)(\nabla u(t)-\nabla u(s)))\,\mathrm{d}s\int_0^t g(t-s)(u(t)-u(s))\mathrm{d}s\mathrm{d}x\\
&+\int_\Omega b(x)h(u_t(t))\int_0^t g(t-s)(u(t)-u(s))\mathrm{d}s\mathrm{d}x\\
&-\int_\Omega u_t(t)\int_0^t g'(t-s)(u(t)-u(s))\mathrm{d}s\mathrm{d}x\\
\leqslant&\left(-\int_0^t g(s)\mathrm{d}s+\frac{G_0}{4}\right)\int_\Omega |u_t(t)|^2\mathrm{d}x+\varepsilon_2\int_\Omega |\nabla u(t)|^2\mathrm{d}x+\int_\Omega b(x)h^2(u_t(t))\mathrm{d}x\\
&+C(\varepsilon_2)\left(\int_\Omega\int_0^t g(t-s)|\nabla u(t)-\nabla u(s)|\mathrm{d}s\mathrm{d}x\right)^2\\
&-C\int_\Omega\int_0^t g'(t-s)|\nabla u(t)-\nabla u(s)|^2\mathrm{d}s\mathrm{d}x. \qquad (6\text{-}28)
\end{aligned}
$$

另外, 从 $a(x),\widetilde{b}(x)$ 和 $K_\delta(s)$ 的假设可得

$$
\begin{aligned}
&\left(\int_\Omega\int_0^t g(t-s)|\nabla u(t)-\nabla u(s)|\mathrm{d}s\mathrm{d}x\right)^2\\
\leqslant& C\left(\int_\Omega\int_0^t g(t-s)(a(x)+\widetilde{b}(x))|\nabla u(t)-\nabla u(s)|\mathrm{d}s\mathrm{d}x\right)^2\\
\leqslant& C\left(\int_\Omega\int_0^t g(t-s)a(x)|\nabla u(t)-\nabla u(s)|\mathrm{d}s\mathrm{d}x\right)^2
\end{aligned}
$$

$$
\begin{aligned}
&+C\left(\int_\Omega\int_0^t g(t-s)\widetilde{b}(x)|\nabla u(t)-\nabla u(s)|\mathrm{d}s\mathrm{d}x\right)^2\\
\leqslant\ & CM(\delta)\int_\Omega\int_0^t K_\delta(t-s)g(t-s)a(x)|\nabla u(t)-\nabla u(s)|^2\mathrm{d}s\mathrm{d}x\\
&+C\int_\Omega\int_0^t g(t-s)\widetilde{b}(x)|\nabla u(s)|^2\mathrm{d}s\mathrm{d}x+C\int_\Omega\widetilde{b}(x)|\nabla u(t)|^2\mathrm{d}x \qquad (6\text{-}29)
\end{aligned}
$$

和

$$
\begin{aligned}
&-\int_\Omega\int_0^t g'(t-s)|\nabla u(t)-\nabla u(s)|^2\mathrm{d}s\mathrm{d}x\\
\leqslant\ & -C\int_\Omega\int_0^t g'(t-s)a(x)|\nabla u(t)-\nabla u(s)|^2\mathrm{d}s\mathrm{d}x\\
&-C\int_\Omega\int_0^t g'(t-s)\widetilde{b}(x)|\nabla u(s)|^2\mathrm{d}s\mathrm{d}x+C\int_\Omega\widetilde{b}(x)|\nabla u(t)|^2\mathrm{d}x. \qquad (6\text{-}30)
\end{aligned}
$$

于是, (6-28)-(6-30) 将帮助我们完成本引理的证明. □

记

$$
I_3(t):=\int_\Omega u_t(t)u(t)\mathrm{d}x,
$$

它将导出负项

$$
-\int_\Omega|\nabla u(t)|^2\mathrm{d}x
$$

的估计.

引理 6.4 对任意 $t\geqslant 0$, 存在正常数 $C_3>0$, 成立

$$
\begin{aligned}
\frac{\mathrm{d}}{\mathrm{d}t}I_3(t)\leqslant & -\frac{\mu_0}{2}\int_\Omega|\nabla u(t)|^2\mathrm{d}x+C_3\int_\Omega b(x)h^2(u_t(t))\mathrm{d}x+\int_\Omega|u_t(t)|^2\mathrm{d}x\\
&+C_3M(\delta)\int_\Omega\int_0^t K_\delta(t-s)g(t-s)a(x)|\nabla u(t)-\nabla u(s)|^2\mathrm{d}s\mathrm{d}x. \qquad (6\text{-}31)
\end{aligned}
$$

证明 由方程 (6-1) 可以导出

$$
\begin{aligned}
\frac{\mathrm{d}}{\mathrm{d}t}I_3(t)&=\int_\Omega u_{tt}(t)u(t)\mathrm{d}x+\int_\Omega|u_t(t)|^2\mathrm{d}x\\
&=\int_\Omega u(t)\Delta u(t)\mathrm{d}x-\int_\Omega\int_0^t g(t-s)\mathrm{div}(a(x)\nabla u(s))\mathrm{d}su(t)\mathrm{d}x
\end{aligned}
$$

$$
\begin{aligned}
&-\int_\Omega b(x)h(u_t(t))u(t)\mathrm{d}x+\int_\Omega |u_t(t)|^2\mathrm{d}x\\
=&\int_\Omega u(t)\Delta u(t)\mathrm{d}x+\int_\Omega\int_0^t g(t-s)\mathrm{div}(a(x)\nabla(u(t)-u(s)))\mathrm{d}su(t)\mathrm{d}x\\
&-\int_0^t g(s)\mathrm{d}s\int_\Omega \mathrm{div}(a(x)\nabla u(t))u(t)\mathrm{d}x-\int_\Omega b(x)h(u_t(t))u(t)\mathrm{d}x\\
&+\int_\Omega |u_t(t)|^2\mathrm{d}x.
\end{aligned}
$$

由分部积分可得

$$
\begin{aligned}
&\int_\Omega u(t)\Delta u(t)\mathrm{d}x-\int_0^t g(s)\mathrm{d}s\int_\Omega \mathrm{div}(a(x)\nabla u(t))u(t)\mathrm{d}x\\
=&-\int_\Omega |\nabla u(t)|^2\mathrm{d}x+\int_0^t g(s)\mathrm{d}s\int_\Omega a(x)|\nabla u(t)|^2\mathrm{d}x\\
=&-\int_\Omega\left(1-a(x)\int_0^t g(s)\mathrm{d}s\right)|\nabla u(t)|^2\mathrm{d}x\\
\leqslant&-\mu_0\int_\Omega |\nabla u(t)|^2\mathrm{d}x,
\end{aligned}
$$

注意, 此处我们已经使用了假设 (I_2).

此外, 由 Young 和 Hölder 不等式可得

$$
\begin{aligned}
&\int_\Omega\int_0^t g(t-s)\mathrm{div}(a(x)\nabla(u(t)-u(s)))\mathrm{d}su(t)\mathrm{d}x\\
\leqslant&\frac{\mu_0}{4}\int_\Omega |\nabla u(t)|^2\mathrm{d}x+\frac{1}{\mu_0}\int_\Omega\left(\int_0^t g(t-s)a(x)|\nabla u(t)-\nabla u(s)|)\mathrm{d}s\right)^2\mathrm{d}x\\
\leqslant&\frac{\mu_0}{4}\int_\Omega |\nabla u(t)|^2\mathrm{d}x\\
&+\frac{1}{\mu_0}M(\delta)\int_\Omega\int_0^t K_\delta(t-s)g(t-s)a(x)|\nabla u(t)-\nabla u(s)|^2\mathrm{d}s\mathrm{d}x,
\end{aligned}
$$

另外, 应用 Young 和 Poincaré 不等式可以导出

$$
-\int_\Omega b(x)h(u_t(t))u(t)\mathrm{d}x\leqslant\frac{\mu_0}{4}\int_\Omega |\nabla u(t)|^2\mathrm{d}x+C\int_\Omega b(x)h^2(u_t(t))\mathrm{d}x.
$$

合并上面的四个不等式可得

$$
\frac{\mathrm{d}}{\mathrm{d}t}I_3(t)\leqslant-\frac{\mu_0}{2}\int_\Omega |\nabla u(t)|^2\mathrm{d}x+C_3\int_\Omega b(x)h^2(u_t(t))\mathrm{d}x+\int_\Omega |u_t(t)|^2\mathrm{d}x
$$

$$+C_3M(\delta)\int_\Omega\int_0^t K_\delta(t-s)g(t-s)a(x)|\nabla u(t)-\nabla u(s)|^2\mathrm{d}s\mathrm{d}x.$$

这样完成了证明. □

为了获得负项

$$-\int_\Omega\int_0^t g(t-s)\widetilde{b}(x)|\nabla u(s)|^2\mathrm{d}s+\int_\Omega\int_0^t g'(t-s)\widetilde{b}(x)|\nabla u(s)|^2\mathrm{d}s$$

的估计, 让我们定义辅助函数

$$I_4(t):=\int_\Omega\int_0^t G(t-s)\widetilde{b}(x)|\nabla u(s)|^2\mathrm{d}s\mathrm{d}x+\int_\Omega\int_0^t g(t-s)\widetilde{b}(x)|\nabla u(s)|^2\mathrm{d}s\mathrm{d}x.$$

引理 6.5 对任意 $t\geqslant 0$,

$$\begin{aligned}\frac{\mathrm{d}}{\mathrm{d}t}I_4(t)=&-\int_\Omega\int_0^t g(t-s)\widetilde{b}(x)|\nabla u(s)|^2\mathrm{d}s+\int_\Omega\int_0^t g'(t-s)\widetilde{b}(x)|\nabla u(s)|^2\mathrm{d}s\\&+(g(0)+G_0)\int_\Omega\widetilde{b}(x)|\nabla u(t)|^2\mathrm{d}x.\end{aligned}\tag{6-32}$$

证明 直接计算立即可以得出

$$\begin{aligned}&\frac{\mathrm{d}}{\mathrm{d}t}\left(\int_\Omega\int_0^t G(t-s)\widetilde{b}(x)|\nabla u(s)|^2\mathrm{d}s\mathrm{d}x\right)\\=&-\int_\Omega\int_0^t g(t-s)\widetilde{b}(x)|\nabla u(s)|^2\mathrm{d}s+G_0\int_\Omega\widetilde{b}(x)|\nabla u(t)|^2\mathrm{d}x\end{aligned}$$

和

$$\begin{aligned}&\frac{\mathrm{d}}{\mathrm{d}t}\left(\int_\Omega\int_0^t g(t-s)\widetilde{b}(x)|\nabla u(s)|^2\mathrm{d}s\mathrm{d}x\right)\\=&\int_\Omega\int_0^t g'(t-s)\widetilde{b}(x)|\nabla u(s)|^2\mathrm{d}s+g(0)\int_\Omega\widetilde{b}(x)|\nabla u(t)|^2\mathrm{d}x.\end{aligned}$$

这样我们完成了证明. □

最后, 定义

$$I_5(t):=\int_\Omega\int_0^t G(t-s)a(x)|\nabla u(s)|^2\mathrm{d}s\mathrm{d}x,$$

$$I_6(t):=M(\delta)\left(\delta\int_\Omega\int_0^t G(t-s)a(x)|\nabla u(s)|^2\mathrm{d}s\mathrm{d}x+E(t)\right).$$

应用类似 [85, p1509-1511, 及 p1526, line 12] 中的计算方式可以获得下述几个不等式, 对任意 $t \geqslant 0$,

$$\begin{aligned}\frac{\mathrm{d}}{\mathrm{d}t}I_5(t) &= -\int_\Omega\int_0^t g(t-s)a(x)|\nabla u(s)|^2\mathrm{d}s\mathrm{d}x + \int_\Omega G_0 a(x)|\nabla u(t)|^2\mathrm{d}x \\ &\leqslant -\int_\Omega\int_0^t g(t-s)a(x)|\nabla u(s)|^2\mathrm{d}s\mathrm{d}x + \overline{a}G_0\int_\Omega|\nabla u(t)|^2\mathrm{d}x \\ &\leqslant -\int_\Omega\int_0^t g(t-s)a(x)|\nabla u(s)|^2\mathrm{d}s\mathrm{d}x + \int_\Omega|\nabla u(t)|^2\mathrm{d}x,\end{aligned} \tag{6-33}$$

此处我们已经使用了假设 (I_2) 中的条件 $\overline{a}G_0 < 1$.

另一方面, 根据基本不等式 $-(a\pm b)^2 \leqslant -\dfrac{1}{2}a^2+b^2$ 以及 (6-33), 我们可以推得

$$\begin{aligned}\frac{\mathrm{d}}{\mathrm{d}t}I_5(t) &\leqslant -\int_\Omega\int_0^t g(t-s)a(x)|\nabla u(s)|^2\mathrm{d}s\mathrm{d}x + \int_\Omega|\nabla u(t)|^2\mathrm{d}x \\ &\leqslant -\int_\Omega\int_0^t g(t-s)a(x)|\nabla u(t)-\nabla u(s)-\nabla u(t)|^2\mathrm{d}s\mathrm{d}x + \int_\Omega|\nabla u(t)|^2\mathrm{d}x \\ &\leqslant -\frac{1}{2}\int_\Omega\int_0^t g(t-s)a(x)|\nabla u(t)-\nabla u(s)|^2\mathrm{d}s\mathrm{d}x \\ &\quad + \int_\Omega\int_0^t g(t-s)a(x)|\nabla u(t)|^2\mathrm{d}s\mathrm{d}x + \int_\Omega|\nabla u(t)|^2\mathrm{d}x \\ &\leqslant -\frac{1}{2}\int_\Omega\int_0^t g(t-s)a(x)|\nabla u(t)-\nabla u(s)|^2\mathrm{d}s\mathrm{d}x \\ &\quad + \int_\Omega\int_0^t g(s)\mathrm{d}s a(x)|\nabla u(t)|^2\mathrm{d}x + \int_\Omega|\nabla u(t)|^2\mathrm{d}x \\ &\leqslant -\frac{1}{2}\int_\Omega\int_0^t g(t-s)a(x)|\nabla u(t)-\nabla u(s)|^2\mathrm{d}s\mathrm{d}x + \bar{a}G_0\int_\Omega|\nabla u(t)|^2\mathrm{d}x \\ &\quad + \int_\Omega|\nabla u(t)|^2\mathrm{d}x \\ &\leqslant -\frac{1}{2}\int_\Omega\int_0^t g(t-s)a(x)|\nabla u(t)-\nabla u(s)|^2\mathrm{d}s\mathrm{d}x + 2\int_\Omega|\nabla u(t)|^2\mathrm{d}x.\end{aligned} \tag{6-34}$$

于是 (6-34) 和 (6-13) 导出

$$\frac{\mathrm{d}}{\mathrm{d}t}I_6(t) \leqslant -\frac{1}{2}M(\delta)\int_\Omega\int_0^t \left(\delta g(t-s)+g'(t-s)\right)a(x)|\nabla u(t)-\nabla u(s)|^2\mathrm{d}s\mathrm{d}x$$

$$
\begin{aligned}
&+2\delta M(\delta)\int_{\Omega}|\nabla u(t)|^2\mathrm{d}x \\
\leqslant&-\frac{1}{2}M(\delta)\int_{\Omega}\int_0^t K_\delta(t-s)g(t-s)a(x)|\nabla u(t)-\nabla u(s)|^2\mathrm{d}s\mathrm{d}x \\
&+2\delta M(\delta)\int_{\Omega}|\nabla u(t)|^2\mathrm{d}x. \qquad (6\text{-}35)
\end{aligned}
$$

最后, 参见 [85, p1525, lines 8-10], 我们有

$$
\delta M(\delta)\to 0,\quad 当\ \delta\to 0\ 时. \qquad (6\text{-}36)
$$

注 6.8 从引理 6.3 的证明可以看到, 当我们处理动能项

$$
\int_{\Omega}|u_t(t)|^2\mathrm{d}x
$$

时, 我们是在整个系统区域 Ω 上使用 Poincaré 不等式, 而不是在部分区域上.

注意, 出现在引理 6.3 中的形如

$$
\int_{\Omega}\int_0^t g(t-s)a(x)|\nabla u(t)-\nabla u(s)|^2\mathrm{d}s\mathrm{d}x
$$

和

$$
\int_{\Omega}\int_0^t g(t-s)\widetilde{b}(x)|\nabla u(t)-\nabla u(s)|^2\mathrm{d}s\mathrm{d}x
$$

的项可以分别被

$$
-E'(t)\quad 和\quad \int_{\Omega}\widetilde{b}(x)|\nabla u(t)|^2\mathrm{d}x
$$

所控制 (其中后者的估计在引理 6.2 中已被给出).

以这样的方式, 我们避免了 Boundary-related 条件的要求, 而在以往的文献中为了直接在部分区域上应用 Poincaré 不等式去估计记忆阻尼影响域上的势能

$$
\int_{\Omega}a(x)|u_t(t)|^2\mathrm{d}x,
$$

必不可少的需要用到 Boundary-related 条件. 这样可以看出, 利用这样一个简洁的思路和技巧, 我们拓展了记忆阻尼影响域的限制, 去掉了过去的 Boundary-related 条件, 从而解决了此相关领域中持续多年的问题, 丰富了模型的应用范围. 此思路亦可应用在其他一些涉及记忆阻尼与摩擦阻尼混合的黏弹性模型中.

6.4 主要定理的证明

本节中我们将利用上面获得的一些引理构造相应的 Lyapunov 辅助函数, 并结合能量估计方法等给出我们几个主要衰减性定理的完整证明.

定理 6.2 的证明

定义

$$J(t) := NE(t) + N_1I_1(t) + N_2I_2(t) + I_3(t).$$

由 (6-25), (6-27) 和 (6-31), 对 $t \geqslant t_0$, 可得

$$\begin{aligned}
\frac{\mathrm{d}}{\mathrm{d}t}J(t) \leqslant & -\left(\frac{\mu_0}{2} - N_1C_1G^2(t) - N_2\varepsilon_2\right)\int_\Omega |\nabla u(t)|^2\mathrm{d}x \\
& + [N_1C_1M(\delta) + N_2C(\varepsilon_2)M(\delta) + C_3M(\delta)] \\
& \times \int_\Omega\int_0^t K_\delta(t-s)g(t-s)a(x)|\nabla u(t) - \nabla u(s)|^2\mathrm{d}s\mathrm{d}x \\
& - \left(\frac{G_0}{4}N_2 - 1 - N_1\varepsilon_1\right)\int_\Omega |u_t(t)|^2\mathrm{d}x \\
& - \left(\frac{1}{2}N_1 - N_2C(\varepsilon_2)\right)\int_\Omega \widetilde{b}(x)|\nabla u(t)|^2\mathrm{d}x \\
& + N_2C(\varepsilon_2)\int_\Omega\int_0^t g(t-s)\widetilde{b}(x)|\nabla u(s)|^2\mathrm{d}s\mathrm{d}x \\
& - N_2C_2\int_\Omega\int_0^t g'(t-s)\widetilde{b}(x)|\nabla u(s)|^2\mathrm{d}s\mathrm{d}x \\
& + \left(\frac{N}{2} - N_2C_2\right)\int_\Omega\int_0^t g'(t-s)a(x)|\nabla u(t) - \nabla u(s)|^2\mathrm{d}s\mathrm{d}x \\
& + (C_3 + N_2 + N_1C_1)\int_\Omega b(x)h^2(u_t(t))\mathrm{d}x \\
& + N_1C(\varepsilon_1)\int_\Omega b(x)|u_t(t)|^2\mathrm{d}x - N\int_\Omega b(x)h(u_t(t))u_t(t)\mathrm{d}x. \qquad (6\text{-}37)
\end{aligned}$$

假设 $\omega(t) : [0, +\infty) \to [0, +\infty)$ 是一递减局部绝对连续的函数 (此乘子函数 $\omega(t)$ 的使用也见于文献 [5, 116, 181] 及其所引用文献), 对 $\tau \geqslant t_* > t_0$, 计算可知

$$\begin{aligned}
& \int_{t_*}^\tau \omega(t)\int_\Omega\int_0^t g(t-s)\widetilde{b}(x)|\nabla u(s)|^2\mathrm{d}s\mathrm{d}x\mathrm{d}t \\
= & \int_\Omega \widetilde{b}(x)\int_{t_*}^\tau\int_0^t \omega(t)g(t-s)|\nabla u(s)|^2\mathrm{d}s\mathrm{d}t\mathrm{d}x
\end{aligned}$$

$$
\begin{aligned}
&=\int_\Omega \widetilde{b}(x)\left(\int_0^{t_*}\int_{t^*}^{\tau}\omega(t)g(t-s)|\nabla u(s)|^2\mathrm{d}t\mathrm{d}s+\int_{t_*}^{\tau}\int_s^{\tau}\omega(t)g(t-s)|\nabla u(s)|^2\mathrm{d}t\mathrm{d}s\right)\mathrm{d}x\\
&\leqslant\int_\Omega \widetilde{b}(x)\left(\int_0^{t_*}\int_{t^*}^{\tau}\omega(0)g(t-s)|\nabla u(s)|^2\mathrm{d}t\mathrm{d}s+\int_{t_*}^{\tau}\int_s^{\tau}\omega(s)g(t-s)|\nabla u(s)|^2\mathrm{d}t\mathrm{d}s\right)\mathrm{d}x\\
&\leqslant\int_\Omega \widetilde{b}(x)\left(\int_0^{t_*}\omega(0)|\nabla u(s)|^2\int_{t^*-s}^{\tau-s}g(t)\mathrm{d}t\mathrm{d}s+\int_{t_*}^{\tau}\omega(s)|\nabla u(s)|^2\int_0^{\tau-s}g(t)\mathrm{d}t\mathrm{d}s\right)\mathrm{d}x\\
&\leqslant\int_\Omega \widetilde{b}(x)\left(\int_0^{t_*}\omega(0)|\nabla u(s)|^2\int_0^{+\infty}g(t)\mathrm{d}t\mathrm{d}s+\int_{t_*}^{\tau}\omega(s)|\nabla u(s)|^2\int_0^{+\infty}g(t)\mathrm{d}t\mathrm{d}s\right)\mathrm{d}x\\
&\leqslant\int_0^{t_*}\omega(0)G_0\int_\Omega\widetilde{b}(x)|\nabla u(s)|^2\mathrm{d}x\mathrm{d}s+G_0\int_{t_*}^{\tau}\int_\Omega\widetilde{b}(x)\omega(s)|\nabla u(s)|^2\mathrm{d}x\mathrm{d}s\\
&\leqslant C\int_0^{t_*}\int_\Omega|\nabla u(t)|^2\mathrm{d}x\mathrm{d}t+G_0\int_{t_*}^{\tau}\int_\Omega\widetilde{b}(x)\omega(t)|\nabla u(t)|^2\mathrm{d}x\mathrm{d}t\\
&\leqslant C\int_0^{t_*}E(t)\mathrm{d}t+G_0\int_{t_*}^{\tau}\omega(t)\int_\Omega\widetilde{b}(x)|\nabla u(t)|^2\mathrm{d}x\mathrm{d}t\\
&\leqslant C\int_0^{t_*}E(0)\mathrm{d}t+G_0\int_{t_*}^{\tau}\omega(t)\int_\Omega\widetilde{b}(x)|\nabla u(t)|^2\mathrm{d}x\mathrm{d}t\\
&\leqslant Ct_*E(0)+G_0\int_{t_*}^{\tau}\omega(t)\int_\Omega\widetilde{b}(x)|\nabla u(t)|^2\mathrm{d}x\mathrm{d}t.
\end{aligned}
$$

类似可得

$$
\begin{aligned}
&-\int_{t_*}^{\tau}\omega(t)\int_\Omega\int_0^t g'(t-s)\widetilde{b}(x)|\nabla u(s)|^2\mathrm{d}s\mathrm{d}x\mathrm{d}t\\
&\leqslant Ct_*E(0)+g(0)\int_{t_*}^{\tau}\omega(t)\int_\Omega\widetilde{b}(x)|\nabla u(t)|^2\mathrm{d}x\mathrm{d}t,
\end{aligned}
$$

其中 t_* 为一待定正常数.

注意到上面两个不等式, 我们取 $\omega(t)$ 做乘子并乘以(6-37), 然后在 $[t_*,\tau]$ 上积分, 对任意 $\tau\geqslant t_*$, 我们有

$$
\begin{aligned}
&\omega(\tau)J(\tau)-\omega(t_*)J(t_*)\\
&\leqslant Ct_*E(0)+\int_{t_*}^{\tau}\omega'(t)J(t)\mathrm{d}t\\
&\quad-\left(\frac{\mu_0}{2}-N_2\varepsilon_2\right)\int_{t_*}^{\tau}\omega(t)\int_\Omega|\nabla u(t)|^2\mathrm{d}x\mathrm{d}t+N_1C_1\int_{t_*}^{\tau}G^2(t)\omega(t)\int_\Omega|\nabla u(t)|^2\mathrm{d}x\mathrm{d}t\\
&\quad+[N_1C_1M(\delta)+N_2C(\varepsilon_2)M(\delta)+C_3M(\delta)]
\end{aligned}
$$

$$
\begin{aligned}
&\times \int_{t_*}^{\tau} \omega(t) \int_\Omega \int_0^t K_\delta(t-s) g(t-s) a(x) |\nabla u(t) - \nabla u(s)|^2 \mathrm{d}s\mathrm{d}x\mathrm{d}t \\
&- \left(\frac{G_0}{4}N_2 - 1 - N_1\varepsilon_1\right) \int_{t_*}^{\tau} \omega(t) \int_\Omega |u_t(t)|^2 \mathrm{d}x\mathrm{d}t \\
&- \left(\frac{N_1}{2} - N_2\left(C(\varepsilon_2) + G_0 C(\varepsilon_2) + g(0)C_2\right)\right) \int_{t_*}^{\tau} \omega(t) \int_\Omega \widetilde{b}(x) |\nabla u(t)|^2 \mathrm{d}x\mathrm{d}t \\
&+ \left(\frac{N}{2} - N_2 C_2\right) \int_{t_*}^{\tau} \omega(t) \int_\Omega \int_0^t g'(t-s) a(x) |\nabla u(t) - \nabla u(s)|^2 \mathrm{d}s\mathrm{d}x\mathrm{d}t \\
&+ (C_3 + N_2 + N_1 C_1) \int_{t_*}^{\tau} \omega(t) \int_\Omega b(x) h^2(u_t(t)) \mathrm{d}x\mathrm{d}t \\
&+ N_1 C(\varepsilon_1) \int_{t_*}^{\tau} \omega(t) \int_\Omega b(x) |u_t(t)|^2 \mathrm{d}x\mathrm{d}t \\
&- N \int_{t_*}^{\tau} \omega(t) \int_\Omega b(x) h(u_t(t)) u_t(t) \mathrm{d}x\mathrm{d}t. \qquad (6\text{-}38)
\end{aligned}
$$

一方面, 如果我们选取参数为

$$
N_2 = \frac{12}{G_0}, \quad \varepsilon_2 = \frac{\mu_0}{24N_2}, \quad N = 2N_2C_2,
$$

$$
N_1 = 2N_2\left(C(\varepsilon_2) + G_0C(\varepsilon_2) + g(0)C_2\right) + 2, \quad \varepsilon_1 = \frac{1}{N_1}.
$$

另一方面, 由假设 (I_2) 和 $G(t)$ 的定义可知, 存在常数 $t_{0*} > 0$ 使得对任意 $t > t_{0*}$, 成立

$$
G^2(t) < \frac{\mu_0}{24C_1N_1}.
$$

此外, 观察可知

$$
\begin{aligned}
|I_1(t)| &\leqslant \frac{1}{2}\|u_t(t)\|^2 + \frac{1}{2}\left\|(A - G_0B_1)^{-1} B_2 u(t)\right\|^2 \\
&\leqslant C \int_\Omega \left(|u_t|^2 + |\nabla u|^2\right) \mathrm{d}x \leqslant CE(t),
\end{aligned}
$$

$$
\begin{aligned}
|I_2(t)| &\leqslant \frac{1}{2}\int_\Omega |u_t|^2 \mathrm{d}x + \frac{1}{2}\int_\Omega \left(\int_0^t g(t-s)(u(t) - u(s))\mathrm{d}s\right)^2 \mathrm{d}x \\
&\leqslant \frac{1}{2}\int_\Omega |u_t|^2 \mathrm{d}x + \frac{1}{2}\int_\Omega G_0 \int_0^t g(t-s)\,|u(t) - u(s)|^2 \,\mathrm{d}s\mathrm{d}x \\
&\leqslant \frac{1}{2}\int_\Omega |u_t|^2 \mathrm{d}x + \frac{2G_0}{c_0}\int_\Omega \int_0^t g(t-s)\left(a(x) + \widetilde{b}(x)\right)|u(t) - u(s)|^2 \,\mathrm{d}s\mathrm{d}x
\end{aligned}
$$

$$
\begin{aligned}
&\leqslant \frac{1}{2}\int_{\Omega}|u_t|^2\mathrm{d}x+\frac{2G_0}{c_0}\sigma_0\int_{\Omega}\int_0^t g(t-s)\left(a(x)+\widetilde{b}(x)\right)|\nabla u(t)-\nabla u(s)|^2\mathrm{d}s\mathrm{d}x\\
&\leqslant \frac{1}{2}\int_{\Omega}|u_t|^2\mathrm{d}x+\frac{2G_0}{c_0}\sigma_0\int_{\Omega}\int_0^t g(t-s)a(x)\left|\nabla u(t)-\nabla u(s)\right|^2\mathrm{d}s\mathrm{d}x\\
&\quad+\frac{2G_0}{c_0}\sigma_0\int_{\Omega}\int_0^t g(t-s)\widetilde{b}(x)\left|\nabla u(t)-\nabla u(s)\right|^2\mathrm{d}s\mathrm{d}x\\
&\leqslant \frac{1}{2}\int_{\Omega}|u_t|^2\mathrm{d}x+\frac{2G_0}{c_0}\sigma_0\int_{\Omega}\int_0^t g(t-s)a(x)\left|\nabla u(t)-\nabla u(s)\right|^2\mathrm{d}s\mathrm{d}x\\
&\quad+\frac{4G_0}{c_0}\sigma_0\int_{\Omega}\int_0^t g(t-s)\widetilde{b}(x)\left(\left|\nabla u(t)\right|^2+\left|\nabla u(s)\right|^2\right)\mathrm{d}s\mathrm{d}x\\
&\leqslant \frac{1}{2}\int_{\Omega}|u_t|^2\mathrm{d}x+\frac{2G_0}{c_0}\sigma_0\int_{\Omega}\int_0^t g(t-s)a(x)\left|\nabla u(t)-\nabla u(s)\right|^2\mathrm{d}s\mathrm{d}x\\
&\quad+\frac{4G_0^2\sigma_0}{c_0}\int_{\Omega}\widetilde{b}(x)\left|\nabla u(t)\right|^2\mathrm{d}x+\frac{4G_0}{c_0}\sigma_0\int_{\Omega}\int_0^t g(t-s)\widetilde{b}(x)\left|\nabla u(s)\right|^2\mathrm{d}s\mathrm{d}x\\
&\leqslant CE(t)+\frac{4G_0}{c_0}\sigma_0\int_{\Omega}\int_0^t g(t-s)\widetilde{b}(x)\left|\nabla u(s)\right|^2\mathrm{d}s\mathrm{d}x\\
&\leqslant CE(t)+C\int_0^t g(t-s)E(0)\mathrm{d}s\\
&\leqslant CE(t)+CE(0).
\end{aligned}
\tag{6-39}
$$

上式中 $\sigma_0>0$ 是 Poincaré 常数且满足

$$
\int_{\Omega}|u(t)|^2\mathrm{d}x\leqslant\sigma_0\int_{\Omega}|\nabla u(t)|^2\mathrm{d}x.
$$

另外

$$
|I_3(t)|\leqslant CE(t).
$$

因此, 由 $J(t)$ 的定义, 我们可以看出

$$
\begin{aligned}
|J(t)|&\leqslant NE(t)+N_1|I_1(t)|+N_2|I_2(t)|+|I_3(t)|\\
&\leqslant CE(t)+N_2\frac{4G_0}{c_0}\sigma_0\int_{\Omega}\int_0^t g(t-s)\widetilde{b}(x)\left|\nabla u(s)\right|^2\mathrm{d}s\mathrm{d}x\\
&\leqslant CE(t)+C\int_0^t g(t-s)E(0)\mathrm{d}s\\
&\leqslant CE(t)+CE(0)\\
&\leqslant CE(0).
\end{aligned}
$$

这表明 $J(t)$ 是有界的.

选取 $t_*=t_{0*}+t_0$, (6-38) 表明, 对某些 $\epsilon_0>0$ 和 $C_4>0$, 成立

$$\begin{aligned}&\omega(\tau)J(\tau)-\omega(t_*)J(t_*)\\&\leqslant C(t_*)E(0)-\epsilon_0\int_{t_*}^{\tau}\omega(t)\int_\Omega|\nabla u(t)|^2\mathrm{d}x\mathrm{d}t-\epsilon_0\int_{t_*}^{\tau}\omega(t)\int_\Omega|u_t(t)|^2\mathrm{d}x\mathrm{d}t\\&\quad+C_4M(\delta)\int_{t_*}^{\tau}\omega(t)\int_\Omega\int_0^t K_\delta(t-s)g(t-s)a(x)|\nabla u(t)-\nabla u(s)|^2\mathrm{d}s\mathrm{d}x\mathrm{d}t\\&\quad+C_4\int_{t_*}^{\tau}\omega(t)\int_\Omega b(x)\left(|u_t(t)|^2+h^2(u_t(t))\right)\mathrm{d}x\mathrm{d}t,\quad \tau\geqslant t_*.\end{aligned}\tag{6-40}$$

再者, 注意到 $I_5(t),I_6(t)\geqslant 0$, 在 $[t_*,\tau]$ 上积分 (6-34) 和 (6-35)对任意 $\tau\geqslant t_*$, 有

$$\begin{aligned}-\omega(t_*)I_5(t_*)\leqslant&-\frac{1}{2}\int_{t_*}^{\tau}\omega(t)\int_\Omega\int_0^t g(t-s)a(x)|\nabla u(t)-\nabla u(s)|^2\mathrm{d}s\mathrm{d}x\mathrm{d}t\\&+2\int_{t_*}^{\tau}\omega(t)\int_\Omega|\nabla u(t)|^2\mathrm{d}x\mathrm{d}t\end{aligned}\tag{6-41}$$

和

$$\begin{aligned}-\omega(t_*)I_6(t_*)\leqslant&-\frac{1}{2}M(\delta)\int_{t_*}^{\tau}\omega(t)\int_\Omega\int_0^t K_\delta(t-s)g(t-s)a(x)|\nabla u(t)\\&-\nabla u(s)|^2\mathrm{d}s\mathrm{d}x\mathrm{d}t+2\delta M(\delta)\int_{t_*}^{\tau}\omega(t)\int_\Omega|\nabla u(t)|^2\mathrm{d}x\mathrm{d}t.\end{aligned}\tag{6-42}$$

因此, 计算 (6-40) $+\dfrac{\epsilon_0}{4}\times$ (6-41) $+2C_4\times$ (6-42), 对任意 $\tau\geqslant t_*$, 可得

$$\begin{aligned}&\omega(\tau)J(\tau)-\omega(t_*)J(t_*)-\frac{\epsilon_0}{4}\omega(t_*)I_5(t_*)-2C_4\omega(t_*)I_6(t_*)\\&\leqslant C(t_*)E(0)-\left(\frac{\epsilon_0}{2}-4C_4\delta M(\delta)\right)\int_{t_*}^{\tau}\omega(t)\int_\Omega|\nabla u(t)|^2\mathrm{d}x\mathrm{d}t\\&\quad-\epsilon_0\int_{t_*}^{\tau}\omega(t)\int_\Omega|u_t(t)|^2\mathrm{d}x\mathrm{d}t\\&\quad-\frac{\epsilon_0}{8}\int_{t_*}^{\tau}\omega(t)\int_\Omega\int_0^t g(t-s)a(x)|\nabla u(t)-\nabla u(s)|^2\mathrm{d}s\mathrm{d}x\mathrm{d}t\\&\quad+C_4\int_{t_*}^{\tau}\omega(t)\int_\Omega b(x)\left(|u_t(t)|^2+h^2(u_t(t))\right)\mathrm{d}x\mathrm{d}t.\end{aligned}\tag{6-43}$$

回顾 (6-36), 可以看到存在 $\delta > 0$ 使得

$$\delta M(\delta) \leqslant \frac{\epsilon_0}{16C_4}.$$

上式结合 (6-43) 可知

$$\begin{aligned} &\omega(\tau)J(\tau) - \omega(t_*)J(t_*) - \frac{\epsilon_0}{4}\omega(t_*)I_5(t_*) - 2C_4\omega(t_*)I_6(t_*) \\ \leqslant & C(t_*)E(0) - \frac{\epsilon_0}{8}\int_{t_*}^{\tau}\omega(t)\widetilde{E}(t)\mathrm{d}t \\ &+C_4\int_{t_*}^{\tau}\omega(t)\int_{\Omega}b(x)\left(|u_t(t)|^2 + h^2(u_t(t))\right)\mathrm{d}x\mathrm{d}t. \end{aligned} \tag{6-44}$$

再次, 观察可得

$$|J(\tau)|, |J(t_*)|, I_5(t_*), I_6(t_*) \leqslant CE(0).$$

因此从 (6-44) 和 (6-12) 可得

$$\int_{t_*}^{\tau}\omega(t)E(t)\mathrm{d}t \leqslant C_5E(0) + C_5\int_{t_*}^{\tau}\omega(t)\int_{\Omega}b(x)\left(|u_t(t)|^2 + h^2(u_t(t))\right)\mathrm{d}x\mathrm{d}t. \tag{6-45}$$

情形 1: $q = 1$.

$$\int_{\Omega}b(x)\left(|u_t(t)|^2 + h^2(u_t(t))\right)\mathrm{d}x \leqslant C\int_{\Omega}b(x)h(u_t(t))u_t(t)\mathrm{d}x \leqslant -CE'(t).$$

在 (6-45)中选取 $\omega(t) = 1$, 我们可以得到

$$\int_{t_*}^{\tau}E(t)\mathrm{d}t \leqslant C_5E(0) - C_5C\int_{t_*}^{\tau}E'(t)\mathrm{d}t \leqslant CE(0).$$

因此, 我们有

$$\int_0^{+\infty}E(t)\mathrm{d}t \leqslant CE(0). \tag{6-46}$$

又因为 $E'(t) \leqslant 0$, 于是 (6-46) 导出 (细节可参考文献 [85, p1526-1527])

$$E(t) \leqslant CE(0)(t+1)^{-1}, \quad t \geqslant 0$$

和

$$tE(t) \to 0, \quad 当\ t \to +\infty\ 时.$$

情形 2: $q>1$. 我们有 (参考文献 [31, p1320-1321])

$$\begin{aligned}
&\int_\Omega b(x)\left(|u_t(t)|^2+h^2(u_t(t))\right)\mathrm{d}x\\
\leqslant\ & C\left(\int_\Omega b(x)h(u_t(t))u_t(t)\mathrm{d}x+\left(\int_\Omega b(x)h(u_t(t))u_t(t)\mathrm{d}x\right)^{\frac{2}{q+1}}\right)\\
\leqslant\ & C\left(-E'(t)+(-E'(t))^{\frac{2}{q+1}}\right).
\end{aligned}\tag{6-47}$$

应用 Young 不等式, 上式与 (6-45) 可以导出

$$\begin{aligned}
&\int_{t_*}^{\mathcal{T}}\omega(t)E(t)\mathrm{d}t\\
\leqslant\ & C_5E(0)-C_5C\int_{t_*}^{\mathcal{T}}\omega(t)E'(t)\mathrm{d}t+C_5C\int_{t_*}^{\mathcal{T}}\omega(t)\left(-E'(t)\right)^{\frac{2}{q+1}}\mathrm{d}t\\
\leqslant\ & C_5E(0)-C_5C\omega(0)\int_{t_*}^{\mathcal{T}}E'(t)\mathrm{d}t+\int_{t_*}^{\mathcal{T}}\frac{q-1}{q+1}\left(\left(\frac{q+1}{2(q-1)}\right)^{\frac{q-1}{q+1}}\omega(t)\right)^{\frac{q+1}{q-1}}\mathrm{d}t\\
&+\int_{t_*}^{\mathcal{T}}\frac{2}{q+1}\left(C_5C\left(\frac{q+1}{2(q-1)}\right)^{-\frac{q-1}{q+1}}(-E'(t))^{\frac{2}{q+1}}\right)^{\frac{q+1}{2}}\mathrm{d}t\\
\leqslant\ & C_5E(0)-C_5C\int_{t_*}^{\mathcal{T}}E'(t)\mathrm{d}t+\frac{1}{2}\int_{t_*}^{\mathcal{T}}\omega^{\frac{q+1}{q-1}}(t)\mathrm{d}t-C_6\int_{t_*}^{\mathcal{T}}E'(t)\mathrm{d}t\\
\leqslant\ & CE(0)+\frac{1}{2}\int_{t_*}^{\mathcal{T}}\omega^{\frac{q+1}{q-1}}(t)\mathrm{d}t.
\end{aligned}\tag{6-48}$$

在 (6-48) 中, 如果我们选取 $\omega(t)=E^{\frac{q-1}{2}}(t)$, 则

$$\int_{t_*}^{\mathcal{T}}E^{\frac{q+1}{2}}(t)\mathrm{d}t\leqslant CE(0).$$

因此利用能量 $E(t)$ 的单调递减性以及上式将完成证明. □

定理 6.3 的证明

定义

$$\widetilde{J}(t):=\widetilde{N_1}I_1(t)+\widetilde{N_2}I_2(t)+I_3(t)+N_4I_4(t)+N_5I_5(t)+N_6I_6(t).$$

则利用 (6-25), (6-27), (6-31)-(6-35) 可得

$$\frac{\mathrm{d}}{\mathrm{d}t}\widetilde{J}(t)\leqslant-\left(\frac{\mu_0}{2}-\widetilde{N_1}C_1G^2(t)-\widetilde{N_2}\varepsilon_2-2N_6\delta M(\delta)-2N_5\right)\int_\Omega|\nabla u(t)|^2\mathrm{d}x$$

$$
\begin{aligned}
&-\Big(\frac{1}{2}N_6M(\delta)-C_3M(\delta)-\widetilde{N_2}C(\varepsilon_2)M(\delta)-\widetilde{N_1}C_1M(\delta)\Big)\\
&\times\int_\Omega\int_0^t K_\delta(t-s)g(t-s)a(x)|\nabla u(t)-\nabla u(s)|^2\mathrm{d}su(t)\mathrm{d}x\\
&-\left(\frac{G_0}{4}\widetilde{N_2}-1-\widetilde{N_1}\varepsilon_1\right)\int_\Omega|u_t(t)|^2\mathrm{d}x\\
&-\left(\frac{1}{2}\widetilde{N_1}-\widetilde{N_2}C(\varepsilon_2)-N_4(g(0)+G_0)\right)\int_\Omega\widetilde{b}(x)|\nabla u(t)|^2\mathrm{d}x\\
&-\left(N_4-\widetilde{N_2}C(\varepsilon_2)\right)\int_\Omega\int_0^t g(t-s)\widetilde{b}(x)|\nabla u(s)|^2\mathrm{d}s\\
&-\frac{1}{4}N_5\int_\Omega\int_0^t g(t-s)a(x)|\nabla u(t)-\nabla u(s)|^2\mathrm{d}s\mathrm{d}x\\
&-\frac{1}{2}N_5\int_\Omega\int_0^t g(t-s)a(x)|\nabla u(s)|^2\mathrm{d}s\mathrm{d}x\\
&+\left(N_4-\widetilde{N_2}C_2\right)\int_\Omega\int_0^t g'(t-s)\widetilde{b}(x)|\nabla u(s)|^2\mathrm{d}s\\
&-\widetilde{N_2}C_2\int_\Omega\int_0^t g'(t-s)a(x)|\nabla u(t)-\nabla u(s)|^2\mathrm{d}s\mathrm{d}x\\
&+\left(C_3+\widetilde{N_2}+\widetilde{N_1}C_1\right)\int_\Omega b(x)h^2(u_t(t))\mathrm{d}x\\
&+\widetilde{N_1}C(\varepsilon_1)\int_\Omega b(x)|u_t(t)|^2\mathrm{d}x,\quad t\geqslant t_0.
\end{aligned}\tag{6-49}
$$

我们选取

$$
N_5=\frac{\mu_0}{24},\quad \widetilde{N_2}=\frac{12}{G_0},\quad \varepsilon_2=\frac{\mu_0}{24\widetilde{N_2}},\quad N_4=\widetilde{N_2}C_2+\widetilde{N_2}C(\varepsilon_2)+\widetilde{N_2}\frac{4\sigma_0G_0}{c_0}+1,
$$

$$
\widetilde{N_1}=2\widetilde{N_2}C(\varepsilon_2)+2N_4(g(0)+G_0)+2,\quad \varepsilon_1=\frac{1}{\widetilde{N_1}},
$$

$$
N_6=2C_3+2\widetilde{N_2}C(\varepsilon_2)+2\widetilde{N_1}C_1+2.
$$

另外, 类似前述证明我们仍然可以选取常数 $t_{**}>t_0$ 使得

$$
G^2(t)<\frac{\mu_0}{24C_1\widetilde{N_1}},\quad t\geqslant t_{**}.
$$

更进一步, 由 (6-36) 可知, 存在常数 $\delta > 0$ 满足

$$\delta M(\delta) \leqslant \frac{\mu_0}{24N_6}.$$

另一方面, 对 $q \geqslant 1$, 由 (6-11) 成立

$$\int_\Omega b(x)\left(|u_t(t)|^2 + h^2(u_t(t))\right)\mathrm{d}x \leqslant C\left(-E'(t) + (-E'(t))^{\frac{2}{q+1}}\right).$$

因此, 由 (6-22) 和 (6-49) 知, 存在 $\epsilon_1 > 0$ 使得对 $t \geqslant t_{**}$ 成立

$$\begin{aligned}\frac{\mathrm{d}}{\mathrm{d}t}\widetilde{J}(t) \leqslant& -\epsilon_1 E(t) - \epsilon_1 \int_\Omega \int_0^t g(t-s)|\nabla u(s)|^2 \mathrm{d}s\mathrm{d}x \\ & -C_7 E'(t) + C_7\left(-E'(t)\right)^{\frac{2}{q+1}}.\end{aligned} \tag{6-50}$$

情形 1: $p = 1$. 定义

$$L(t) := \widetilde{N}E(t) + \widetilde{J}(t).$$

不妨取 $\widetilde{N} > C_7$ 足够大使得 $L(t) \geqslant 0$. 又由 $G(t) \leqslant k_0 g(t)$ 可知

$$\begin{aligned}I_4(t) &= \int_\Omega \int_0^t G(t-s)\widetilde{b}(x)|\nabla u(s)|^2 \mathrm{d}s\mathrm{d}x + \int_\Omega \int_0^t g(t-s)\widetilde{b}(x)|\nabla u(s)|^2 \mathrm{d}s\mathrm{d}x \\ &\leqslant C\int_\Omega \int_0^t g(t-s)\widetilde{b}(x)|\nabla u(s)|^2 \mathrm{d}s\mathrm{d}x.\end{aligned}$$

类似地, 我们有

$$\begin{aligned}I_5(t) &\leqslant C\int_\Omega \int_0^t g(t-s)a(x)|\nabla u(s)|^2 \mathrm{d}s\mathrm{d}x, \\ I_6(t) &\leqslant CE(t) + C\int_\Omega \int_0^t g(t-s)a(x)|\nabla u(s)|^2 \mathrm{d}s\mathrm{d}x.\end{aligned}$$

因此, 存在正常数 $\widetilde{C}, C > 0$ 使得

$$\widetilde{C}E(t) \leqslant L(t) \leqslant CE(t) + C\int_\Omega \int_0^t g(t-s)|\nabla u(s)|^2 \mathrm{d}s\mathrm{d}x.$$

根据 (6-50) 可得, 存在 $\widetilde{\epsilon_1} > 0$ 成立

$$\frac{\mathrm{d}}{\mathrm{d}t}L(t) \leqslant -\widetilde{\epsilon_1}L(t) + C_7\left(-E'(t)\right)^{\frac{2}{q+1}}, \quad t \geqslant t_{**}. \tag{6-51}$$

如果 $q=1$, 则

$$\frac{\mathrm{d}}{\mathrm{d}t}L(t)\leqslant -\widetilde{\epsilon}_1 L(t)-C_7E'(t),\quad t\geqslant t_{**}. \tag{6-52}$$

记 $\widetilde{L}(t):=L(t)+C_7E(t)$, 显然 $\widetilde{L}(t)\sim L(t)$. 因此, (6-52) 表明

$$\frac{\mathrm{d}}{\mathrm{d}t}\widetilde{L}(t)\leqslant -\widetilde{\widetilde{\epsilon}}_1\widetilde{L}(t),\quad t\geqslant t_{**},$$

其中 $\widetilde{\widetilde{\epsilon}}_1>0$ 是一个常数. 由上式明显可得

$$E(t)\leqslant CE(0)e^{-\eta t}.$$

如果 $q>1$, (6-51) 乘以 $L^{\frac{q-1}{2}}(t)$ 并且在 $[t,T]$ $(T>t\geqslant t_{**})$ 上积分可得

$$\begin{aligned}\int_t^T L^{\frac{q+1}{2}}(s)\mathrm{d}s&\leqslant CL^{\frac{q+1}{2}}(t)+C\int_t^T L^{\frac{q-1}{2}}(s)\left(-E'(s)\right)^{\frac{2}{q+1}}\mathrm{d}s\\&\leqslant CL^{\frac{q+1}{2}}(t)+\frac{1}{2}\int_t^T L^{\frac{q+1}{2}}(s)\mathrm{d}s+C\int_t^T(-E'(s))\mathrm{d}s,\end{aligned}$$

即

$$\int_t^T L^{\frac{q+1}{2}}(s)\mathrm{d}s\leqslant CE^{\frac{q-1}{2}}(0)L(t).$$

因此, 上式给出

$$L(t)\leqslant CE(0)(t+1)^{-\frac{2}{q-1}}.$$

这样我们完成了 (6-17) 的证明.

情形 2: $q=1$. 首先由定理 6.2 可知

$$\int_0^{+\infty}E(t)\leqslant CE(0)(t+1)^{-1}.$$

又根据 (6-50), 可知存在 $\epsilon_2>0$ 使得

$$\frac{\mathrm{d}}{\mathrm{d}t}\widetilde{J}(t)\leqslant -\epsilon_2E(t)-\epsilon_2\int_\Omega\int_0^t g(t-s)|\nabla u(s)|^2\mathrm{d}s\mathrm{d}x-C_8E'(t),\quad t\geqslant t_{**}.$$

如果我们记

$$F(t)=\widehat{N}E(t)+\widetilde{J}(t),$$

并且选取 $\widehat{N}>C_8$ 足够大使 $F(t)\geqslant 0$, 容易验证

$$F(t)\leqslant CE(t)+C\int_\Omega\int_0^t G(t-s)|\nabla u(s)|^2\mathrm{d}s\mathrm{d}x+\int_\Omega\int_0^t g(t-s)|\nabla u(s)|^2\mathrm{d}s.$$

这些表明

$$\frac{\mathrm{d}}{\mathrm{d}t}F(t)\leqslant -\epsilon_2E(t)-\epsilon_2\int_\Omega\int_0^t g(t-s)|\nabla u(s)|^2\mathrm{d}s,\quad t\geqslant t_{**}. \tag{6-53}$$

另一方面, 观察

$$\begin{aligned}
&\int_\Omega\int_0^t G(t-s)a(x)|\nabla u(s)|^2\mathrm{d}s\mathrm{d}x\\
&\leqslant\left(\int_0^t\int_\Omega a(x)|\nabla u(s)|^2\mathrm{d}x\mathrm{d}s\right)^{1-p}\left(\int_0^t G^{\frac{1}{p}}(t-s)\int_\Omega a(x)|\nabla u(s)|^2\mathrm{d}x\mathrm{d}s\right)^p\\
&\leqslant C\left(E(0)\right)^{1-p}\left(\int_0^t g(t-s)\int_\Omega a(x)|\nabla u(s)|^2\mathrm{d}x\mathrm{d}s\right)^p\\
&\leqslant CE^{1-p}(0)\left(-F'(t)\right)^p.
\end{aligned}$$

于是, 由 (6-53) 得到

$$\frac{\mathrm{d}}{\mathrm{d}t}F(t)\leqslant -\epsilon_2F(t)-C\epsilon_2E^{1-p}(0)\left(-F'(t)\right)^p,\quad t\geqslant t_{**}.$$

此外, 当 $t\geqslant t_{**}$ 时, 由 (6-53) 可知 $\frac{\mathrm{d}}{\mathrm{d}t}F(t)\leqslant 0$, 因此我们有

$$\begin{aligned}
F^{\frac{1-p}{p}}(0)\frac{\mathrm{d}}{\mathrm{d}t}F(t)&\leqslant F^{\frac{1-p}{p}}(t)\frac{\mathrm{d}}{\mathrm{d}t}F(t)\\
&\leqslant -\epsilon_2F^{\frac{1}{p}}(t)+CE^{1-p}(0)F^{\frac{1-p}{p}}(t)\left(-F'(t)\right)^p\\
&\leqslant -\frac{\epsilon_0}{2}F^{\frac{1}{p}}(t)-CE^{1-p}(0)F'(t),\quad t\geqslant t_{**}.
\end{aligned}$$

也即存在常数 $\epsilon_3>0$ 使得

$$\frac{\mathrm{d}}{\mathrm{d}t}F(t)\leqslant -\epsilon_3F^{\frac{1}{p}}(t),\quad t\geqslant t_{**}.$$

积分可得

$$F(t) \leqslant CE(0)(t+1)^{-\frac{p}{1-p}}.$$

因此, 利用定理 6.2 可得

$$E(t) \leqslant CE(0)(t+1)^{-\max\left\{1,\frac{p}{1-p}\right\}},$$

这样我们完成了证明. □

定理 6.4 的证明

首先, 从条件 (6-19) 显然可得

$$G(t) \leqslant -\frac{1}{k_1}g(t).$$

因此, 利用定理 6.3 立即可得 (6-20). □

第 7 章　拟线性黏弹性方程初边值问题的稳定性

本章中, 我们调查如下拟线性黏弹性方程初边值问题的稳定性:

$$|u_t|^\rho u_{tt} - \Delta u_{tt} - \Delta u + \int_0^t g(t-s)\Delta u(s)\mathrm{d}s = 0, \quad (x,t) \in \Omega \times (0,+\infty),$$

$$u = 0, \quad (x,t) \in \partial\Omega \times (0,+\infty),$$

$$u(\cdot,0) = u_0(x), \quad u_t(\cdot,0) = u_1(x), \quad x \in \Omega,$$

其中 Ω 为空间 $\mathbb{R}^n$ $(n \geqslant 1)$ 中有界区域, 并具有光滑边界 $\partial\Omega$, ρ 为正的实常数, $g(t)$ 为松弛函数 (也称为记忆核函数). 我们给出了松弛函数 g 在一些较弱条件下的一般多项式衰减性结果, 它推广并改进了先前文献中相关的衰减性结论. 更具体的, 在条件

$$g'(t) \leqslant -\xi(t) g^p(t)$$

下, 我们得到了上述条件中幂系数 $1 \leqslant p < 2$ 时的一致指数和多项式形式的衰减估计, 而在以前的文献中, 仅研究了 $1 \leqslant p < 3/2$ 的情况. 此外, 在更一般条件

$$g'(t) \leqslant -H(g(t))$$

下, 我们建立了更精细的衰减估计, 此估计比以前文献中获得的相应衰减性结果更强.

7.1　文献回顾与介绍

我们研究如下拟线性黏弹性模型:

$$\begin{aligned} &|u_t|^\rho u_{tt} - \Delta u_{tt} - \Delta u + \int_0^t g(t-s)\Delta u(s)\mathrm{d}s = 0, \quad (x,t) \in \Omega \times (0,+\infty), \\ &u = 0, \quad (x,t) \in \partial\Omega \times (0,+\infty), \\ &u(\cdot,0) = u_0(x), \quad u_t(\cdot,0) = u_1(x), \quad x \in \Omega, \end{aligned} \tag{7-1}$$

Ω 是空间 $\mathbb{R}^n (n \geqslant 1)$ 中的有界区域并具有光滑边界 $\partial\Omega$, ρ 为实常数 (后面将详细说明), $g(t)$ 为松弛函数——黏弹性模型中的关键函数.

在文献 [125] 中, 假设 $g:\mathbb{R}^+\to\mathbb{R}^+$ 是一个有界 C^1 函数且满足

$$1-\int_0^{+\infty} g(t)\mathrm{d}s>0,\quad g'(t)\leqslant -\xi g^p(t),\quad 1\leqslant p<\frac{3}{2}, \tag{7-2}$$

其中 $\xi>0$ 为一常数. Messaoudi 和 Tatar 获得了相应的衰减率估计 (见 [125, Theorem 3.1]).

最近, Messaoudi 和 Al-Khulaifi 在 [118] 中假定 $g:\mathbb{R}^+\to\mathbb{R}^+$ 是单调不增可微函数并且满足

$$1-\int_0^{+\infty} g(t)\mathrm{d}s>0,\quad g'(t)\leqslant -\xi(t) g^p(t),\quad 1\leqslant p<\frac{3}{2}, \tag{7-3}$$

这里 $\xi(t):\mathbb{R}^+\to\mathbb{R}^+$ 是一个单调不增可微函数, 并且有 $\xi(0)>0$. 在这样的假设下, Messaoudi 和 Al-Khulaifi 改进了 [125, Theorems 3.1] 中的相关结果.

另外, Messaoudi 和 Mustafa 在文献 [120] 中也研究了问题 (7-1) 并且相应的衰减性结果在下述条件下被获得: 假设松弛函数 $g(t)$ 满足

$$g'(t)\leqslant -H(g(t)),\quad t\geqslant 0, \tag{7-4}$$

其中 H 是一个正函数且满足一些适当的条件 (具体细节参见 [120, 假设 (A2) 和 (A3)]).

对于更多的关于问题 (7-1) 及其相关的方程与系统的稳定性结论, 读者可参考文献 [13, 26, 30, 34, 60, 62, 85, 87, 88, 92, 131, 147, 172, 174, 178, 181, 187] 及其参考文献.

本章中, 在更一般 (更弱) 的松弛函数 $g(t)$ 的假设条件下, 我们研究了模型 (7-1) 的稳定性问题. 在一些基本的条件下 (见定理 7.2), 对问题 (7-1), 我们建立了具有精确一致多项式衰减率 t^{-1} 的理想稳定性定理. 更为具体的, 在定理 7.3 和定理 7.4 中, 我们的结论对于所有的幂系数 $1\leqslant p<2$ (具体内容见后面定理) 成立, 而先前文献中, 由于研究方法等的限制, 仅仅幂系数 $1\leqslant p<3/2$ 时被研究. 可以看出, 我们在更弱的松弛函数 $g(t)$ 的条件下, 获得了目前最好及最优的衰减性估计.

7.2 一些基本估计

首先给出本章中的一些基本假设:

(A1) $\rho>0$, 如果 $n=1,2$, 及

$$0<\rho\leqslant\frac{2}{n-2},\quad 如果\ n\geqslant 3;$$

(A2) $g(t):[0,+\infty)\to[0,+\infty)$ 是一个单调不增可微函数且满足

$$\mathrm{meas}(\mathfrak{J}_0)=0,\quad g(0)>0,\quad g'(t)\leqslant 0,\quad \mu_0>0,$$

其中

$$\mathfrak{J}_0:=\{s\geqslant 0;\ g(s)>0,g'(s)=0\}=0,\quad \mu_0:=1-\int_0^{+\infty}g(t)\,\mathrm{d}t.$$

本章以后部分, $C,C_i>0$, $i=1,2,\cdots$ 表示某些正常数, 在不同的地方可能有所不同.

记

$$G(t):=\int_t^{+\infty}g(s)\mathrm{d}s,\quad 对于\ t\geqslant 0,$$
$$M(\delta):=\int_0^{+\infty}\frac{g(s)}{K_\delta(s)}\mathrm{d}s,\quad K_\delta(s):=\frac{-g'(s)}{g(s)}+\delta,$$

其中 $\delta\in(0,1)$ 为一个常数, 后面将会具体给出.

定义

$$I_1(t):=\int_\Omega\int_0^t G(t-s)|\nabla u(s)|^2\,\mathrm{d}s\,\mathrm{d}x,$$
$$I_2(t):=M(\delta)\Big(\delta\int_\Omega\int_0^t G(t-s)|\nabla u(s)|^2\,\mathrm{d}s\,\mathrm{d}x+E(t)\Big).$$

引理 7.1 对任意 $t\geqslant 0$, 我们有

$$\frac{\mathrm{d}}{\mathrm{d}t}I_1(t)\leqslant -\frac{1}{2}\int_\Omega\int_0^t g(t-s)|\nabla u(t)-\nabla u(s)|^2\,\mathrm{d}s\,\mathrm{d}x+2G(0)\int_\Omega|\nabla u(t)|^2\mathrm{d}x \tag{7-5}$$

和

$$\begin{aligned}\frac{\mathrm{d}}{\mathrm{d}t}I_2(t)\leqslant& -\frac{1}{2}M(\delta)\int_\Omega\int_0^t K_\delta(t-s)g(t-s)|\nabla u(t)-\nabla u(s)|^2\,\mathrm{d}s\,\mathrm{d}x\\&+2\delta M(\delta)G(0)\int_\Omega|\nabla u(t)|^2\mathrm{d}x.\end{aligned}\tag{7-6}$$

此外, 我们也有

$$\delta M(\delta)\to 0,\quad 当\ \delta\to 0\ 时. \tag{7-7}$$

证明　由基本不等式

$$-(a \pm b)^2 \leqslant -\frac{1}{2}a^2 + b^2,$$

直接计算可得, 对任意 $t \geqslant 0$,

$$\begin{aligned}
\frac{\mathrm{d}}{\mathrm{d}t}I_1(t) &= -\int_\Omega \int_0^t g(t-s)|\nabla u(s)|^2 \,\mathrm{d}s\,\mathrm{d}x + G(0)\int_\Omega |\nabla u(t)|^2 \mathrm{d}x \\
&= -\int_\Omega \int_0^t g(t-s)|\nabla u(t) - \nabla u(s) - \nabla u(t)|^2 \,\mathrm{d}s\,\mathrm{d}x \\
&\quad + G(0)\int_\Omega |\nabla u(t)|^2 \mathrm{d}x \\
&\leqslant -\frac{1}{2}\int_\Omega \int_0^t g(t-s)|\nabla u(t) - \nabla u(s)|^2 \,\mathrm{d}s\,\mathrm{d}x \\
&\quad + \int_\Omega \int_0^t g(t-s)|\nabla u(t)|^2 \,\mathrm{d}s\,\mathrm{d}x + G(0)\int_\Omega |\nabla u(t)|^2 \mathrm{d}x \\
&\leqslant -\frac{1}{2}\int_\Omega \int_0^t g(t-s)|\nabla u(t) - \nabla u(s)|^2 \,\mathrm{d}s\,\mathrm{d}x + 2G(0)\int_\Omega |\nabla u(t)|^2 \mathrm{d}x.
\end{aligned}$$

由上式可得 (7-5) 成立.

由 $K_\delta(s)$ 的定义、(7-5) 和 (7-16) 可知

$$\begin{aligned}
\frac{\mathrm{d}}{\mathrm{d}t}I_2(t) &\leqslant -\frac{1}{2}M(\delta)\int_\Omega \int_0^t \left(\delta g(t-s) + g'(t-s)\right)|\nabla u(t) - \nabla u(s)|^2 \,\mathrm{d}s\,\mathrm{d}x \\
&\quad + 2\delta M(\delta)G(0)\int_\Omega |\nabla u(t)|^2 \mathrm{d}x \\
&\leqslant -\frac{1}{2}M(\delta)\int_\Omega \int_0^t K_\delta(t-s)g(t-s)|\nabla u(t) - \nabla u(s)|^2 \,\mathrm{d}s\,\mathrm{d}x \\
&\quad + 2\delta M(\delta)G(0)\int_\Omega |\nabla u(t)|^2 \mathrm{d}x.
\end{aligned}$$

另外, 由文献 [85, p1525, lines 8-10] 可知 (7-7)成立.

至此, 我们完成了证明. □

定义

$$F_1(t) := \frac{1}{\rho+1}\int_\Omega |u_t|^\rho u_t u \,\mathrm{d}x + \int_\Omega \nabla u \cdot \nabla u_t \,\mathrm{d}x.$$

引理 7.2 对 $t \geqslant 0$,

$$\frac{\mathrm{d}}{\mathrm{d}t}F_1(t) \leqslant -\frac{\mu_0}{2}\int_\Omega |\nabla u|^2\mathrm{d}x + \frac{1}{2\mu_0}\int_\Omega \Big(\int_0^t g(t-s)|\nabla u(t)-\nabla u(s)|\mathrm{d}s\Big)^2\mathrm{d}x + \int_\Omega |\nabla u_t|^2\mathrm{d}x + \frac{1}{\rho+1}\int_\Omega |u_t|^{\rho+2}\mathrm{d}x. \tag{7-8}$$

证明 显然, 问题 (7-1) 中第一个方程可写为

$$|u_t|^\rho u_{tt} - \Delta u_{tt} - \Big(1-\int_0^t g(s)\mathrm{d}s\Big)\Delta u - \int_0^t g(t-s)\left(\Delta u(t)-\Delta u(s)\right)\mathrm{d}s = 0. \tag{7-9}$$

由 (7-9) 得

$$\begin{aligned}
&\frac{\mathrm{d}}{\mathrm{d}t}F_1(t)\\
&= \Big(1-\int_0^t g(s)\mathrm{d}s\Big)\int_\Omega u\Delta u\mathrm{d}x + \int_\Omega u(t)\int_0^t g(t-s)\left(\Delta u(t)-\Delta u(s)\right)\mathrm{d}s\,\mathrm{d}x\\
&\quad + \int_\Omega |\nabla u_t|^2\mathrm{d}x + \frac{1}{\rho+1}\int_\Omega |u_t|^{\rho+2}\mathrm{d}x\\
&= -\Big(1-\int_0^t g(s)\mathrm{d}s\Big)\int_\Omega |\nabla u|^2\mathrm{d}x - \int_\Omega \nabla u(t)\cdot\int_0^t g(t-s)\left(\nabla u(t)-\nabla u(s)\right)\mathrm{d}s\,\mathrm{d}x\\
&\quad + \int_\Omega |\nabla u_t|^2\mathrm{d}x + \frac{1}{\rho+1}\int_\Omega |u_t|^{\rho+2}\mathrm{d}x\\
&\leqslant -\mu_0\int_\Omega |\nabla u|^2\mathrm{d}x + \frac{\mu_0}{2}\int_\Omega |\nabla u|^2\mathrm{d}x + \frac{1}{2\mu_0}\int_\Omega\Big(\int_0^t g(t-s)|\nabla u(t)-\nabla u(s)|\mathrm{d}s\Big)^2\mathrm{d}x\\
&\quad + \int_\Omega |\nabla u_t|^2\mathrm{d}x + \frac{1}{\rho+1}\int_\Omega |u_t|^{\rho+2}\mathrm{d}x\\
&\leqslant -\frac{\mu_0}{2}\int_\Omega |\nabla u|^2\mathrm{d}x + \frac{1}{2\mu_0}\int_\Omega\Big(\int_0^t g(t-s)|\nabla u(t)-\nabla u(s)|\mathrm{d}s\Big)^2\mathrm{d}x\\
&\quad + \int_\Omega |\nabla u_t|^2\mathrm{d}x + \frac{1}{\rho+1}\int_\Omega |u_t|^{\rho+2}\mathrm{d}x.
\end{aligned}$$

这样我们完成了证明. □

定义

$$F_2(t) := \int_\Omega \Big(\Delta u_t - \frac{1}{\rho+1}|u_t|^\rho u_t\Big)\int_0^t g(t-s)(u(t)-u(s))\,\mathrm{d}s\,\mathrm{d}x.$$

引理 7.3 存在常数 $C_1>0$ 使得对 $t\geqslant t_0$, 成立

$$
\begin{aligned}
&\frac{\mathrm{d}}{\mathrm{d}t}F_2(t)\\
\leqslant & -\frac{G(0)}{2(\rho+1)}\int_\Omega |u_t(t)|^{\rho+2}\mathrm{d}x-\frac{G(0)}{2}\int_\Omega |\nabla u_t(t)|^2\mathrm{d}x\\
&+\frac{\mu_0 G(0)}{16}\int_\Omega |\nabla u(t)|^2\mathrm{d}x+C_1\int_\Omega\left(\int_0^t g(t-s)|\nabla u(t)-\nabla u(s)|\mathrm{d}s\right)^2\mathrm{d}x\\
&-C_1\int_\Omega\int_0^t g'(t-s)|\nabla u(t)-\nabla u(s)|^2\,\mathrm{d}s\,\mathrm{d}x,
\end{aligned}\tag{7-10}
$$

这里 t_0 是一个足够大的正常数满足

$$
\int_0^{t_0} g(s)\mathrm{d}s=\frac{3G(0)}{4}.
$$

证明 由 (7-9), 我们可得

$$
\begin{aligned}
&\frac{\mathrm{d}}{\mathrm{d}t}F_2(t)\\
=&-\frac{1}{\rho+1}\int_0^t g(s)\mathrm{d}s\int_\Omega |u_t(t)|^{\rho+2}\mathrm{d}x+\int_0^t g(s)\mathrm{d}s\int_\Omega u_t(t)\Delta u_t(t)\mathrm{d}x\\
&+\int_\Omega u_t\int_0^t g'(t-s)(\Delta u(t)-\Delta u(s))\,\mathrm{d}s\,\mathrm{d}x\\
&-\frac{1}{\rho+1}\int_\Omega |u_t|^\rho u_t\int_0^t g'(t-s)(u(t)-u(s))\,\mathrm{d}s\,\mathrm{d}x\\
&-\left(1-\int_0^t g(s)\mathrm{d}s\right)\int_\Omega \Delta u(t)\cdot\int_0^t g(t-s)(u(t)-u(s))\,\mathrm{d}s\,\mathrm{d}x\\
&-\int_\Omega\int_0^t g(t-s)(\Delta u(t)-\Delta u(s))\mathrm{d}s\int_0^t g(t-s)(u(t)-u(s))\,\mathrm{d}s\,\mathrm{d}x\\
=&-\frac{1}{\rho+1}\int_0^t g(s)\mathrm{d}s\int_\Omega |u_t(t)|^{\rho+2}\mathrm{d}x-\int_0^t g(s)\mathrm{d}s\int_\Omega |\nabla u_t(t)|^2\mathrm{d}x\\
&-\int_\Omega \nabla u_t\cdot\int_0^t g'(t-s)(\nabla u(t)-\nabla u(s))\,\mathrm{d}s\,\mathrm{d}x\\
&-\frac{1}{\rho+1}\int_\Omega |u_t|^\rho u_t\int_0^t g'(t-s)(u(t)-u(s))\,\mathrm{d}s\,\mathrm{d}x\\
&+\left(1-\int_0^t g(s)\mathrm{d}s\right)\int_\Omega \nabla u(t)\cdot\int_0^t g(t-s)(\nabla u(t)-\nabla u(s))\,\mathrm{d}s\,\mathrm{d}x
\end{aligned}
$$

$$+\int_\Omega\Big(\int_0^t g(t-s)|\nabla u(t)-\nabla u(s)|\mathrm{d}s\Big)^2\mathrm{d}x. \tag{7-11}$$

下面我们来估计 (7-11) 右面的第三、第四、第五项.

首先估计第四项. 利用 Young 和 Hölder 不等式, 对任意给定常数 $\zeta_1>0$, 可得

$$\begin{aligned}&-\frac{1}{\rho+1}\int_\Omega|u_t|^\rho u_t\int_0^t g'(t-s)(u(t)-u(s))\,\mathrm{d}s\,\mathrm{d}x\\ \leqslant&\frac{1}{\rho+1}\zeta_1\int_\Omega|u_t|^{2\rho+2}\mathrm{d}x-\frac{g(0)}{4\zeta_1(\rho+1)}\int_\Omega\int_0^t g'(t-s)|u(t)-u(s)|^2\,\mathrm{d}s\,\mathrm{d}x.\end{aligned}$$

由假设 (A1), (A2) 以及 Sobolev 嵌入不等式, 我们得到

$$\int_\Omega|u_t|^{2\rho+2}\mathrm{d}x\leqslant C_s(2E(0))^\rho\int_\Omega|\nabla u_t|^2\mathrm{d}x\,.$$

由 Poincaré 不等式可得

$$\begin{aligned}&-\int_\Omega\int_0^t g'(t-s)|u(t)-u(s)|^2\,\mathrm{d}s\,\mathrm{d}x\\ \leqslant&-C_p\int_\Omega\int_0^t g'(t-s)|\nabla u(t)-\nabla u(s)|^2\,\mathrm{d}s\,\mathrm{d}x,\end{aligned}$$

其中 C_p 是 Poincaré 常数, C_s 是 Sobolev 嵌入常数. 因此, 我们有

$$\begin{aligned}&-\frac{1}{\rho+1}\int_\Omega|u_t|^\rho u_t\int_0^t g'(t-s)(u(t)-u(s))\,\mathrm{d}s\,\mathrm{d}x\\ \leqslant&\frac{C_s}{\rho+1}(2E(0))^\rho\zeta_1\int_\Omega|\nabla u_t|^2\mathrm{d}x\\ &-\frac{g(0)C_p}{4\zeta_1(\rho+1)}\int_\Omega\int_0^t g'(t-s)|\nabla u(t)-\nabla u(s)|^2\,\mathrm{d}s\,\mathrm{d}x.\end{aligned} \tag{7-12}$$

现在我们估计第三项和第五项. 容易看出, 对任意 $\zeta_2,\zeta_3>0$, 我们有

$$\begin{aligned}&-\int_\Omega\nabla u_t\cdot\int_0^t g'(t-s)(\nabla u(t)-\nabla u(s))\,\mathrm{d}s\,\mathrm{d}x\\ \leqslant&\,\zeta_2\int_\Omega|\nabla u_t|^2\mathrm{d}x-\frac{g(0)}{4\zeta_2}\int_\Omega\int_0^t g'(t-s)|\nabla u(t)-\nabla u(s)|^2\,\mathrm{d}s\,\mathrm{d}x\end{aligned} \tag{7-13}$$

和

$$\left(1-\int_0^t g(s)\mathrm{d}s\right)\int_\Omega \nabla u(t)\cdot\int_0^t g(t-s)(\nabla u(t)-\nabla u(s))\,\mathrm{d}s\,\mathrm{d}x$$
$$\leqslant \zeta_3\int_\Omega |\nabla u(t)|^2\mathrm{d}x+\frac{1}{4\zeta_3}\int_\Omega\left(\int_0^t g(t-s)|\nabla u(t)-\nabla u(s)|\mathrm{d}s\right)^2\mathrm{d}x. \tag{7-14}$$

因此, 合并 (7-11)-(7-14), 我们得到

$$\begin{aligned}&\frac{\mathrm{d}}{\mathrm{d}t}F_2(t)\\ \leqslant&-\frac{1}{\rho+1}\int_0^t g(s)\mathrm{d}s\int_\Omega |u_t(t)|^{\rho+2}\mathrm{d}x\\ &-\left(\int_0^t g(s)\mathrm{d}s-\zeta_2-\frac{C_s}{\rho+1}(2E(0))^\rho\zeta_1\right)\int_\Omega|\nabla u_t(t)|^2\mathrm{d}x\\ &-\left(\frac{g(0)}{4\zeta_2}+\frac{g(0)C_p}{4\zeta_1(\rho+1)}\right)\int_\Omega\int_0^t g'(t-s)|\nabla u(t)-\nabla u(s)|^2\,\mathrm{d}s\,\mathrm{d}x\\ &+\zeta_3\int_\Omega|\nabla u(t)|^2\mathrm{d}x+\left(1+\frac{1}{4\zeta_3}\right)\int_\Omega\left(\int_0^t g(t-s)|\nabla u(t)-\nabla u(s)|\mathrm{d}s\right)^2\mathrm{d}x.\end{aligned}$$

如果我们选取

$$\zeta_1=\frac{(\rho+1)G(0)}{8C_s(2E(0))^\rho},\quad \zeta_2=\frac{G(0)}{8},\quad \zeta_3=\frac{\mu_0G(0)}{16},$$

则可以得到估计 (7-10). 这样我们完成了证明. □

7.3 三个衰减性结论及其证明

我们首先陈述问题 (7-1) 的存在性和唯一性结果, 这可以通过使用与 [26, 124] 中类似的讨论来证明. 本章的目的是讨论问题 (7-1) 的稳定性, 为了节省篇幅故在此省略.

定理 7.1 假设 (A1) 和 (A2) 成立. 假设初值满足 $u_0\in H_0^1(\Omega)$ 和 $u_1\in H_0^1(\Omega)$, 则问题 (7-1) 在 $[0,\infty)$ 上具有唯一的全局解并且具有正则性

$$u\in C^1\left(\mathbb{R}^+;H_0^1(\Omega)\right).$$

定义能量函数为

$$E(t):=\frac{1}{\rho+2}\int_\Omega|u_t|^{\rho+2}\mathrm{d}x+\frac12\int_\Omega|\nabla u_t|^2\mathrm{d}x+\frac12\left(1-\int_0^t g(s)\mathrm{d}s\right)\int_\Omega|\nabla u|^2\mathrm{d}x$$

$$+\frac{1}{2}\int_{\Omega}\int_0^t g(t-s)|\nabla u(t)-\nabla u(s)|^2\,\mathrm{d}s\,\mathrm{d}x. \tag{7-15}$$

则直接计算可知, 对 $t \geqslant 0$, 成立

$$\begin{aligned}\frac{\mathrm{d}}{\mathrm{d}t}E(t) &= -\frac{1}{2}g(t)\int_{\Omega}|\nabla u|^2\mathrm{d}x + \frac{1}{2}\int_{\Omega}\int_0^t g'(t-s)|\nabla u(t)-\nabla u(s)|^2\,\mathrm{d}s\,\mathrm{d}x \\ &\leqslant \frac{1}{2}\int_{\Omega}\int_0^t g'(t-s)|\nabla u(t)-\nabla u(s)|^2\,\mathrm{d}s\,\mathrm{d}x \end{aligned} \tag{7-16}$$

和

$$\begin{aligned}E(t) \sim &\int_{\Omega}\left(|u_t|^{\rho+2}+|\nabla u_t|^2+|\nabla u|^2\right)\mathrm{d}x \\ &+ \int_{\Omega}\int_0^t g(t-s)|\nabla u(t)-\nabla u(s)|^2\,\mathrm{d}s\,\mathrm{d}x.\end{aligned} \tag{7-17}$$

首先给出问题 (7-1) 解能量的一个基本性一致衰减性定理.

定理 7.2 假设 (A1) 和 (A2) 成立. 如果初值满足 $u_0, u_1 \in H_0^1(\Omega)$, 则问题 (7-1) 的解能量 $E(t)$ 满足

$$\int_0^{+\infty} E(t) \leqslant CE(0), \quad t \geqslant 0,$$

$$E(t) \leqslant CE(0)(t+1)^{-1}, \quad t \geqslant 0,$$

其中 $C > 0$ 为常数.

证明 该证明主要基于构造满足如下条件的辅助函数 $L(t)$:

$$L(t_0) \leqslant CE(0), \quad L(t) \geqslant 0, \quad t \geqslant 0$$

和

$$\frac{\mathrm{d}}{\mathrm{d}t}L(t) \leqslant -\epsilon_0 E(t), \quad t \geqslant t_0. \tag{7-18}$$

这样, 我们只需要积分 (7-18) 便可以获得期望的估计.

下面我们就应用上节中获得的一些引理来构造满足上述条件的辅助函数 $L(t)$. 定义

$$J(t) := NE(t) + F_1(t) + \frac{4}{G(0)}F_2(t).$$

通过 $F_1(t)$ 和 $F_2(t)$ 的定义以及简单的计算, 我们看到, 存在一个常数 $c_0 > 0$, 对于 $t \geqslant 0$,

$$|F_1(t)|, |F_1(t)| \leqslant c_0 E(t).$$

如果选取 $N > 8C_1/G(0)$ 足够大, 我们可以得到

$$c_1E(t) \leqslant J(t) \leqslant c_2E(t), \quad t \geqslant 0,$$

这里 $c_1, c_2 > 0$ 为两个常数.

因此, 由 (7-8), (7-10) 和 (7-16) 可知, 对任意 $t \geqslant t_0$, 我们有

$$\begin{aligned}\frac{\mathrm{d}}{\mathrm{d}t}J(t) \leqslant & -\frac{\mu_0}{4}\int_\Omega |\nabla u(t)|^2\mathrm{d}x - \frac{1}{\rho+1}\int_\Omega |u_t(t)|^{\rho+2}\mathrm{d}x - \int_\Omega |\nabla u_t|^2\mathrm{d}x \\ & + \Big(\frac{4C_1}{G(0)} + \frac{1}{2\mu_0}\Big)\int_\Omega \Big(\int_0^t g(t-s)|\nabla u(t) - \nabla u(s)|\mathrm{d}s\Big)^2\mathrm{d}x. \end{aligned} \tag{7-19}$$

此外, 由 Hölder 不等式可得

$$\begin{aligned}&\int_\Omega \Big(\int_0^t g(t-s)|\nabla u(t) - \nabla u(s)|\mathrm{d}s\Big)^2\mathrm{d}x \\ \leqslant & \int_\Omega \int_0^t \frac{g(s)}{K_\delta(s)}\mathrm{d}s \int_0^t K_\delta(t-s)g(t-s)|\nabla u(t) - \nabla u(s)|^2\,\mathrm{d}s\,\mathrm{d}x \\ \leqslant & M(\delta)\int_\Omega \int_0^t K_\delta(t-s)g(t-s)|\nabla u(t) - \nabla u(s)|^2\,\mathrm{d}s\,\mathrm{d}x.\end{aligned}$$

于是, 由 (7-19), 对于任意 $t \geqslant t_0$, 我们得到

$$\begin{aligned}&\frac{\mathrm{d}}{\mathrm{d}t}J(t) \\ \leqslant & -\frac{\mu_0}{4}\int_\Omega |\nabla u(t)|^2\mathrm{d}x - \frac{1}{\rho+1}\int_\Omega |u_t(t)|^{\rho+2}\mathrm{d}x - \int_\Omega |\nabla u_t|^2\mathrm{d}x \\ & + \Big(\frac{4C_1}{G(0)} + \frac{1}{2\mu_0}\Big)M(\delta)\int_\Omega \int_0^t K_\delta(t-s)g(t-s)|\nabla u(t) - \nabla u(s)|^2\,\mathrm{d}s\,\mathrm{d}x.\end{aligned} \tag{7-20}$$

现在让我们定义

$$L(t) := J(t) + \frac{\mu_0}{32G(0)}I_1(t) + 2\Big(\frac{4C_1}{G(0)} + \frac{1}{2\mu_0}\Big)I_2(t).$$

根据 (7-5), (7-6) 和 (7-20), 对任意 $t \geqslant t_0$, 我们可得

$$\begin{aligned}\frac{\mathrm{d}}{\mathrm{d}t}L(t) \leqslant & -\Big(\frac{3\mu_0}{16} - 4G(0)\Big(\frac{4C_1}{G(0)} + \frac{1}{2\mu_0}\Big)\delta M(\delta)\Big)\int_\Omega |\nabla u(t)|^2\mathrm{d}x \\ & -\frac{1}{\rho+1}\int_\Omega |u_t(t)|^{\rho+2}\mathrm{d}x - \int_\Omega |\nabla u_t|^2\mathrm{d}x\end{aligned}$$

$$-\frac{\mu_0}{64G(0)}\int_\Omega\int_0^t g(t-s)|\nabla u(t)-\nabla u(s)|^2\,\mathrm{d}s\,\mathrm{d}x. \tag{7-21}$$

由 (7-7) 可知, 存在 $\delta_0>0$, 对任意 $0<\delta<\delta_0$, 成立

$$\delta M(\delta)\leqslant\frac{\mu_0}{64G(0)\left(\dfrac{4C_1}{G(0)}+\dfrac{1}{2\mu_0}\right)}.$$

因此, 由 (7-21) 和 (7-17), 对任意 $0<\delta<\delta_0$, 存在常数 $\epsilon_0>0$, 对于 $t\geqslant t_0$, 成立

$$\frac{\mathrm{d}}{\mathrm{d}t}L(t)\leqslant-\epsilon_0 E(t). \tag{7-22}$$

又因为 $L(t)\geqslant 0\ (t\geqslant 0)$ 以及 $L(t_0)\leqslant CE(0)$, 因此, 对任意 $\tau>t_0$, 我们在 $[t_0,\tau)$ 上积分 (7-22)可得

$$\int_{t_0}^{\tau}E(t)\mathrm{d}t\leqslant CE(0).$$

这表明

$$\int_0^{+\infty}E(t)\mathrm{d}t\leqslant CE(0). \tag{7-23}$$

注意到 $E'(t)\leqslant 0$, 由 (7-23) 可得

$$E(t)\leqslant CE(0)(t+1)^{-1},\quad t\geqslant 0.$$

□

下面给出关于定理 7.2 的一些注记.

注 7.1 (1) 正如在定理 7.2 中所展示的, 我们在没有 $g'(t)$ 的控制条件的情形下获得了系统能量的多项式形式的衰减率, 而在先前文献中要获得问题 (7-1) 的衰减性估计, 对于 $g'(t)$ 的一些控制条件是必需的.

有更多类型的函数 $g(t)$ 满足假设条件 (A2), 并且这些松弛函数类是可以不满足先前的 $g(t)$ 控制 $g'(t)$ 这一限制条件的 (类似以前常用的 (7-2)-(7-4) 等). 下面我们给出一些松弛函数的具体例子, 如果

$$g(t)=(\sqrt{2}+\sin t)e^{-t},\quad t\geqslant 0,$$

则有

$$g'(t)=-(\sqrt{2}-\cos t+\sin t)e^{-t}$$

$$= -\sqrt{2}\Big(1 - \cos\Big(t + \frac{\pi}{4}\Big)\Big)e^{-t}, \quad t \geqslant 0.$$

很明显

$$g'(t) \leqslant 0, \quad t \geqslant 0,$$
$$g'(t) = 0, \quad t = 2k\pi - \frac{\pi}{4}, k = 1, 2, \cdots.$$

因此可以看出上面所给 $g(t)$ 是满足假设 (A2) 的, 但此时的 $g(t)$ 不满足先前的条件 (7-2)-(7-4), 并且明显可以看出上面例子中 $g'(t)$ 是不可能被 $g(t)$ 所控制的.

因此, 上述提及的这类松弛函数 $g(t)$ 在以前的文献中还没有被讨论过. 但是, 现在我们可以使用这些一般松弛函数来处理问题 (7-1), 根据上面我们获得的定理 7.2, 我们知道问题 (7-1) 的能量 $E(t)$ 至少具有 $(t+1)^{-1}$ 的衰减率.

(2) 根据文献 [118, Example 3.1, Remark 3.2] 和 [85, Remark 3.3(ii)] 所示, 定理 7.2 中所得衰减率在多项式意义下是最优的.

当导数 $g'(s)$ 能被松弛函数 $g(t)$ 控制时, 我们可以获得下述更为精细的一些衰减性结果.

定理 7.3 假设 (A1) 和 (A2) 成立, 并且

$$g'(t) \leqslant -\xi(t)g^p(t), \quad t \geqslant 0, \tag{7-24}$$

其中 $\xi(t) : \mathbb{R}^+ \to \mathbb{R}^+$ 是一个单调不增可微函数且满足 $\xi(0) > 0$, $1 \leqslant p < 2$ 是一个常数. 则存在两个常数 $C, \eta > 0$ 使得对于 $t \geqslant 0$, 系统能量满足

$$E(t) \leqslant \begin{cases} CE(0)e^{-\eta\int_0^t \xi(s)\mathrm{d}s}, & p = 1, \\ CE(0)\left(\dfrac{1}{1 + \displaystyle\int_0^t \xi(s)\mathrm{d}s}\right)^{\frac{1}{p-1}} & 1 < p < 2. \end{cases} \tag{7-25}$$

证明 证明中的关键思想是构造一个满足以下条件的 Lyapunov 函数 $R(t)$:

$$R(t) \sim E(t)$$

和

$$\frac{\mathrm{d}}{\mathrm{d}t}R(t) \leqslant -\epsilon_2\xi(t)R^p(t).$$

下面我们将利用定理 7.2 中的结论以及上述所定义的 $J(t)$ 去寻找这样的函数.

清晰地, 由 Hölder 不等式我们有

$$\begin{aligned}&\int_\Omega\Big(\int_0^t g(t-s)|\nabla u(t)-\nabla u(s)|\mathrm{d}s\Big)^2\mathrm{d}x\\&\leqslant G(0)\int_\Omega\int_0^t g(t-s)|\nabla u(t)-\nabla u(s)|^2\,\mathrm{d}s\,\mathrm{d}x.\end{aligned}$$

因此, 由 (7-19) 和 (7-17) 知, 对任意 $t\geqslant t_0$, 我们有

$$\frac{\mathrm{d}}{\mathrm{d}t}J(t)\leqslant -\epsilon_1E(t)+C_2\int_\Omega\int_0^t g(t-s)|\nabla u(t)-\nabla u(s)|^2\,\mathrm{d}s\,\mathrm{d}x, \tag{7-26}$$

这里 $\epsilon_1>0$ 是一个常数.

另一方面, 由定理 7.2 可知

$$\int_0^{+\infty}E(t)\mathrm{d}t\leqslant CE(0),\quad E(t)\leqslant CE(0)(t+1)^{-1}.$$

由 Hölder 不等式得

$$\begin{aligned}&\int_\Omega\int_0^t g(t-s)|\nabla u(t)-\nabla u(s)|^2\,\mathrm{d}s\,\mathrm{d}x\\&\leqslant\Big(\int_0^t\int_\Omega|\nabla u(t)-\nabla u(s)|^2\mathrm{d}x\mathrm{d}s\Big)^{1-\frac1p}\Big(\int_\Omega\int_0^t g^p(t-s)|\nabla u(t)-\nabla u(s)|^2\,\mathrm{d}s\,\mathrm{d}x\Big)^{1/p}\\&\leqslant C\Big(\int_0^t(E(t)+E(s))\mathrm{d}s\Big)^{1-\frac1p}\Big(\int_\Omega\int_0^t g^p(t-s)|\nabla u(t)-\nabla u(s)|^2\,\mathrm{d}s\,\mathrm{d}x\Big)^{1/p}\\&\leqslant CE^{1-\frac1p}(0)\Big(\int_\Omega\int_0^t g^p(t-s)|\nabla u(t)-\nabla u(s)|^2\,\mathrm{d}s\,\mathrm{d}x\Big)^{1/p},\end{aligned}$$

代入 (7-26) 得, 对任意 $t\geqslant t_0$,

$$\frac{\mathrm{d}}{\mathrm{d}t}J(t)\leqslant-\epsilon_1E(t)+C_3E^{1-\frac1p}(0)\Big(\int_\Omega\int_0^t g^p(t-s)|\nabla u(t)-\nabla u(s)|^2\,\mathrm{d}s\,\mathrm{d}x\Big)^{1/p}. \tag{7-27}$$

将 (7-27) 乘以 $\xi(t)E^{p-1}(t)$, 对任意 $t\geqslant t_0$ 可得

$$\begin{aligned}&\xi(t)E^{p-1}(t)\frac{\mathrm{d}}{\mathrm{d}t}J(t)\\&\leqslant-\epsilon_1\xi(t)E^p(t)\end{aligned}$$

$$
\begin{aligned}
&+C_3E^{1-\frac{1}{p}}(0)\xi(t)E^{p-1}(t)\Big(\int_\Omega\int_0^t g^p(t-s)|\nabla u(t)-\nabla u(s)|^2\,\mathrm{d}s\,\mathrm{d}x\Big)^{1/p}\\
\leqslant& -\frac{\epsilon_1}{2}\xi(t)E^p(t)+C_4\xi(t)\int_\Omega\int_0^t g^p(t-s)|\nabla u(t)-\nabla u(s)|^2\,\mathrm{d}s\,\mathrm{d}x.
\end{aligned}\tag{7-28}
$$

因为 $\xi(t), E(t)$ 是单调不增函数, 由 (7-24) 可知, 对于 $t\geqslant 0$ 成立

$$
\begin{aligned}
\frac{\mathrm{d}}{\mathrm{d}t}\big(\xi(t)E^{p-1}(t)J(t)\big)&=\xi(t)E^{p-1}(t)\frac{\mathrm{d}}{\mathrm{d}t}J(t)+J(t)\frac{\mathrm{d}}{\mathrm{d}t}\big(\xi(t)E^{p-1}(t)\big)\\
&\leqslant \xi(t)E^{p-1}(t)\frac{\mathrm{d}}{\mathrm{d}t}J(t)
\end{aligned}
$$

和

$$
\begin{aligned}
&\xi(t)\int_\Omega\int_0^t g^p(t-s)|\nabla u(t)-\nabla u(s)|^2\,\mathrm{d}s\,\mathrm{d}x\\
\leqslant&\int_\Omega\int_0^t \xi(t-s)g^p(t-s)|\nabla u(t)-\nabla u(s)|^2\,\mathrm{d}s\,\mathrm{d}x\\
\leqslant&-\int_\Omega\int_0^t g'(t-s)|\nabla u(t)-\nabla u(s)|^2\,\mathrm{d}s\,\mathrm{d}x\\
\leqslant&-2\frac{\mathrm{d}}{\mathrm{d}t}E(t).
\end{aligned}
$$

代入 (7-28) 中, 对 $t\geqslant t_0$, 成立

$$
\frac{\mathrm{d}}{\mathrm{d}t}\big(\xi(t)E^{p-1}(t)J(t)+2C_4E(t)\big)\leqslant -\frac{\epsilon_1}{2}\xi(t)E^p(t).\tag{7-29}
$$

如果我们定义

$$
R(t):=\xi(t)E^{p-1}(t)J(t)+2C_4E(t).
$$

显然 $R(t)\sim E(t)$, 因此, 由 (7-29), 对 $t\geqslant t_0$, 可得

$$
\frac{\mathrm{d}}{\mathrm{d}t}R(t)\leqslant -\epsilon_2\xi(t)R^p(t),
$$

这里 $\epsilon_2>0$ 是一个常数.

于是, 根据开始部分所述将完成此证明. □

下面给出本定理的几个注记.

注 7.2 (1) 当 $g'(t)$ 满足 (7-24) 并且其中幂系数为 $p\in[1,3/2)$ 时, 文献 [118, 120, 125] 获得了相应的衰减率估计, 遗憾的是, 对于幂系数为 $p\in[3/2,2)$ 时, 由

于其中的研究方法所限, [118, 120, 125] 等文献均没有涉及. 但上述定理 7.3 中的结论对于所有的幂系数 $p \in [1,2)$ 都成立, 因此可以看出定理 7.3 扩展了 [118,120, 125] 等文献中的衰减性结果.

此外, 回顾文献 [118] 中所得的衰减率估计是

$$E(t) \leqslant Ke^{-\lambda \int_{t_0}^{t} \xi(s)\mathrm{d}s}, \quad p=1,$$

$$E(t) \leqslant K\left(\frac{1}{1+\displaystyle\int_{t_0}^{t} \xi^{2p-1}(s)\mathrm{d}s}\right)^{\frac{1}{2p-2}}, \quad 1<p<\frac{3}{2}.$$

另外, 如果满足附加条件

$$\int_0^{+\infty} \left(\frac{1}{t\xi^{2p-1}(t)+1}\right)\mathrm{d}t < +\infty, \quad 1<p<\frac{3}{2}, \tag{7-30}$$

文献 [118] 中给出了上面改进的衰减率估计为

$$E(t) \leqslant K\left(\frac{1}{1+\displaystyle\int_{t_0}^{t} \xi^{p}(s)\mathrm{d}s}\right)^{\frac{1}{p-1}}, \quad 1<p<\frac{3}{2}.$$

因为 $\xi(t)$ 是非负和单调不增的, 显然 $\xi^p(s) \lesssim \xi(s)$, 于是

$$\left(\frac{1}{1+\displaystyle\int_{0}^{t} \xi(s)\mathrm{d}s}\right)^{\frac{1}{p-1}} \lesssim \left(\frac{1}{1+\displaystyle\int_{t_0}^{t} \xi^{p}(s)\mathrm{d}s}\right)^{\frac{1}{p-1}}.$$

因此, 对比定理 7.3 可知, 对所有的 $p \in [1,2)$, 定理 7.3 中所得的衰减估计远远强于先前文献 [118, Theorem 3.1] 中所得的衰减估计. 并且, 本节中我们获得的此更强衰减估计, 并没有对系数 $\xi(t)$ 施加其他的限制 (如文献 [118, Theorem 3.1] 中的条件 (7-30) 等). 作为总结, 可以看出, 此处定理 7.3 在 $g(t)$ 满足更弱的条件下从本质上给出了更强的结论.

(2) 由文献 [118, Example 3.1, Remark 3.2] 和 [85, Remark 3.3(ii)] 可知, 定理 7.3 中所得结论是最优的.

定理 7.4 假设定理 7.2 中条件成立, 并且

$$g'(t) \leqslant -H(g(t)), \quad t \geqslant 0, \tag{7-31}$$

其中 $H \in C^1(\mathbb{R}^+)$ 是一个正函数并且有 $H(0)=0$. 另一方面 H 是线性的, 或者在 $(0,r]$ $(r<1)$ 上是严格增、严格凸的 C^2 函数. 则存在常数 $k_1,k_2,k_3,\varepsilon_0>0$ 使得系统能量 $E(t)$ 满足如下衰减估计

$$E(t) \leqslant k_3 G^{-1}(k_1 t + k_2), \quad t \geqslant 0, \tag{7-32}$$

这里

$$G(t) = \int_t^1 \frac{1}{sH'(\varepsilon_0 s)} \mathrm{d}s.$$

证明　由定理 7.2 可得

$$\int_0^{+\infty} E(t)\mathrm{d}t \leqslant CE(0) \quad 和 \quad E(t) \leqslant CE(0)(t+1)^{-1}.$$

因此

$$\int_\Omega \int_0^t |\nabla u(t) - \nabla u(s)|^2 \,\mathrm{d}s\,\mathrm{d}x \leqslant CE(0) < +\infty. \tag{7-33}$$

根据 (7-31) 和 (7-33), 我们能选取 $t_1 > t_0$ 足够大使得对于任何 $t \geqslant t_1$,

$$\int_\Omega \int_{t_1}^t |\nabla u(t) - \nabla u(s)|^2 \,\mathrm{d}s\,\mathrm{d}x < \min\{r, H(r)\}, \tag{7-34}$$

$$-\int_\Omega \int_0^{t-t_1} g'(t-s)|\nabla u(t) - \nabla u(s)|^2 \,\mathrm{d}s\,\mathrm{d}x < \min\{r, H(r)\}, \tag{7-35}$$

$$\int_\Omega \int_0^{t-t_1} g(t-s)|\nabla u(t) - \nabla u(s)|^2 \,\mathrm{d}s\,\mathrm{d}x < \min\{r, H(r)\}, \tag{7-36}$$

$$\max\{g(t), -g'(t)\} < \min\{r, H(r)\}. \tag{7-37}$$

由 (7-31), (7-34)-(7-37) 和 Jensen 不等式, 对任意 $t \geqslant t_1$, 可得

$$\begin{aligned}
&-\int_\Omega \int_0^{t-t_1} g'(t-s)|\nabla u(t) - \nabla u(s)|^2 \,\mathrm{d}s\,\mathrm{d}x \\
\geqslant & \int_\Omega \int_0^{t-t_1} H(g(t-s))|\nabla u(t) - \nabla u(s)|^2 \,\mathrm{d}s\,\mathrm{d}x \\
\geqslant & H\Big(\int_\Omega \int_0^{t-t_1} g(t-s)|\nabla u(t) - \nabla u(s)|^2 \,\mathrm{d}s\,\mathrm{d}x\Big).
\end{aligned} \tag{7-38}$$

于是, 对任意 $t \geqslant t_1$, 我们有

$$\int_\Omega \int_0^{t-t_1} g(t-s)|\nabla u(t) - \nabla u(s)|^2 \,\mathrm{d}s\,\mathrm{d}x$$

$$\leqslant H^{-1}\Big(-\int_\Omega\int_0^{t-t_1} g'(t-s)|\nabla u(t)-\nabla u(s)|^2\,\mathrm{d}s\,\mathrm{d}x\Big). \tag{7-39}$$

另外, 由参考文献 [120, p 1860, (3.24)], 对任意 $t\geqslant t_1$, 可得

$$\frac{\mathrm{d}}{\mathrm{d}t}W_1(t)\leqslant -\epsilon_3 E(t)+C_5\int_\Omega\int_0^{t-t_1} g(t-s)|\nabla u(t)-\nabla u(s)|^2\,\mathrm{d}s\,\mathrm{d}x, \tag{7-40}$$

这里 $W_1(t)\sim E(t)$, $\epsilon_3>0$ 是一个常数.

合并 (7-39) 和 (7-40), 对任意 $t\geqslant t_1$, 可得

$$\begin{aligned}&\frac{\mathrm{d}}{\mathrm{d}t}W_1(t)\\ \leqslant& -\epsilon_3E(t)+C_5H^{-1}\Big(-\int_\Omega\int_0^{t-t_1} g'(t-s)|\nabla u(t)-\nabla u(s)|^2\,\mathrm{d}s\,\mathrm{d}x\Big).\end{aligned} \tag{7-41}$$

定义

$$W_2(t):=H'\Big(\varepsilon_0\frac{E(t)}{E(0)}\Big)W_1(t)+ME(t),$$

其中 $0<\varepsilon_0<r$ 和 $M>0$ 是待定常数.

显然, 由 H 的假设可知 $W_2(t)\sim E(t)$. 因此, 对任意 $t\geqslant t_1$, 我们有

$$\begin{aligned}&\frac{\mathrm{d}}{\mathrm{d}t}W_2(t)\\ =&H'\Big(\varepsilon_0\frac{E(t)}{E(0)}\Big)\frac{\mathrm{d}}{\mathrm{d}t}W_1(t)+\varepsilon_0\frac{E'(t)}{E(0)}H''\Big(\varepsilon_0\frac{E(t)}{E(0)}\Big)W_1(t)+ME'(t)\\ \leqslant& C_5H'\Big(\varepsilon_0\frac{E(t)}{E(0)}\Big)H^{-1}\Big(-\int_\Omega\int_0^{t-t_1} g'(t-s)|\nabla u(t)-\nabla u(s)|^2\,\mathrm{d}s\,\mathrm{d}x\Big)\\ &-\epsilon_3E(t)H'\Big(\varepsilon_0\frac{E(t)}{E(0)}\Big)+ME'(t),\end{aligned} \tag{7-42}$$

此处我们已经应用了条件 $E'(t)\leqslant 0$, $H''\geqslant 0$ 和 (7-41).

接下来, 我们来估计 (7-42) 右端第一项.

假设 H^* 是 H 在 Young 意义下的凸对偶 (可参考 [15, p61-64] 和 [120, p1863]), 则有

$$H^*(s)=s(H')^{-1}(s)-H[(H')^{-1}(s)],\quad s\in(0,H'(r)), \tag{7-43}$$

以及下述不等式

$$ab \leqslant H^*(a) + H(b), \quad 对于\ a \in (0, H'(r)],\ b \in (0, r]. \tag{7-44}$$

如果选取

$$a = H'\Big(\varepsilon_0 \frac{E(t)}{E(0)}\Big), \quad b = H^{-1}\Big(-\int_\Omega \int_0^{t-t_1} g'(t-s)|\nabla u(t) - \nabla u(s)|^2 \,\mathrm{d}s \,\mathrm{d}x\Big),$$

并且使用 (7-43), (7-44) 和 (7-35), 则得到

$$\begin{aligned}
&H'\Big(\varepsilon_0 \frac{E(t)}{E(0)}\Big) H^{-1}\Big(-\int_\Omega \int_0^{t-t_1} g'(t-s)|\nabla u(t) - \nabla u(s)|^2 \,\mathrm{d}s \,\mathrm{d}x\Big) \\
\leqslant\ & H^\star\Big(H'\Big(\varepsilon_0 \frac{E(t)}{E(0)}\Big)\Big) - \int_\Omega \int_0^{t-t_1} g'(t-s)|\nabla u(t) - \nabla u(s)|^2 \,\mathrm{d}s \,\mathrm{d}x \\
\leqslant\ & \varepsilon_0 \frac{E(t)}{E(0)} H'\Big(\varepsilon_0 \frac{E(t)}{E(0)}\Big) - 2E'(t).
\end{aligned} \tag{7-45}$$

合并 (7-42) 和 (7-45), 则对任意 $t \geqslant t_1$, 可得

$$\frac{\mathrm{d}}{\mathrm{d}t} W_2(t) \leqslant -\left(\epsilon_3 E(0) - C_5 \varepsilon_0\right) \frac{E(t)}{E(0)} H'\Big(\varepsilon_0 \frac{E(t)}{E(0)}\Big) + (M - 2C_5) E'(t). \tag{7-46}$$

因此, 如果我们选取 $M > 0$ 足够大, 选取 $\varepsilon_0 > 0$ 充分小, 则对任意 $t \geqslant t_1$, 我们有

$$\frac{\mathrm{d}}{\mathrm{d}t} W_2(t) \leqslant -\epsilon_4 \widetilde{H}\Big(\frac{E(t)}{E(0)}\Big), \tag{7-47}$$

其中 $\epsilon_4 > 0$ 为一常数, $\widetilde{H}(t) = tH'(\varepsilon_0 t)$. 于是定义

$$W(t) := \gamma \frac{W_2(t)}{E(0)},$$

此处 $\gamma > 0$ 充分小使得下式成立

$$W(t) < \frac{E(t)}{E(0)}.$$

显然, $W(t) \sim E(t) \sim W_2(t)$ 及 $\widetilde{H}(t), \widetilde{H}'(t) \geqslant 0$.

因此, 由 (7-47) 我们知道, 存在常数 $\epsilon_5 > 0$ 使得对任意 $t \geqslant t_1$, 成立

$$\frac{\mathrm{d}}{\mathrm{d}t} W(t) \leqslant -\epsilon_5 \widetilde{H}\left(W(t)\right). \tag{7-48}$$

由标准的分析, 上式将给出期望的估计 (7-32).

这样我们完成了证明. □

最后我们给出本定理的一些说明.

注 7.3 在文献 [120, Theorem 3.1] 中, 如果松弛函数 $g(t)$ 满足条件 (7-31), 则有衰减估计

$$E(t) \leqslant k_3 H_1^{-1}(k_1 t + k_2), \quad t \geqslant 0,$$

其中 H_1 的详细信息参见文献 [120, Theorem 3.1]. 另外, 如果满足附加条件

$$\int_0^1 H_1(t)\mathrm{d}t < +\infty, \tag{7-49}$$

则改进的衰减估计 (7-32) 被得到.

正如定理 7.4 所示, 我们此时不需要额外的附加条件 (7-49) 即可获得 [120, Theorem 3.1] 中改进的衰减估计 (7-32). 因此, 定理 7.4 不但从本质上改进了文献 [120, Theorem 3.1] 中的结论, 而且在更弱的松弛函数的条件下, 得到了更强的衰减结果.

参考文献

[1] Abbas Z, Nicaise S. The multidimensional wave equation with generalized acoustic boundary conditions I: strong stability. SIAM J. Control Optim., 2015, 53(4): 2558-2581.

[2] Abbas Z, Nicaise S. The multidimensional wave equation with generalized acoustic boundary conditions II: polynomial stability. SIAM J. Control Optim., 2015, 53(4): 2582-2607.

[3] Alabau-Boussouira F. New trends towards lower energy estimates and optimality for nonlinearly damped vibrating systems. J. Differential Equations, 2010, 249(5): 1145-1178.

[4] Alabau-Boussouira F, Cannarsa P. A general method for proving sharp energy decay rates for memory-dissipative evolution equations. C. R. Math. Acad. Sci. Paris, 2009, 347(15-16): 867-872.

[5] Alabau-Boussouira F, Cannarsa P, Sforza D. Decay estimates for second order evolution equations with memory. J. Funct. Anal., 2008, 254(5): 1342-1372.

[6] Alabau-Boussouira F, Cannarsa P, Komornik V. Indirect internal stabilization of weakly coupled evolution equations. J. Differential Equations, 2002, 2(2): 127-150.

[7] Alabau-Boussouira F, Léautaud M. Indirect stabilization of locally coupled wave type systems. ESAIM: COCV, 2012, 18: 548-582.

[8] Alabau-Boussouira F, Prüss J, Zacher R. Exponential and polynomial stability of a wave equation for boundary memory damping with singular kernels. C. R. Acad. Sci. Paris, Ser., 2009, 347(5): 277-282.

[9] Alikoc B, Ergenc A F. A polynomial method for stability analysis of LTI systems independent of delays. SIAM J. Control Optim. 2017, 55(4): 2661-2683.

[10] Almeida R G C, Santos M L. Lack of exponential decay of a coupled system of wave equations with memory. Nonlinear Anal., Real World Appl., 2011, 12(2): 1023-1032.

[11] Alves M S, Raposo C A, Rivera J E M, et al. Uniform stabilization for the transmission problem of the Timoshenko system with memory. J. Math. Anal. Appl., 2010, 369(1): 323-345.

[12] Ammar-Khodja F, Benabdallah A, Muñoz Rivera J E, Racke R. Energy decay for Timoshenko systems of memory type. J. Differential Equations, 2003, 194(1): 82-115.

[13] Araujo R O, Ma T F, Qin Y. Long-time behavior of a quasilinear viscoelastic equation with past history. J. Differential Equations, 2013, 254(10): 4066-4087.

[14] Araruna F D, Zuazua E. Controllability of the Kirchhoff system for beams as a limit of the Mindlin-Timoshenko system. SIAM J. Control Optim., 2008, 47: 1909-1938.

[15] Arnold V I. Mathematical Methods of Classical Mechanics. New York: Springer-Verlag, 1989.

[16] Bassam M, Mercier D, Nicaise S, Wehbe A. Polynomial stability of the Timoshenko system by one boundary damping. J. Math. Anal. Appl., 2015, 425: 1177-1203.

[17] Bassam M, Mercier D, Nicaise S, Wehbe A. Stability results of some distributed systems involving Mindlin-Timoshenko plates in the plane. ZAMM Z. Angew. Math. Mech., 2016, 96: 916-938.

[18] Batty C J K, Liang J, Xiao T J. On the spectral and growth bound of semigroups associated with hyperbolic equations. Adv. Math., 2005, 191(1): 1-10.

[19] Bezerra F D M, Carvalho A N, Cholewa J W, Nascimento M J D. Parabolic approximation of damped wave equations via fractional powers: fast growing nonlinearities and continuity of the dynamics. J. Math. Anal. Appl., 2017, 450(1): 377-405.

[20] 边东洋. Timoshenko 梁理论的缺陷及其运动方程的修正. 上海: 同济大学, 2008.

[21] 蔡峨. 黏弹性力学基础. 北京: 北京航空航天大学出版社, 1989.

[22] Cannarsa P, Sforza D. An existence result for semilinear equations in viscoelasticity: the case of regular kernels. Fabrizio M, Lazzari B, Morro A (Eds.), Mathematical Models and Methods for Smart Materials. Ser. Adv. Math. Appl. Sci., 2002, 62: 343-354.

[23] Cannarsa P, Sforza D. Semilinear integrodifferential equations of hyperbolic type: existence in the large. Mediterr. J. Math., 2004, 1(2): 151-174.

[24] Cannarsa P, Sforza D. Integro-differential equations of hyperbolic type with positive definite kernels. J. Differential Equations, 2011, 250(12): 4289-4335.

[25] Cavalcanti M M, Cavalcanti A D D, Lasiecka I, Wang X. Existence and sharp decay rate estimates for a von Karman system with long memory. Nonlinear Anal. Real World Appl., 2015, 22: 289-306.

[26] Cavalcanti M M, Cavalcanti V N D, Ferreira J. Existence and uniform decay for nonlinear viscoelastic equation with strong damping. Math. Methods Appl. Sci., 2001, 24: 1043-1053.

[27] Cavalcanti M M, Dias Silva F R, Valéria N. Domingos Cavalcanti, uniform decay rates for the wave equation with nonlinear damping locally distributed in unbounded domains with finite measure. SIAM J. Control Optim., 2014, 52(1): 545-580.

[28] Cavalcanti M M, Domingos Cavalcanti V N, Fukuoka R, Soriano J A. Asymptotic stability of the wave equation on compact manifolds and locally distributed damping: A sharp result. Arch. Ration. Mech. Anal., 2010, 197: 925-964.

[29] Cavalcanti M M, Domingos Cavalcanti V N, Guesmia A. Weak stability for coupled wave and/or Petrovsky systems with complementary frictional damping and infinite memory. J. Differential Equations, 2015, 259(12): 7540-7577.

[30] Cavalcanti M M, Domingos Cavalcanti V N, Nascimento F A F, Lasiecka I. Intrinsic decay rate estimates for the wave equation with competing viscoelastic and frictional dissipative effects. Discrete Contin. Dyn. Syst. Ser. B, 2014, 19(7): 1987-2012.

[31] Cavalcanti M M, Oquendo H P. Frictional versus viscoelastic damping in a semilinear wave equation. SIAM J. Control Optim., 2003, 42: 1310-1324.

[32] Cavalcanti M M, Toundykov D, Lasiecka I. Wave equation with damping affecting only a subset of static Wentzell boundary is uniformly stable. Trans. Amer. Math. Soc., 2012, 364: 5693-5713.

[33] Carvalho A N, Cholewa J W. Local well posedness, asymptotic behavior and asymptotic bootstrapping for a class of semilinear evolution equations of the second order in time. Trans. Amer. Math. Soc., 2009, 361(5): 2567-2586.

[34] Carvalho A N, Cholewa J W, Dlotko T. Strongly damped wave problems: bootstrapping and regularity of solutions. J. Differential Equations, 2008, 244(9): 2310-2333.

[35] Chen J H, Liang J, Xiao T J. Stability of solutions to integro-differential equations in Hilbert spaces. B. Belg. Math. Soc.-Sim., 2011, 18(5): 781-792.

[36] Chen J H, Xiao T J, Liang J. Uniform exponential stability of solutions to abstract Volterra equations. J. Evolution Equations, 2009, 9(4): 661-674.

[37] Ciarletta M, Scalia A. On some theorems in the linear theory of viscoelastic materials with voids. J. Elasticity, 1991, 25(2): 149-158.

[38] Coclite G M, Goldstein G R, Goldstein J A. Stability estimates for parabolic problems with Wentzell boundary conditions. J. Differential Equations, 2008, 245: 2595-2626.

[39] Coclite G M, Goldstein G R, Goldstein J A. Stability of parabolic problems with nonlinear Wentzell boundary conditions. J. Differential Equations, 2009, 246: 2434-2447.

[40] Conti M, Gatti S, Pata V. Uniform decay properties of linear Volterra integro-differential equations. Math. Mod. Meth. Appl. S., 2008, 18(01): 21-45.

[41] Corduneanu C. Integral Equations and Applications. Cambridge: Cambridge University Press, 2008.

[42] Corduneanu C. Functional Equations with Causal Operators. Stability and Control: Theory, Methods and Applications, 16. London: Taylor & Francis, 2002.

[43] Corduneanu C. Existence of solutions for neutral functional-differential equations with causal operators. J. Differential Equations, 2000, 168: 93-101.

[44] Corduneanu C. Principles of Differential and Integral Equations. Second edition. New York: Chelsea Publishing Co., 1977.

[45] Corduneanu C. Integral Equations and Stability of Feedback Systems. Mathematics in Science and Engineering. Vol. 104. New York-London: Academic Press, 1973.

[46] Corduneanu C, Li Y Z, Mahdavi M. Functional differential equations. Advances and applications. Pure and Applied Mathematics (Hoboken). New York: John Wiley & Sons, Inc., Hoboken, 2016.

[47] Cowin S C, Nunziato J W. Linear elastic materials with voids. J. Elasticity, 1983, 13(2): 125-147.

[48] Dafermos C M. An abstract Volterra equation with applications to linear viscoelasticity. J. Differential Equations, 1970, 7: 554-569.

[49] Daoulatli M. Energy decay rates for solutions of the wave equations with nonlinear damping in exterior domain. J. Differential Equations, 2018, 264: 4260-4302.

[50] Dharmawardane P M N, Nakamura T, Kawashima S. Decay estimates of solutions for quasi-linear hyperbolic systems of viscoelasticity. SIAM J. Math. Anal., 2012, 44: 1976-2001.

[51] Dias Silva F R, Nascimento F A F, Rodrigues J H Z. General decay rates for the wave equation with mixed-type damping mechanisms on unbounded domain with finite measure. Z. Angew. Math. Phys., 2015, 66: 3123-3145.

[52] Djebabla A, Tatar N. Exponential stabilization of the Timoshenko system by a thermal effect with an oscillating kernel. Math. Comput. Model., 2011, 54(1): 301-314.

[53] Engel K, Nagel R. One-parameter semigroups for linear evolution equations. Graduate Texts in Mathematics, 194. New York: Springer-Verlag, 2000.

[54] Evans L C. Partial Differential Equations. Graduate studies in Mathematics Providence: American Mathematical Society, 1998.

[55] Fabrizio M, Morro A. Viscoelastic relaxation functions compatible with thermodynamics. J. Elasticity, 1988, 19(1): 63-75.

[56] Fabrizio M, Morro A. Mathematical problems in linear viscoelasticity. Stud. Appl. Math., SIAM, Philadelphia, 1992, 12.

[57] Fabrizio M, Polidoro S. Asymptotic decay for some differential systems with fading memory. Appl. Anal., 2002, 81: 1245-1264.

[58] Favini A, Goldstein G R, Goldstein J A, et al. Elliptic operators with general Wentzell boundary conditions, analytic semigroups and the angle concavity theorem. Math. Nachr., 2010, 283: 504-521.

[59] Favini A, Gal C G, Goldstein G R, et al. The non-autonomous wave equation with general Wentzell boundary conditions. Proc. Roy. Soc. Edinburgh Sect., 2005, A135: 317-329.

[60] Feng B W. General decay rates for a viscoelastic wave equation with dynamic boundary conditions and past history. Mediterr. J. Math., 2018, 15: Article 103.

[61] Fernández Sare H D, Racke R. On the stability of damped Timoshenko systems: Cattaneo versus Fourier's law. Arch. Ration. Mech. Anal., 2009, 194(1): 221-251.

[62] Gao Y, Liang J, Xiao T J. A new method to obtain uniform decay rates for damped wave equations with nonlinear acoustic boundary conditions. SIAM J. Control Optim., 2018, 56(2): 1303-1320.

[63] Georgiev V, Rubino B, Sampalmieri R. Global existence for elastic waves with memory. Arch. Ration. Mech. Anal., 2005 176: 303-330.

[64] Grasselli M, Rivera J E M, Pata V. On the energy decay of the linear thermoelastic plate with memory. J. Math. Anal. Appl., 2005, 309(1): 1-14.

[65] Greenberg J M. A priori estimates for flows in dissipative materials. J. Math. Anal. Appl., 1977, 60(3): 617-630.

[66] Goldstein J A. Semigroups of Linear Operators and Applications. New York: Oxford University Press, 1985.

[67] 谷超豪, 李大潜, 陈恕行, 等. 数学物理方程. 北京: 高等教育出版社, 2002.

[68] Guerrero S. Null controllability of some systems of two parabolic equations with one control force. SIAM J. Control Optim., 2007, 46: 379-394.

[69] Guesmia A. Asymptotic stability of abstract dissipative systems with infinite memory. J. Math. Anal. Appl., 2011, 382: 748-760.

[70] Guesmia A. Asymptotic behavior for coupled abstract evolution equations with one infinite memory. Appl. Anal., 2015, 94(1): 184-217.

[71] Guesmia A, Messaoudi S A. On the control of a viscoelastic damped Timoshenko-type system, Appl. Math. Comput., 2008, 206(2): 589-597.

[72] Guesmia A, Messaoudi S A. General energy decay estimates of Timoshenko systems with frictional versus viscoelastic damping. Math. Methods Appl. Sci., 2009, 32: 2102-2122.

[73] Guesmia A, Messaoudi S A. On the stabilization of Timoshenko systems with memory and diferent speeds of wave propagation. Appl. Math. Comput., 2013, 219(17): 9424-9437.

[74] Guesmia A, Messaoudi S A, Soufyane A. Stabilization of a linear Timoshenko system with infinite history and applications to the Timoshenko-heat systems. Electron. J. Differ. Eq., 2012, 2012(193): 1-45.

[75] Guesmia A, Messaoudi S A. Some stability results for Timoshenko systems with cooperative frictional and infinite-memory dampings in the displacement. Acta. Math. Sci., 2016, 36: 1-33.

[76] Halanay A. On the asymptotic behavior of the solutions of an integro-differential equation. J. Math. Anal. Appl., 1965, 10(2): 319-324.

[77] Han S M, Benaroya H, Wei T. Dynamics of transversely vibrating beams using four engineering theories. J. Sound. Vib., 1999, 225(5): 935-988.

[78] Han X, Wang M. Global existence and uniform decay for a nonlinear viscoelastic equation with damping. Nonlinear Anal., 2009, 70: 3090-3098.

[79] Hrusa W J. Global existence and asymptotic stability for a semilinear Volterra equation with large initial data. SIAM J. Math. Anal., 1985, 16: 110-134.

[80] Hrusa W J, Nohel J A. The Cauchy problem in one-dimensional nonlinear viscoelasticity. J. Differential Equations, 1985, 59(3): 388-412.

[81] 胡海昌. 弹性力学的变分原理及其应用, 北京: 科学出版社, 1981.

[82] Huang F L. Characteristic conditions for exponential stability of linear dynamical systems in Hilbert spaces. Annals of Differential Equations, 1985, 1(1): 43-56.

[83] 靳鲲鹏. 阻尼耦合发展系统的适定性及衰减性. 上海: 复旦大学, 2014.

[84] Jin K P. Stability of a class of coupled systems. Abstr. Appl. Anal., Art., 2014: 835765.

[85] Jin K P, Liang J, Xiao T J. Coupled second order evolution equations with fading memory: optimal energy decay rate. J. Differential Equations, 2014, 257(5): 1501-1528.

[86] Jin K P, Liang J, Xiao T J. Stability for a coupled system of second-order evolution equations with indirect memory-damping. SIAM J. Math. Anal., 2023, 55(6): 7155-7188.

[87] Jin K P, Liang J, Xiao T J. Asymptotic behavior for coupled systems of second order abstract evolution equations with one infinite memory. J. Math. Anal. Appl., 2019, 475(1): 554-575.

[88] Jin K P, Liang J, Xiao T J. Uniform stability of semilinear wave equations with arbitrary local memory effects versus frictional dampings. J. Differential Equations, 2019, 266: 7230-7263.

[89] Jin K P, Liang J, Xiao T J. Stability of initial-boundary value problem for quasilinear viscoelastic equations. Electron. J. Differ. Eq., 2020, 2020(85): 1-15.

[90] Jin K P, Liang J, Xiao T J. Dynamical behavior of the indirectly and locally memory-damped Timoshenko system. Commun. Nonlinear Sci. Numer. Simul., 2022, 113: 106577.

[91] Jin K P, Liang J, Xiao T J. Global existence of solutions to some semilinear integro-differential evolution equations with sign-varying kernels. Nonautonomous Dynamical Systems, 2020, 7(1): 65-71.

[92] Kafini M. Rate of decay for solutions of viscoelastic evolution equations. Electron. J. Differential Equations, 2013, 2013(134): 1-17.

[93] Kapitonov B V. Uniform stabilization and exact controllability for a class of coupled hyperbolic systems. Comput. Appl. Math., 1996, 15(3): 199-212.

[94] Kawashima S. Global solutions to the equation of viscoelasticity with fading memory. J. Differential Equations, 1993, 101(2): 388-420.

[95] Kim J U, Renardy Y. Boundary control of the Timoshenko beam. SIAM J. Control Optim., 1987, 25: 1417-1429.

[96] 匡继昌. 常用不等式. 济南: 山东科学技术出版社, 2004.

[97] Lasiecka I. Mathematical Control Theory of Coupled PDEs. Philadelphia: SIAM, 2002.

[98] Lasiecka I, Messaoudi S A, Mustafa M. Note on intrinsic decay rates for abstract wave equations with memory. J. Math. Phys., 2013, 54: 031504.

[99] Lasiecka I, Tataru D. Uniform boundary stabilization of semilinear wave equations with nonlinear boundary damping. Differ. Integral Equ., 1993, 6(3): 507-533.

[100] Lasiecka I, Wang X. Moore-Gibson-Thompson equation with memory, part II: general decay of energy. J.Differential Equations, 2015, 259(12): 7610-7635.

[101] Lasiecka I, Wang X. Moore-Gibson-Thompson equation with memory, part I: exponential decay of energy. Z. Angew. Math. Phys., 2016, 67: n.17.

[102] Li C, Liang J, Xiao T J. Polynomial stability for wave equations with acoustic boundary conditions and boundary memory damping. Appl. Math. Comput., 2018, 321: 593-601.

[103] Li Y X. Existence and asymptotic stability of periodic solution for evolution equations with delays. J. Funct. Anal., 2011, 261(5): 1309-1324.

[104] 李大潜, 秦铁虎. 物理学与偏微分方程. 北京: 高等教育出版社, 2005.

[105] Liang J, Liu J, Xiao T J. Hyperbolic singular perturbations for integrodifferential equations. Appl. Math. Comput., 2005, 163(2): 609-620.

[106] Liang J, Liu J, Xiao T J. Convergence for hyperbolic singular perturbation of integrodifferential equations. J. Inequal. Appl., 2007, 2007: 80935.

[107] Liang J, Nagel R, Xiao T J. Nonautonomous heat equations with generalized Wentzell boundary conditions. J. Evol. Equ., 2003, 3(2): 321-331.

[108] Liang J, Nagel R, Xiao T J. Approximation theorems for the propagators of higher order abstract Cauchy problems. T. Am. Math. Soc., 2008, 1723-1739.

[109] Liang J, Xiao T J. Semilinear integrodifferential equations with nonlocal initial conditions. Comput. Math. Appl., 2004, 47(6): 863-875.

[110] Liang J, Xiao T J. Solutions to abstract integral equations and infinite delay evolution equations. B. Belg. Math. Soc.-Sim., 2011, 18(5): 793-804.

[111] Liu W, Yu J. Global existence and uniform decay of solutions for a coupled system of nonlinear viscoelastic wave equations with not necessarily differentiable relaxation functions. Stud. Appl. Math., 2011, 127(4): 315-344.

[112] Liu Y, Kawashima S. Global existence and asymptotic decay of solutions to the nonlinear Timoshenko system with memory. Nonlinear Anal. Theor., 2013, 84: 1-17.

[113] Liu Z, Zhang Q. Stability of a string with local Kelvin-Voigt damping and nonsmooth coefficient at interface. SIAM J. Control Optim., 2016, 54(4): 1859-1871.

[114] Liu Z, Zheng S. Semigroups Associated with Dissipative Systems. Boca Raton: CRC Press, 1999.

[115] 罗祖道, 李思简. 各向异性材料力学. 上海: 上海交通大学出版社, 1994.

[116] Martinez P, Vancostenoble J. Exponential stability for the wave equation with weak nonmonotone damping. Portugaliae Mathematica, 2000, 57(3): 285-310.

[117] Menzala G P, Zuazua E. Timoshenko's plate equation as a singular limit of the dynamical von Kármán system. J. Math. Pure Appl., 2000, 79(9): 73-94.

[118] Messaoudi S A, Al-Khulaifi W. General and optimal decay for a quasilinear viscoelastic equation. Appl. Math. Lett., 2017, 66: 16-22.

[119] Messaoudi S A, Mustafa M I. A stability result in a memory-type Timoshenko system. Dyn. Syst. Appl., 2009, 18: 457-468.

[120] Messaoudi S A, Mustafa M I. A general stability result for a quasilinear wave equation with memory. Nonlinear Anal. Real World Appl., 2013, 14(4): 1854-1864.

[121] Messaoudi S A, Said-Houari B. Energy decay in a Timoshenko-type system with history in thermoelasticity of type III. Adv. Differential Equ., 2009, 14(3/4): 375-400.

[122] Messaoudi S A, Said-Houari B. Uniform decay in a Timoshenko-type system with past history. J. Math. Anal. Appl., 2009, 360(2): 459-475.

[123] Messaoudi S A, Soufyane A. Boundary stabilization of solutions of a nonlinear system of Timoshenko type. Nonlinear Anal. Theor., 2007, 67(7): 2107-2121.

[124] Messaoudi S A, Tatar N E. Global existence and uniform stability of solutions for a quasilinear viscoelastic problem. Math. Methods Appl. Sci., 2007 30: 665-680.

[125] Messaoudi S A, Tatar N E. Exponential and polynomial decay for a quasilinear viscoelastic equation. Nonlinear Anal., 2008, 68: 785-793.

[126] Michiels W, Vyhlidal T, Huijberts H, et al. Stabilizability and stability robustness of state derivative feedback controllers. SIAM J. Control Optim., 2008, 47: 3100-3117.

[127] Michiels W, Vyhlidal T, Zítek P, et al. Strong stability of neutral equations with an arbitrary delay dependency structure. SIAM J. Control Optim., 2009, 48: 763-786.

[128] Muñoz Rivera J E, Cabanillas E. Decay rates of solutions of an anisotropic inhomogeneous n-dimensional viscoelastic equation with polynomial decaying kernels. Comm. Math. Phys., 1996, 177: 583-602.

[129] Muñoz Rivera J E, Fernández Sare H D. Stability of Timoshenko systems with past history. J. Math. Anal. Appl., 2008, 339(1): 482-502.

[130] Muñoz Rivera J E, Lapa E C, Barreto R. Decay rates for viscoelastic plates with memory. J. Elasticity, 1996, 44(1): 61-87.

[131] Muñoz Rivera J E, Naso M G. Asymptotic stability of semigroups associated with linear weak dissipative systems with memory. J. Math. Anal. Appl., 2007, 326(1): 691-707.

[132] Muñoz Rivera J E, Naso M G, Vuk E. Asymptotic behaviour of the energy for electromagnetic systems with memory. Math. Method. Appl. Sci., 2004, 27(7): 819-841.

[133] Muñoz Rivera J E, Racke R. Mildly dissipative nonlinear Timoshenko systems——global existence and exponential stability. J. Math. Anal. Appl., 2002, 276(1): 248-278.

[134] Muñoz Rivera J E, Peres Salvatierra A. Asymptotic behaviour of the energy in partially viscoelastic materials. Quart. Appl. Math., 2001, 59: 557-578.

[135] Muñoz Rivera J E, Salvatierra A P. Asymptotic behaviour of the energy in partially viscoelastic materials. Q. Appl. Math., 2001, 59(3): 557-578.

[136] Muñoz Rivera J E, Sare H D F. Stability of Timoshenko systems with past history. J. Math. Anal. Appl., 2008, 339(1): 482-502.

[137] Mustafa M I, Messaoudi S A. General stability result for viscoelastic wave equations. J. Math. Phys., 2012, 53: 053702.

[138] Mustafa M I, Messaoudi S A. Energy decay rates for a Timoshenko system with viscoelastic boundary conditions. Appl. Math. Comput., 2012, 218(18): 9125-9131.

[139] Mustafa M I, Abusharkh G A. Plate equations with frictional and viscoelastic dampings. Appl. Anal., 2017, 96(7): 1170-1187.

[140] Nakao M. Decay of solutions of the wave equation with a local nonlinear dissipation. Math. Ann., 1996, 305: 403-417.

[141] Nakao M. Decay of solutions of the wave equation with local degenerate dissipation. Israel J. Math., 1996, 95: 25-42.

[142] Nicaise S. Internal stabilization of a Mindlin-Timoshenko model by interior feedbacks. Math. Control Relat. Fields, 2011, 1: 331-352.

[143] Nohel J A, Shea D F. Frequency domain methods for Volterra equations. Adv. Math., 1976, 22: 278-304.

[144] Pamplona P X, Rivera J E M, Quintanilla R. On the decay of solutions for porous-elastic systems with history. J. Math. Anal. Appl., 2011, 379(2): 682-705.

[145] Pazy A. Semigroups of Linear Operators and Applications to Partial Differential Equations. New York: Springer, 1983.

[146] 裴礼文. 数学分析中的典型问题与方法. 北京: 高等教育出版社, 2006.

[147] Peyravi A. General decay and blow up of solutions for a system of viscoelastic wave equations with nonlinear boundary source terms. J. Math. Anal. Appl., 2017, 451(2): 1056-1076.

[148] Prüss J. Decay properties for the solutions of a partial differential equation with memory. Arch. Math., 2009, 92(2): 158-173.

[149] Prüss J. Evolutionary Integral Equations and Applications. Basel: Springer, 2012.

[150] Racke R, Said-Houari B. Decay rates and global existence for semilinear dissipative Timoshenko systems. Quart. Appl. Math., 2013, 71(2): 229-266.

[151] Renardy M, Hrusa W J, Nohel J A. Mathematical Problems in Viscoelasticity. New York: John Wiley and Sons. Inc., 1987.

[152] Renardy M, Hrusa W J, Nohel J A. Mathematical Problems in Viscoelasticity. Pitman Monogr. Surv. Pure Appl. Math., vol. 35. Harlow: Longman Scientific & Technical, 1988.

[153] Rudin W. Functional Analysis, New York: McGraw-Hill, 1991.

[154] Russell D L. A general framework for the study of indirect damping mechanisms in elastic systems. J. Math. Anal. Appl., 1993, 173(2): 339-358.

[155] Said-Houari B, Laskri Y. A stability result of a Timoshenko system with a delay term in the internal feedback. Appl. Math. Comput., 2010, 217(6): 2857-2869.

[156] Said-Houari B, Rahali R. A stability result for a Timoshenko system with past history and a delay term in the internal feedback. Dynam. Syst. Appl., 2011, 20(2): 327-353.

[157] Santos M L. Decay rates for solutions of a system of wave equations with memory. Electron. J. Differ. Eq., 2002, 2002(38): 1-17.

[158] Steur E, Nijmeijer H. Synchronization in networks of diffusively time-delay coupled (semi-)passive systems. IEEE Trans. Circuits Syst. I. Regul. Pap., 2011, 58: 1358-1371.

[159] Steur E, Oguchi T, van Leeuwen C, et al. Partial synchronization in diffusively time-delay coupled oscillator networksn. Chaos, 2012, 22: 1-17.

[160] 孙炯, 王忠. 线性算子的谱分析. 北京: 科学出版社, 2005.

[161] Tatar N-e. Stabilization of a viscoelastic Timoshenko beam. Appl. Anal., 2013, 92(1): 27-43.

[162] Tatar N-e. Polynomial stability without polynomial decay of the relaxation function. Math. Method. Appl. Sci., 2008, 31(15): 1874-1886.

[163] Tatar N-e. On a perturbed kernel in viscoelasticity. Appl. Math. Lett., 2011, 24(5): 766-770.

[164] Timoshenko S P. On the correction for shear of the differential equation for transverse vibrations of prismatic bars. The London, Edinburgh, and Dublin Philosophical Magazine and Journal of Science, 1921, 41(245): 744-746.

[165] Timoshenko S P. 材料力学 (高等理论及问题). 汪一麟译. 北京: 科学出版社, 1979.

[166] Voß T, Scherpen J M A. Port-Hamiltonian modeling of a nonlinear Timoshenko beam with piezo actuation. SIAM J. Control Optim., 2014, 52(1): 493-519.

[167] Wakasa K, Yordanov B. On the energy decay for dissipative nonlinear wave equations in one space dimension. J. Math. Anal. Appl., 2017, 455(2): 1317-1322.

[168] 万千. 二阶发展方程耦合系统的衰减估计. 上海: 复旦大学, 2011.

[169] Wan Q, Xiao T J. Exponential stability of two coupled second-order evolution equations. Adv. Diff. Equations, Art., 2011: 879649.

[170] 王在华. 分数阶微积分: 描述记忆特性与中间过程的数学工具. 科学中国人, 2012, (3): 76-78.

[171] Wu Y, Xue X. Decay rate estimates for the quasi-linear Timoshenko system with nonlinear control and damping terms. J. Math. Phy., 2011, 52(9): 093502.

[172] Xiao T J, Liang J. The Cauchy Problem for Higher-Order Abstract Differential Equations. Lect. Notes in Math. vol. 1701. Berlin: Springer, 1998.

[173] Xiao T J, Liang J. Approximations of Laplace transforms and integrated semigroups. J. Funct. Anal., 2000, 172(1): 202-220.

[174] Xiao T J, Liang J. A solution to an open problem for wave equations with generalized Wentzell boundary conditions. Math. Ann., 2003, 327: 351-363.

[175] Xiao T J, Liang J. Higher order abstract Cauchy problems: their existence and uniqueness families. J. Lond. Math. Soc., 2003, 67(1): 149-164.

[176] Xiao T J, Liang J. Complete second order differential equations in Banach spaces with dynamic boundary conditions. J. Differential Equations, 2004, 200(1): 105-136.

[177] Xiao T J, Liang J. Second order parabolic equations in Banach spaces with dynamic boundary conditions. T. Am. Math. Soc., 2004, 356(12): 4787-4809.

[178] Xiao T J, Liang J. Second order differential operators with Feller-Wentzell type boundary conditions. J. Funct. Anal., 2008, 254: 1467-1486.

[179] Xiao T J, Liang J. Blow-up and global existence of solutions to integral equations with infinite delay in Banach spaces. Nonlinear Anal. Theor., 2009, 71(12): e1442-e1447.

[180] Xiao T J, Liang J. Nonautonomous semilinear second order evolution equations with generalized Wentzell boundary conditions. J. Differential Equations, 2012, 252(6): 3953-3971.

[181] Xiao T J, Liang J. Coupled second order semilinear evolution equations indirectly damped via memory effects. J. Differential Equations, 2013, 254(5): 2128-2157.

[182] Xiao T J, Liang J, Van Casteren J. Time dependent Desch-Schappacher type perturbations of Volterra integral equations. Integr. Equat. Oper. Th., 2002, 44(4): 494-506.

[183] Xiao T J, Zhang Y. Lack of exponential decay in viscoelastic materials with voids. Syst. Control Lett., 2014, 63: 39-42.

[184] Xu J, Mori N, Kawashima S. Global existence and minimal decay regularity for the Timoshenko system: the case of non-equal wave speeds. J. Differential Equations, 2015, 259: 5533-5553.

[185] 姚伟岸, 钟万勰. 辛弹性力学. 北京: 高等教育出版社, 2002.

[186] Yu S. Polynomial stability of solutions for a system of non-linear viscoelastic equations. Appl. Anal., 2009, 88(7): 1039-1051.

[187] Zhang Q L. Stability of Riemann solutions to pressureless Euler equations with Coulomb-type friction by flux approximation. Electron. J. Differential Equations, 2019, 2019(65): 1-22.

[188] 周民强. 调和分析讲义: 实变方法. 北京: 北京大学出版社, 1999.

[189] Zuazua E. Exponential decay for the semilinear wave equation with locally distributed damping. Comm. Partial Differential Equations, 1990, 15: 205-235.

[190] Zuazua E. Exponential decay for the semilinear wave equation with localized damping in unbounded domains. J. Math. Pures Appl. 1991, 70(9): 513-529.

附录 A　具有变号核函数的半线性积微分发展方程解的全局存在性

在部分中, 我们在 Hilbert 空间中研究具有变号记忆核函数的某些半线性积微分发展方程解的整体存在性. 通过使用固定点理论和能量方法, 对于振荡和变号记忆核函数类, 我们建立了具有记忆阻尼影响的发展方程在 $[0,+\infty)$ 上温和解和强解的整体存在性定理. 该定理推广并改进了一些先前存在的结果.

A.1　背 景 回 顾

变积分方程或积微分方程的基本性质, 包括局部或全局解的存在性和唯一性、解的有界性、解的稳定性、解的周期性等, 一直是研究人员关注的重要研究课题. 有关这些课题的专著和论文已经大量出版, 并且这些相关研究也获得了丰硕的成果. 在这些相关的专著和论文中, 我们想专门为读者推荐 Corduneanu 的专著和论文 [41-46] 及其参考文献. 同时在 Corduneanu 以及其他相关工作 (例如 [5,22, 24,63,85,181]) 的启发下, 我们考虑如下具有记忆阻尼影响的抽象半线性二阶发展系统的柯西问题的全局存在性:

$$\begin{cases} u''(t) + Au(t) - \displaystyle\int_0^t g(t-s)Bu(s)\mathrm{d}s = f(u(t)), \quad t \in [0,+\infty), \\ u(0) = u_0, u'(0) = u_1, \end{cases} \tag{A-1}$$

其中 A 是 Hilbert 空间 H 上的正定自伴线性算子, B 是 Hilbert 空间 H 上的非负自伴线性算子, 系统卷积项中的函数 $g(t) \in L^1(0,+\infty)$ 表示记忆核函数. 此抽象问题模型起源于黏弹性理论, 参见文献 [22,56]. 在现实世界中, 存在大量的具体模型满足上述的抽象系统 (A-1). 假设 Ω 为空间 $\mathbb{R}^n$ 中的有界区域并具有光滑的边界 $\partial\Omega$, 例如, 黏弹性 plate 方程

$$\begin{cases} u_{tt} + \Delta^2 u - \displaystyle\int_0^t g(t-s)\Delta^2 u(s)\mathrm{d}s = 0, & (x,t) \in \Omega \times (0,+\infty), \\ u = \dfrac{\partial u}{\partial \nu} = 0, & (x,t) \in \partial\Omega \times (0,+\infty), \\ u(0) = u_0, u'(0) = u_1, & x \in \Omega \end{cases} \tag{A-2}$$

和弱黏弹性 plate 方程

$$\begin{cases} u_{tt} + \Delta^2 u - \displaystyle\int_0^t g(t-s)u(s)\mathrm{d}s = 0, & (x,t) \in \Omega \times (0,+\infty), \\ u = \dfrac{\partial u}{\partial \nu} = 0, & (x,t) \in \partial\Omega \times (0,+\infty), \\ u(0) = u_0, u'(0) = u_1, & x \in \Omega. \end{cases} \tag{A-3}$$

此时, 如果我们定义算子

$$A : \mathcal{D}(A) = H^4(\Omega) \times H_0^2(\Omega) \to L^2(\Omega),$$

$$u \mapsto Au = \Delta^2 u.$$

则明显可以看出上述具体模型 (A-2) (取 $B = A$) 和 (A-3) (取 $B = I$) 是我们抽象系统 (A-1) 的两个具体例子.

文献 [22,23] 对于模型 (A-1) 的一般形式进行了研究, 并且在 $[0,T]$ 上获得了系统局部解的存在性, 此时 T 为某些有限常数. 最近, 文献 [5,24] 研究了下述特殊系统, 即系统 (A-1) 中取 $B = A$:

$$u''(t) + Au(t) - \int_0^t g(t-s)Au(s)\mathrm{d}s = f(u(t)), \quad t \in [0,+\infty).$$

对非负递减记忆核函数 $g(t)$, $[0,+\infty)$ 上解的全局存在性结论在 [4] 中被建立. 另外在文献 [24] 中, 如果记忆核 $g(t)$ 具有正定的原函数, 对于小初值情形, $[0,+\infty)$ 上的全局存在性结论被获得, 这改进了文献 [4] 中的相关结论. 此外, 当记忆核函数非负递减时, 有关耦合或拟线性等系统的存在性问题在 [26,56,78,79,85,87,88,91,102,181,184] 等文献中也被研究.

可以看到, 先前的文献中, 当研究黏弹性系统时, 记忆核函数 g 通常被假定是非负递减的. 而实际上, 许多其他类型的函数已被证实在实际应用中具有重要价值. 那么在数学理论上如何处理更一般的记忆核函数类? 这是一个重要且具研究价值的问题, 因为更一般的记忆核在实际应用中具有更强的适用性 (例如 [24,63]), 这是我们在本节中要研究的问题. 与关于耦合系统的工作 [85,181] 不同, 此处我们在 Hilbert 空间中研究具有记忆影响的半线性抽象积微分发展方程. 通过固定点理论和能量方法以及正定核理论对问题进行处理, 在大初值条件下, 我们获得了 $[0,+\infty)$ 上温和解和强解的全局存在性定理. 此处我们的记忆核函数 $g(t)$ 可能振荡甚至变号, 因此该定理推广并改进了一些先前的全局存在性结果, 这比文献 [5,24] 中的记忆核更为通用.

A.2 准备工作与一些基本假设

首先给出一些注记. H 表示实 Hilbert 空间, 其内积记为 $\langle\cdot,\cdot\rangle$. 对空间 H 上线性算子 A, $\mathcal{D}(A)$ 和 $[\mathcal{D}(A)]$ 分别表示它的定义域以及域上赋予的图像. 若 H_0 为一赋范线性空间, 我们以 $C^i([0,\infty);H_0)$ $(i\in\{0,1,2\})$ 表示 $[0,\infty)$ 上所有具有 i 次连续可微 H_0 值函数所组成的集合, 特别地, 记 $C([0,\infty);H_0):=C^0([0,\infty);H_0)$. 对任意 $h\in L^1_{loc}(0,+\infty)$ 和任意 $u\in L^1_{loc}(0,+\infty;H)$, 我们定义卷积

$$h*u(t):=\int_0^t h(t-s)u(s)\mathrm{d}s,\quad t\geqslant 0.$$

现在回顾正定核的概念及一些性质, 有关更详细的信息可以在文献 [24] 中看到.

定义 A.1 假设 $h\in L^1_{loc}(0,+\infty)$, 如果对任意 $u\in L^2_{loc}(0,+\infty;H)$ 满足

$$\int_0^t \langle h*u(s),u(s)\rangle\,\mathrm{d}s\geqslant 0,\qquad \forall\, t\geqslant 0,$$

则称函数 h 是正定的.

命题 A.1 假设 $h\in L^1(0,+\infty)$. 则函数 h 是正定的等价于对任意 $\omega>0$,

$$\mathrm{Re}\int_0^{+\infty} e^{-i\omega t}h(t)\mathrm{d}t\geqslant 0.$$

命题 A.2 假设 $h(t)$ 是二次可微函数, 且满足 $h'\not\equiv 0$ 和

$$(-1)^n h^{(n)}(t)\geqslant 0,\quad \forall\, t>0,\ n=0,1,2,$$

则 $h(t)$ 是正定的.

本节最后我们给出所需的一些假设条件.

(I_1) A 为 H 上的正定自伴线性算子, B 为 H 上的非负自伴线性算子且满足 $\mathcal{D}(\sqrt{B})\supset\mathcal{D}(\sqrt{A})$ 和

$$a\langle Au,u\rangle\geqslant\|u\|^2,\quad u\in\mathcal{D}(A);\quad \|\sqrt{B}u\|\leqslant\|\sqrt{A}u\|,\qquad \text{对于 } u\in\mathcal{D}\left(\sqrt{A}\right),$$

这里 $a>0$ 为正常数.

(I_2) $g\in L^1(0,+\infty)$, 要么满足

$$1-G(0)>0,\ G(t)\ \text{是正定的};\tag{A-4}$$

或者满足

$$g(0) \geqslant 0,\ \frac{1}{2} - G_1 > 0,\ g'(t)\ \text{是正定的}, \tag{A-5}$$

其中 $G(t) = \int_t^{+\infty} g(s)\mathrm{d}s$, 对 $t \geqslant 0$, 以及 $G_1 = \int_0^{+\infty} |g(s)|\mathrm{d}s$.

(I_3) $f : [\mathcal{D}(\sqrt{A})] \to H$ 是一个局部 Lipschitz 连续的梯度算子, 且满足

$$\langle f(u), u\rangle \leqslant 0, \quad u \in \mathcal{D}\left(\sqrt{A}\right). \tag{A-6}$$

A.3 适定性及其证明

首先, 我们介绍解的定义, 见 [23, Definition 4.1], [24, Definition 3.1] 和 [22, p348-349, Definition 2]).

如果

$$u \in\ C^2\left([0, +\infty); H\right) \cap C\left([0, +\infty); \mathcal{D}(A)\right),$$

并且对 $t \in [0, +\infty)$, u 满足问题 (A-1), 则称 u 为问题 (A-1) 在 $[0, +\infty)$ 上的强解.

假设 $u_0, u_1 \in H$. 如果

$$u(t) = S(t)u_0 + \int_0^t S(\tau)u_1\mathrm{d}\tau + \int_0^t 1 * S(t-\tau)f(u(\tau))\mathrm{d}\tau,$$

其中 $S(t)$ 是线性方程

$$u''(t) + Au(t) - \int_0^t g(t-s)Bu(s)\mathrm{d}s = 0$$

的预解式, $S(t)$ 的定义参见文献 [24, Definition 2.13] 和 [22, p344-345] 中所述. 则函数

$$u \in C^1\left([0, +\infty); H\right) \cap C([0, +\infty); \mathcal{D}(\sqrt{A}))$$

称为问题 (A-1) 在 $[0, +\infty)$ 上满足初值条件

$$u(0) = u_0, \quad u'(0) = u_1$$

的温和解.

定义问题 (A-1) 的解 u 在给定区间 $[0, T]$ 上的能量为

$$E(t) := \frac{1}{2}\left\|u'(t)\right\|^2 + \frac{1}{2}\|\sqrt{A}u(t)\|^2 - F(u(t)),$$

其中

$$F(u)=\int_0^1\langle f(tu),u\rangle \mathrm{d}t.$$

现在我们陈述 Cauchy 问题 (A-1) 的全局存在性定理.

定理 A.1 假设 (I_1)-(I_3) 成立. 则对任意初值 $u_0\in\mathcal{D}(A)$, $u_1\in\mathcal{D}(\sqrt{A})$, 问题 (A-1) 在 $[0,+\infty)$ 上存在唯一全局解 $u(t)$.

证明 我们分两步证明本定理. 在步骤 1 中, 通过标准的固定点理论我们简洁地给出问题 (A-1) 局部解的存在性证明. 然后我们在步骤 2 中延拓此局部解为 $[0,+\infty)$ 上的全局解.

步骤 1. 假设 $u_0\in\mathcal{D}(\sqrt{A})$, $u_1\in H$. 假定

$$M=C_T(\|\sqrt{A}u_0\|+\|u_1\|),\quad R=2M+\|f(0)\|.$$

并记

$$\Pi:=\left\{v\in C([0,T_0];\mathcal{D}(\sqrt{A})),\|\sqrt{A}v\|\leqslant R,\ \forall t\in[0,T_0]\right\},$$

$$d(v_1,v_2):=\max_{0\leqslant t\leqslant T_0}\|\sqrt{A}v_1(t)-\sqrt{A}v_2(t)\|,$$

此处 C_T 为一常数 (可参考文献 [22, p350-351]), $T_0>0$ 是一充分小的常数. 则 (Π,d) 是一完备度量空间.

对任意 $v\in\Pi$ 和 $t\in[0,T_0]$, 定义 Π 上算子 Γ 为

$$(\Gamma v)(t):=S(t)u_0+\int_0^t S(\tau)u_1\mathrm{d}\tau+\int_0^t 1*S(t-\tau)f(v(\tau))\mathrm{d}\tau,$$

显然, 函数 $v\in\Pi$ 是问题 (A-1) 在 $[0,T_0]$ 上的温和解当且仅当 v 是 Γ 的固定点.

如果我们选取 $T_0>0$ 足够小, 则算子 Γ 将 Π 映射到它自身并且是一个压缩映射, 因此算子 Γ 有一个固定点 $u\in\Pi$ (更详细过程可见文献 [22, p350-351, Theorem 5]). 于是我们得出问题 (A-1) 在 $[0,T_0)$ 上拥有唯一的温和解.

此外, 由 [22, p351, Theorem 6] 知, 如果初值满足 $u_0\in\mathcal{D}(A)$ 和 $u_1\in\mathcal{D}(\sqrt{A})$, 则问题 (A-1) 在 $[0,T_0]$ 上的温和解是强解并且有 $u\in C^1([0,T_0]);\mathcal{D}(\sqrt{A}))$.

步骤 2. 由步骤 1 知, 存在 $T_0>0$, 问题 (A-1) 在 $[0,T_0]$ 上拥有唯一的解 $u(t)$. 我们不妨设 $[0,T)$ 是解的最大存在区间. 为了验证 $T=+\infty$, 我们需要证明解能量 $E(t)$ 在 $[0,T)$ 上关于 T 是一致有界的, 也即 $E(t)$ 可以被一个独立于 T 的常数控制.

我们将 (A-1) 的第一个方程乘以 $u'(t)$, 则有

$$\frac{1}{2}\frac{\mathrm{d}}{\mathrm{d}t}\left(\|u'(t)\|^2+\|\sqrt{A}u(t)\|^2\right)$$

$$= \left\langle \int_0^t g(t-s)\sqrt{B}u(s)\mathrm{d}s, \sqrt{B}u'(t) \right\rangle + \langle f(u(t)), u'(t) \rangle. \tag{A-7}$$

对任意 $t \in [0,T)$, 将 (A-7) 从 0 到 t 积分可得

$$\begin{aligned} &\frac{1}{2}\|u'(t)\|^2 + \frac{1}{2}\|\sqrt{A}u(t)\|^2 - F(u(t)) \\ = &\frac{1}{2}\|u_1\|^2 + \frac{1}{2}\|\sqrt{A}u_0\|^2 - F(u_0) + \int_0^t \left\langle \int_0^s g(s-\tau)\sqrt{B}u(\tau)\mathrm{d}\tau, \sqrt{B}u'(s) \right\rangle \mathrm{d}s. \end{aligned} \tag{A-8}$$

情形 1: (A-4) 成立.

在这种情况下, 通过简单计算, 我们得到

$$g * u(t) = G(0)u(t) - G(t)u(0) - G * u'(t). \tag{A-9}$$

因此, 应用 (A-9) 可得

$$\begin{aligned} &\int_0^t \left\langle \int_0^s g(s-\tau)\sqrt{B}u(\tau)\mathrm{d}\tau, \sqrt{B}u'(s) \right\rangle \mathrm{d}s \\ &+ \int_0^t \left\langle \int_0^s G(s-\tau)\sqrt{B}u'(\tau)\mathrm{d}\tau, \sqrt{B}u'(s) \right\rangle \mathrm{d}s \\ = &\frac{G(0)}{2}\left(\|\sqrt{B}u(t)\|^2 + \|\sqrt{B}u_0\|^2\right) - G(t)\langle \sqrt{B}u_0, \sqrt{B}u(t) \rangle \\ &- \int_0^t g(s)\langle \sqrt{B}u_0, \sqrt{B}u(s) \rangle \mathrm{d}s. \end{aligned} \tag{A-10}$$

将 (A-10) 代入 (A-8), 则对任意 $t \in [0,T)$, 我们有

$$\begin{aligned} &\frac{1}{2}\|u'(t)\|^2 + \frac{1}{2}\|\sqrt{A}u(t)\|^2 \\ &+ \int_0^t \left\langle \int_0^s G(s-\tau)\sqrt{B}u'(\tau)\mathrm{d}\tau, \sqrt{B}u'(s) \right\rangle \mathrm{d}s - F(u(t)) \\ = &\frac{1}{2}\|u_1\|^2 + \frac{1}{2}\|\sqrt{A}u_0\|^2 - F(u_0) + \frac{G(0)}{2}\left(\|\sqrt{B}u(t)\|^2 + \|\sqrt{B}u_0\|^2\right) \\ &- G(t)\langle \sqrt{B}u_0, \sqrt{B}u(t) \rangle - \int_0^t g(s)\langle \sqrt{B}u_0, \sqrt{B}u(s) \rangle \mathrm{d}s. \end{aligned} \tag{A-11}$$

由 (A-4) 知, $G(t)$ 是正定的. 因此, 对任意 $t \in [0,T)$, (A-11) 表明

$$\frac{1}{2}\|u'(t)\|^2 + \frac{1}{2}\|\sqrt{A}u(t)\|^2 - \frac{G(0)}{2}\|\sqrt{B}u(t)\|^2 - F(u(t))$$

$$\leqslant \frac{1}{2}\|u_1\|^2 + \frac{1}{2}\|\sqrt{A}u_0\|^2 - F(u_0) + \frac{G(0)}{2}\|\sqrt{B}u_0\|^2$$
$$-G(t)\langle\sqrt{B}u_0, \sqrt{B}u(t)\rangle - \int_0^t g(s)\langle\sqrt{B}u_0, \sqrt{B}u(s)\rangle \mathrm{d}s$$
$$\leqslant \frac{1}{2}\|u_1\|^2 + \frac{1}{2}\|\sqrt{A}u_0\|^2 - F(u_0) + \frac{G(0)}{2}\|\sqrt{B}u_0\|^2$$
$$+\frac{\varepsilon}{2}\|\sqrt{B}u(t)\|^2 + \frac{G_1^2}{2\varepsilon}\|\sqrt{B}u_0\|^2 + \frac{\varepsilon}{2}\int_0^t |g(s)|\|\sqrt{B}u(s)\|^2 \mathrm{d}s + \frac{G_1}{2\varepsilon}\|\sqrt{B}u_0\|^2.$$

上式与假设 (I_1) 共同可得, 对任意 $t \in [0, T)$ 成立

$$\frac{1}{2}\|u'(t)\|^2 + \left(\frac{1 - G(0) - \varepsilon}{2}\right)\|\sqrt{A}u(t)\|^2 - F(u(t))$$
$$\leqslant C(u_0, u_1) + \int_0^t |g(s)|(\frac{\varepsilon}{2}\|\sqrt{A}u(s)\|^2)\mathrm{d}s. \tag{A-12}$$

此处及以下, 记

$$C(u_0, u_1) := C\left(\|\sqrt{A}u_0\|^2 + \|u_1\|^2\right),$$

其中 C 为某些正常数.

另外, 由 (A-6) 知 $F(u(t)) \leqslant 0$. 因此, 根据 (A-12), 对任意 $t \in [0, T)$, 我们有

$$\frac{1}{2}\|u'(t)\|^2 + \left(\frac{1 - G(0) - \varepsilon}{2}\right)\|\sqrt{A}u(t)\|^2$$
$$\leqslant C(u_0, u_1) + \int_0^t |g(s)|\left(\frac{\varepsilon}{2}\|\sqrt{A}u(s)\|^2\right)\mathrm{d}s. \tag{A-13}$$

于是, 如果选取 $\varepsilon = \dfrac{1 - G(0)}{2}$ 并应用 (A-13), 对任意 $t \in [0, T)$, 我们可以导出

$$\frac{1}{2}\|u'(t)\|^2 + \frac{1 - G(0)}{4}\|\sqrt{A}u(t)\|^2$$
$$\leqslant \int_0^t |g(s)|\left(\frac{1}{2}\|u'(t)\|^2 + \frac{1 - G(0)}{4}\left\|\sqrt{A}u(t)\right\|^2\right)\mathrm{d}s + C(u_0, u_1). \tag{A-14}$$

因此, 对任意 $t \in [0, T)$, 应用 Gronwall 不等式得到

$$\frac{1}{2}\|u'(t)\|^2 + \frac{1 - G(0)}{4}\left\|\sqrt{A}u(t)\right\|^2 \leqslant C(u_0, u_1)e^{G_1},$$

也即

$$E(t) \leqslant CE(0), \quad t \in [0,T).$$

这表明 $E(t)$ 在 $[0,T)$ 上是有界的且不依赖于 T. 这样可得 $T=+\infty$.

情形 2: (A-5) 成立.

在此种情形下, 应用分部积分可以得到

$$\begin{aligned}
&\int_0^t \left\langle \int_0^s g(s-\tau)\sqrt{B}u(\tau)\mathrm{d}\tau, \sqrt{B}u'(s) \right\rangle \mathrm{d}s \\
=& \left\langle \int_0^t g(t-s)\sqrt{B}u(s)\mathrm{d}s, \sqrt{B}u(t) \right\rangle - g(0)\int_0^t \|\sqrt{B}u(s)\|^2\mathrm{d}s \\
&- \int_0^t \left\langle \int_0^s g'(s-\tau)\sqrt{B}u(\tau)\mathrm{d}\tau, \sqrt{B}u(s) \right\rangle \mathrm{d}s \\
\leqslant& \left\langle \int_0^t g(t-s)\sqrt{B}u(s)\mathrm{d}s, \sqrt{B}u(t) \right\rangle. \qquad \text{(A-15)}
\end{aligned}$$

将 (A-15) 代入 (A-8), 并注意到 $F(u(t)) \leqslant 0$, 对任意 $t \in [0,T)$ 成立

$$\begin{aligned}
&\frac{1}{2}\|u'(t)\|^2 + \frac{1}{2}\|\sqrt{A}u(t)\|^2 \\
\leqslant& \frac{1}{2}\|u_1\|^2 + \frac{1}{2}\|\sqrt{A}u_0\|^2 - F(u_0) + \left\langle \int_0^t g(t-s)\sqrt{B}u(s)\mathrm{d}s, \sqrt{B}u(t) \right\rangle. \qquad \text{(A-16)}
\end{aligned}$$

观察可知

$$\begin{aligned}
&\left\langle \int_0^t g(t-s)\sqrt{B}u(s)\mathrm{d}s, \sqrt{B}u(t) \right\rangle \\
\leqslant& \frac{G_1}{2}\|\sqrt{B}u(t)\|^2 + \frac{1}{2}\int_0^t |g(t-s)|\|\sqrt{B}u(s)\|^2\mathrm{d}s \\
\leqslant& G_1 \max_{0\leqslant s\leqslant t}\|\sqrt{B}u(s)\|^2 \leqslant G_1 \max_{0\leqslant s\leqslant t}\|\sqrt{A}u(s)\|^2.
\end{aligned}$$

因此, 上式和 (A-16) 给出, 对任意 $t \in [0,T)$ 成立

$$\frac{1}{2}\|u'(t)\|^2 + \left(\frac{1}{2} - G_1\right)\|\sqrt{A}u(t)\|^2 \leqslant C(u_0,u_1).$$

所以, 在 (A-5) 帮助下, 上式告诉我们 $E(t)$ 在 $[0,T)$ 上是有界的且可以被一个不依赖于 T 的常数控制. 这样我们可知 $T=+\infty$. □

最后，我们对上述存在性定理做一些说明.

注 A.1 由命题 A.2 知，如果 $g'(t) \leqslant 0$，则 $G(t)$ 是正定的. 因此，如果取算子 $B = A$，则可以看出在更弱的记忆核函数条件下且满足假设条件 (I_3)，定理 A.1 改进了 [5, Theorem 3.3] 中的存在性结论.

另一方面，在假设条件 (I_3) 下，定理 A.1 改进 [24, Theorem 3.6] 中的存在性结论适用于大初值情形.

根据命题 A.1，我们有

命题 A.3 如果 $g(t) \in L^1(0,+\infty)$ 是非负函数且 $G(0) > 0$，则 $G(t)$ 是正定的.

证明 由于 $g(t) \geqslant 0$ 且 $g(t) \in L^1(0,+\infty)$，显然 $G(t)$ 是非负、单调不增且有界的.

令 $z = a + ib$, $a, b \in \mathbb{R}$ 及 $a > 0$，则

$$\mathrm{Re}\int_0^\infty e^{-zt}G(t)\mathrm{d}t = \int_0^\infty e^{-at}G(t)\cos(bt)\mathrm{d}t,$$

由 Dirichlet 收敛判别定理，容易看出上式中反常积分是收敛的. 我们不妨首先假定 $b > 0$ (如果 $b < 0$，根据 $\cos(-t) = \cos t$，上式中我们可以用 $-b$ 代替 b)，则我们得到

$$\begin{aligned}\mathrm{Re}\int_0^\infty e^{-zt}G(t)\mathrm{d}t &= \int_0^\infty e^{-at}G(t)\cos(bt)\mathrm{d}t \\ &= \sum_{n=0}^{+\infty}\int_{n\pi/b}^{(n+1)\pi/b} e^{-at}G(t)\cos(bt)\mathrm{d}t \\ &= \sum_{n=0}^{+\infty}(-1)^n\int_0^{\pi/b} e^{-a(t+n\pi/b)}G(t+n\pi/b)(\cos bt)\mathrm{d}t,\end{aligned}$$

显然，关于 b 的函数

$$\int_0^{\pi/b} e^{-a(t+n\pi/b)}G(t+n\pi/b)\cos(bt)\mathrm{d}t$$

是非负、递减并且满足

$$\int_0^{\pi/b} e^{-a(t+n\pi/b)}G(t+n\pi/b)\cos(bt)\mathrm{d}t \to 0, \quad n \to +\infty.$$

因此，利用 Leibniz 交错级数判别方法可得

$$\mathrm{Re}\int_0^\infty e^{-zt}G(t)\mathrm{d}t \geqslant \int_0^{\pi/b} e^{-at}G(t)\cos(bt)\mathrm{d}t > 0.$$

另外, 如果 $b=0$, 下式是明显的

$$\mathrm{Re}\int_0^{\infty} e^{-zt}G(t)\mathrm{d}t = \int_0^{\infty} e^{-at}G(t)\mathrm{d}t > 0.$$

因此, 根据命题 A.1 可知, $G(t)$ 是正定的. □

根据上述命题可知, 在假设 (I_2) 中, 记忆核 $g(t)$ 可以是一些非负但非单调的核函数类. 例如, 对一些 $k_1>0$, $k_2>1$, 如果令

$$g_1(t) = \frac{k_1}{2}|\sin t|e^{-k_1 t}, \quad g_2(t) = \frac{k_2-1}{2}|\cos t|(t+1)^{-k_2},$$

显然, 此时这两个非负核函数是非单调的, 但由命题 A.3 知 g_1, g_2 满足 (A-4).

另外, 在假设 (I_2) 中, 记忆核 $g(t)$ 也可能是某些变号核. 例如

$$g_1(t) = \frac{1}{2}(\sin t + \cos t)e^{-t}, \quad g_2(t) = \frac{1}{8}(\sin t - \cos t)e^{-t} + \frac{1}{8}e^{-t}.$$

明显看出 g_1, g_2 是非单调和变号的, 并且有

$$\int_t^{+\infty} g_1(s)\mathrm{d}s = \frac{1}{2}\cos t e^{-t}, \quad g_2'(t) = \frac{1}{4}\left(\cos t e^{-t} - \frac{1}{2}e^{-t}\right).$$

另一方面, 通过简单的计算可以得到, 对任意 $\omega>0$ 有

$$\mathrm{Re}\int_0^{+\infty} e^{-i\omega t}\int_t^{+\infty} g_1(s)\mathrm{d}s\mathrm{d}t = \frac{1}{2}\mathrm{Re}\frac{1+\omega i}{(1+\omega i)^2+1} = \frac{1}{2}\frac{2+\omega^2}{4+\omega^4} > 0$$

和

$$\begin{aligned}\mathrm{Re}\int_0^{+\infty} e^{-i\omega t}g_2'(t)\mathrm{d}t &= \frac{1}{4}\mathrm{Re}\left(\frac{1+\omega i}{(1+\omega i)^2+1} - \frac{\frac{1}{2}}{1+\omega i}\right)\\ &= \frac{1}{4}\frac{3\omega^2+\frac{1}{2}\omega^4}{(4+\omega^4)(1+\omega^2)} > 0.\end{aligned}$$

因此, 由命题 A.1 知, g_1 满足 (A-4), g_2 满足 (A-5).

附录 B　一类抽象耦合黏弹性系统缺乏指数衰减性的验证

本章我们研究具有无穷记忆项的抽象耦合系统, 系统如下:

$$v_{tt}(t)+Av(t)+\beta Bu(t)=0, \tag{B-1}$$

$$u_{tt}(t)+bAu(t)-\int_0^{\infty}g(s)Au(t-s)\mathrm{d}s+\alpha u(t)+\beta Bv(t)=0, \tag{B-2}$$

其中 A 为 Hilbert 空间 H 上的无界正定自伴算子, $B=\sqrt{A}$.

我们感兴趣的是, 当系数 $b\neq 1$ 时 (即不同波速时) 系统的能量是否能达到指数形式的衰减. 为了研究这个问题, 我们需要一些半群的结果. 为了更加方便的应用半群理论, 首先我们对上述系统 (B-1)-(B-2) 做一些变换. 为此我们引入下述标记:

$$\eta^t(x,s)=u(x,t)-u(x,t-s), \tag{B-3}$$

则系统 (B-1)-(B-2) 变为

$$v_{tt}+Av+\beta Bu=0, \tag{B-4}$$

$$u_{tt}+\left(b-\int_0^{\infty}g(s)\mathrm{d}s\right)Au+\int_0^{\infty}g(s)A\eta^t(x,s)\mathrm{d}s+\alpha u+\beta Bv=0, \tag{B-5}$$

$$\eta_t+\eta_s-u_t=0. \tag{B-6}$$

然后, 我们将上述二阶发展方程组 (B-4)-(B-6) 转化为一阶形式. 我们记

$$\Phi:=(v,v'(t),u,u'(t),\eta)^{\mathrm{T}},$$

则我们有

$$\frac{\mathrm{d}\Phi}{\mathrm{d}t}=\mathfrak{U}\Phi, \tag{B-7}$$

其中 b_1 和 $\mathfrak{U}$ 分别为

$$b_1=b-\int_0^{\infty}g(s)\mathrm{d}s, \tag{B-8}$$

$$\mathfrak{U}=\begin{pmatrix} 0 & I(\cdot) & 0 & 0 & 0 \\ -A(\cdot) & 0 & -\beta B(\cdot) & 0 & 0 \\ 0 & 0 & 0 & I(\cdot) & 0 \\ -\beta B(\cdot) & 0 & (-\alpha-b_1A)(\cdot) & 0 & -\int_0^\infty g(s)A(\cdot)\mathrm{d}s \\ 0 & 0 & 0 & I(\cdot) & -\frac{\partial}{\partial s}(\cdot) \end{pmatrix}. \tag{B-9}$$

我们定义如下的 Hilbert 空间, 对定义在 $\mathbb{R}^+$ 上的任意函数 $\varphi\in D(\sqrt{A})$, $\psi\in D(\sqrt{A})$ 赋予如下内积:

$$\langle\varphi,\psi\rangle_{L_g^2(\mathbb{R}^+,D(\sqrt{A}))}=\int_0^\infty g(s)\langle\sqrt{A}\varphi,\sqrt{A}\psi\rangle\mathrm{d}s. \tag{B-10}$$

我们引入如下的乘积 Hilbert 空间

$$\mathcal{H}=H\times H\times H\times H\times H\times L_g^2(\mathbb{R}^+,D(\sqrt{A})), \tag{B-11}$$

其中范数定义为

$$\begin{aligned}\|\Phi\|_{\mathcal{H}}=&\|u'(t)\|^2+\|v'(t)\|^2+\left(b-\int_0^\infty g(s)\mathrm{d}s\right)\|Bu(t)\|^2+\int_0^\infty g(s)\|B\eta^t\|^2\mathrm{d}s\\&+\|Bv(t)+\beta u(t)\|^2+(\alpha-\beta^2)\|u(t)\|^2,\end{aligned} \tag{B-12}$$

下面我们验证系统 (B-4)-(B-6) 当波速不同时其能量不可能达到指数衰减.

定理 B.1 如果 A 是一个无界算子, 且正定自伴, $B=\sqrt{A}$, 并且 $b\neq 1$, 则系统 (B-4)-(B-6) 生成的半群不可能是指数稳定的.

证明 系统 (B-7) 的预解方程为

$$\begin{aligned}&i\lambda\varphi_1-\varphi_2=f_1,\\&i\lambda\varphi_2+A\varphi_1+\beta B\varphi_3=f_2,\\&i\lambda\varphi_3-\varphi_4=f_3,\\&i\lambda\varphi_4+\beta B\varphi_1+b_1A\varphi_3+\alpha\varphi_3+\int_0^\infty g(s)A\eta\mathrm{d}s=f_4,\\&i\lambda\eta+\eta_s-\varphi_4=f_5,\end{aligned}$$

我们选取 $f_1=f_3=f_5=0$, 则

$$\varphi_2=i\lambda\varphi_1, \tag{B-13}$$

消去 φ_2 和 φ_4, 我们有

$$-\lambda^2\varphi_1 + A\varphi_1 + \beta B\varphi_3 = f_2, \tag{B-14}$$

$$-\lambda^2\varphi_3 + \beta B\varphi_1 + b_1 A\varphi_3 + \alpha\varphi_3 + \int_0^\infty g(s)A\eta \mathrm{d}s = f_4, \tag{B-15}$$

$$i\lambda\eta + \eta_s - i\lambda\varphi_3 = 0. \tag{B-16}$$

又自伴算子的谱都是近似点谱并且谱集非空 (参考 [160]). 因此, 若 $0 < \lambda_n \in \sigma(B)$, 则存在序列 $\{\omega_n^m\}$, $\|\omega_n^m\| = 1$, 使得

$$\lim_{m\to+\infty} \|(B - \lambda_n I)\omega_n^m\| = 0 \tag{B-17}$$

成立. 另外, 我们也有 $0 < \lambda_n^2 \in \sigma(A)$ 和

$$\lim_{m\to+\infty} \|(A - \lambda_n^2 I)\omega_n^m\| = 0.$$

接下来我们来寻找如下形式的解:

$$\varphi_1 = a(m,n)\omega_n^m, \qquad \varphi_3 = c(m,n)\omega_n^m, \qquad \eta = \gamma(s)\omega_n^m. \tag{B-18}$$

我们选取 $f_2 = f_4 = \omega_n^m$ 并且代入 (B-14)-(B-16), 则我们有

$$-\lambda^2 a(m,n) + a(m,n)\lambda_n^2 + \beta c(m,n)\lambda_n = 1, \tag{B-19}$$

$$-\lambda^2 c(m,n) + \beta a(m,n)\lambda_n + b_1 c(m,n)\lambda_n^2 + \alpha\lambda_n + \lambda_n^2 \int_0^\infty g(s)\gamma(s)\mathrm{d}s = 1, \tag{B-20}$$

$$i\lambda\gamma(s) + \gamma'(s) - i\lambda c(m,n) = 0. \tag{B-21}$$

因为 $\eta(0) = 0$, 我们得到

$$\gamma(s) = c(m,n) - c(m,n)e^{-i\lambda s}.$$

如果我们再选取 $\lambda = \lambda_n$ 并代入 (B-14)-(B-16), 则我们得到

$$\begin{aligned} c(m,n) &= \frac{1}{\beta\lambda_n}, \\ a(m,n) &= \frac{1}{\beta\lambda_n} - \frac{\alpha}{\beta^2\lambda_n^2} - \frac{b-1}{\beta^2} + \frac{1}{\beta^2}\int_0^\infty g(s)e^{-i\lambda_n s}\mathrm{d}s, \end{aligned}$$

最后我们取

$$c(m,n)=\frac{1}{\beta\lambda_n}, \tag{B-22}$$

$$a(m,n)=\frac{1}{\beta\lambda_n}-\frac{\alpha}{\beta^2\lambda_n^2}-\frac{b-1}{\beta^2}+\frac{1}{\beta^2}\int_0^\infty g(s)e^{-i\lambda_n s}\mathrm{d}s \tag{B-23}$$

并且代入 φ_2 的表达式 (B-13), 则我们得到

$$\begin{aligned}\varphi_2&=i\lambda_n\varphi_1\\&=i\lambda_n\left(\frac{1}{\beta\lambda_n}-\frac{\alpha}{\beta^2\lambda_n^2}-\frac{b-1}{\beta^2}+\frac{1}{\beta^2}\int_0^\infty g(s)e^{-i\lambda_n s}\mathrm{d}s\right)\omega\\&=i\omega\left(\frac{1}{\beta}-\frac{\alpha}{\beta^2\lambda_n}-\frac{b-1}{\beta^2}\lambda_n+\frac{1}{\beta^2}\lambda_n\int_0^\infty g(s)e^{-i\lambda_n s}\mathrm{d}s\right),\end{aligned}$$

因此

$$\lim_{\lambda_n\longrightarrow\infty}\|\Phi\|\geqslant\lim_{\lambda_n\longrightarrow\infty}\|\varphi_2\|=\infty, \tag{B-24}$$

而系统有指数衰减的必要条件为

$$\overline{\lim_{\lambda_n\to\infty}}\|\Phi\|<\infty.$$

故定理成立 □

注 B.1 在上述定理中, 我们假定算子 A 是无界的, 因为有界算子的谱半径是有限的. 当 A 是有界算子时, 我们容易找到例子: 当波速不同时, 系统是指数衰减的, 例如我们选取 A 为恒等算子.

总结与说明

关于 Hilbert 空间中阻尼发展系统的适定性及稳定性等问题的研究, 是一个涉及泛函分析、发展方程系统、非线性分析等数学领域众多理论与技术热点的前沿性研究课题, 已引起国际上众多学者的关注, 具有十分重要的理论意义和实际应用价值. 但是受研究技术与方法的制约, 目前现有文献所考虑的几乎都是针对整体记忆阻尼情形, 并且对其中重要相关函数——记忆核函数的限制还较强 (几乎都是在单调记忆核函数条件下进行研究). 本书第一部分运用泛函分析理论、算子半群理论、乘子技术、(广义) 正定核理论、Lyapunov 辅助函数方法、能量估计等方法研究 Hilbert 空间中具有可变号记忆核函数的抽象耦合发展系统的适定性和稳定性等问题. 另外, 间接局部阻尼与 (局部) 耦合的发展系统和混合阻尼发展系统模型是更能刻画现实世界、结构更加复杂、内容更加丰富的阻尼发展系统, 对于局部阻尼问题目前的研究成果主要集中在具有局部摩擦阻尼的单个发展方程, 而关于仅仅具有局部记忆阻尼的发展方程系统的研究结果极少 (仅一篇文献涉及), 尤其对于具有局部记忆阻尼又 (局部) 耦合的发展系统的研究仍然空白; 对于混合阻尼问题, 目前对于记忆阻尼影响域的几何控制条件太强, 记忆阻尼区域必须要包含部分的系统边界, 这样的几何控制条件极大地限制了实际的应用, 对于记忆阻尼为区域任意位置的情形目前仍没有任何的相关稳定性结论. 因此, 本书第二部分, 以工程中著名的 Timoshenko, wave 方程等具体模型为例, 利用泛函分析与算子理论、乘子技术、实分析中相关理论与能量估计等方法, 研究其仅具有任意局部阻尼的耦合发展系统和混合阻尼发展模型的适定性、稳定性及相关问题. 本章节对前述几章内容做一些总结与说明, 分为以下几部分.

一、本书所获得的主要结果及与以往结果的对比

在第 3 章中, 我们提出了一个新的概念 (广义正定核概念), 建立了其性质, 并成功应用于一些实际问题中, 解决了以往许多方法知识所不能解决的相应问题;

在第 2, 3 章中, 对于同波速以及不同波速的情形, 我们在记忆核函数原函数满足强正定性的条件下 (去除了记忆核非负单调不增的条件), 获得了能量的可积性以及渐近衰减性; 并且在同波速情形下, 仅仅限制记忆核函数具有指数型强正定 (多项式强正定), 同样没有限制单调性与非负性, 分别建立了系统能量的一致指数 (多项式) 稳定性理论; 对于非负单调可积的特别情形, 对于任意波速情形, 获得了能量具有 t^{-1} 的衰减率 (这是多项式形式的一个最优估计), 并且当 $t \to \infty$ 时, 还

获得了 $tE(t) \to 0$. 而在以往文献中, 对于此类间接记忆阻尼耦合系统以及相关的耦合系统, 对于记忆核函数的假设都必须要求非负、单调递减, 而在本书中可以看到, 我们所获得的结果没有要求非负单调这个条件, 并且所得的衰减率估计更好, 不仅完全覆盖了之前的结论, 而且大大提高了应用范围, 尤其对于一些特殊的记忆核函数, 获得了一致最优的衰减率, 特别对于不同波速时, 大大改善与提高了先前的衰减率估计结论. 综合来看, 对比先前结果, 我们利用更弱的核函数条件, 获得了更好的 (最优的) 衰减率估计, 并且在研究过程中我们提出了一些新的研究技巧与方法, 这些方法与技巧能广泛应用在此类以及相关问题的研究中.

在第 4 章中, 对于具有一个无穷记忆阻尼项的耦合线性发展系统, 我们在记忆核函数非负单调可积时, 获得了其能量具有 t^{-1} 的衰减率. 而在以往文献中, 除了要求核函数非负单调, 而且还要求其导函数被核函数本身控制 (各种不同类型控制条件). 可以看出, 我们的结果削弱了核函数的条件并且获得了更好的衰减率估计.

在第 5 章中, 对于具体的 Timoshenko 模型, 且系统中仅具有一个局部的记忆阻尼间接阻尼耦合系统, 我们在记忆核函数非负单调可积时, 获得了系统能量亦具有 t^{-1} 形式的衰减率 (也是多项式形式的最优估计). 特别当系统中记忆核函数以多项式 (指数) 衰减时, 我们也获得了其能量也以多项式 (指数) 衰减, 也即, 解能量与记忆核具有同样的衰减率. 而在以往文献中, 对于具有记忆阻尼的耦合系统, 其局部记忆阻尼问题的研究一直为空白, 没有任何的文献涉及, 另外对于耦合系统的其他局部阻尼问题的研究同样几乎为零, 因此, 本章的研究结果不仅填补了该领域的研究空白, 还揭示了诸多未知的物理现象, 而且在某些情形下, 所得结果优于已有整体阻尼模型的研究结论.

对于单个方程的情形, 上述结论同样成立.

在第 6 章中, 对于记忆阻尼与摩擦阻尼互补的半线性 wave 方程, 我们首先利用算子理论建立了摩擦阻尼区域上的势能项的估计, 其次在整体区域上巧妙利用区域分解的方式对系统的动能项进行估计, 从而避免直接利用乘子方法在记忆阻尼域上估计其部分动能项. 这样一个小技巧的使用合理地避开了 Poincaré 不等式在部分记忆区域上应用的不便. 从而去除了以往研究互补阻尼情形时必需的 Boundary-related 几何控制条件, 并在记忆核函数更弱的条件下, 获得此混合互补阻尼问题更好的 (最优的) 衰减性结论. 与以往相关文献对比, 我们解决了该领域长期存在的几何控制条件问题, 从根本上拓展了相关技术的应用范围并显著提升了其应用价值, 推动相应问题的研究取得了重大进展. 此外, 该思想方法同样适用于其他混合互补阻尼模型的稳定性分析.

在第 7 章中, 我们研究了一类拟线性黏弹性方程的稳定性. 在一般的记忆核函数的假设下, 获得其最优的衰减性估计. 与以往结果对比, 完善了以往研究中记忆核函数多项式衰减时的结论, 且改善了先前获得的衰减估计. 此外, 该研究方法同样可应用于其他黏弹性模型, 以优化相关衰减性结论.

二、本书研究内容的特色与创新之处

选题方面: 本书所研究的几类发展系统来源于工程技术以及黏弹性科学中的一些具体模型以及其相应的抽象形式, 是目前理论研究与实际应用中非常重要的几类模型, 且是具有阻尼项的 (耦合) 发展方程系统中的基本模型, 目前相关的研究问题非常活跃, 在许多黏弹性理论以及 (耦合) 发展方程系统中具有非常重要的理论和应用价值, 选题新颖、依据充分且实际应用广泛.

研究目标和内容方面: 不仅对 Hilbert 空间中的几类基本抽象阻尼耦合发展系统展开研究, 而且关注实际中应用非常广泛的间接局部阻尼与 (局部) 耦合的 Timoshenko-type 模型、混合型互补阻尼的 wave 方程系统等. 研究目标更是从理论和实际应用需要出发, 在其中重要相关函数 (记忆核函数) 更弱的假设下 (变号振荡核, 去除非负单调假设) 以及局部记忆阻尼 (或局部耦合) 区域限制更少的假设下 (任意区间, 可以不包括端点), 研究此领域中目前极为活跃的适定性与稳定性等相关问题. 研究内容和目标不仅是阻尼发展系统的基本性问题, 而且是目前的前沿热点研究课题, 并且抽象与具体系统相辅相成, 理论和实际应用相得益彰.

研究方法方面: 不仅借鉴一些经典的传统方法, 如算子泛函理论、乘子技术、高阶能量方法、Lyapunov 辅助函数方法和几何分解思想, 并在研究过程中, 洞察以前被忽视掉的一些本质的关键点, 联系了其他学科领域以及本身的特长, 充分整合了不同研究方法、研究工具之间的关联性, 改进以往常用的研究技术. 另外, 结合此类阻尼发展系统本身的来源和运行机制以及研究对象的实际背景和理论基础, 提出一些新的解决方案 (例如引入指数型权重乘子、进行几何区域分解等), 应用一些新的研究理论 (如将正定核理论首次用于耦合系统), 形成一套处理阻尼发展方程的系统方法, 特色鲜明, 具有较强的创新性.

编 后 记

“博士后文库”是汇集自然科学领域博士后研究人员优秀学术成果的系列丛书. “博士后文库”致力于打造专属于博士后学术创新的旗舰品牌, 营造博士后百花齐放的学术氛围, 提升博士后优秀成果的学术影响力和社会影响力.

“博士后文库”出版资助工作开展以来, 得到了全国博士后管委会办公室、中国博士后科学基金会、中国科学院、科学出版社等有关单位的大力支持, 众多热心博士后事业的专家学者给予积极的建议, 工作人员做了大量艰苦细致的工作. 在此, 我们一并表示感谢!

“博士后文库”编委会